"十三五"职业教育规划教材

高职高专土建专业"互联网+"创新规划教材

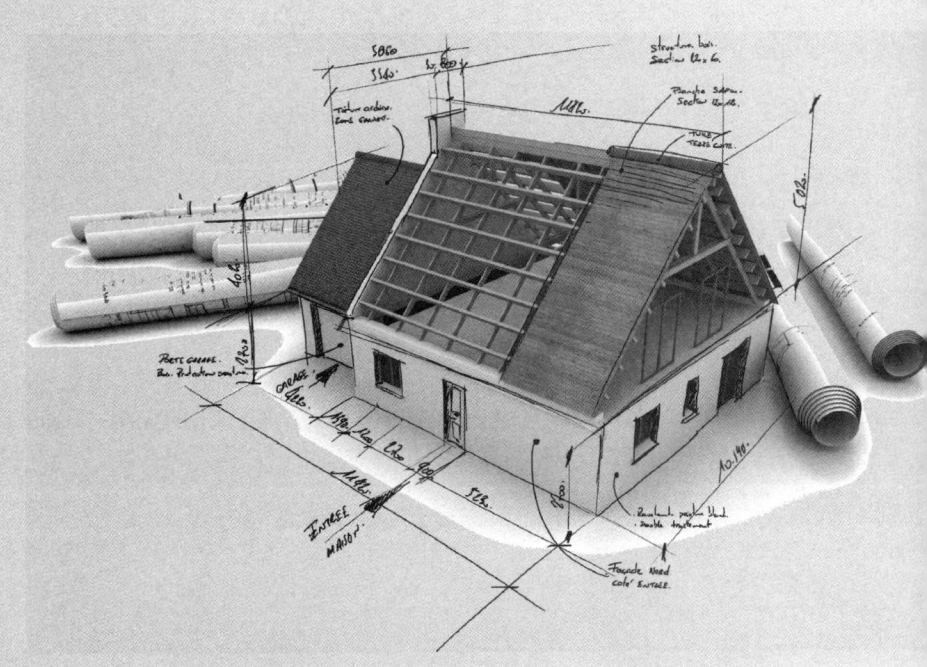

建筑识图与构造

（附施工图）

主　编◎林秋怡　王先恕　张　延

副主编◎余　龙　张锦丽　李　新

参　编◎田　慧

U0195603

北京大学出版社

PEKING UNIVERSITY PRESS

内 容 简 介

本书介绍了建筑领域制图和识图的相关知识,内容共 7 章,包括投影与建筑制图基本知识、房屋建筑施工图、基础与地下室、墙体和门窗、楼地层、楼梯及屋顶。本书按最新的制图标准、设计规范等编写,在编写过程中考虑到高职高专的教学要求和特点,力求内容充实、精练并突出应用,文字通俗易懂,便于教学。

本书可作为高职高专建筑工程技术、工程造价、工程监理等专业的教材,也可供建筑施工技术人员参考。

图书在版编目(CIP)数据

建筑识图与构造/林秋怡,王先恕,张延主编. —北京:北京大学出版社,2017.11
(高职高专土建专业"互联网+"创新规划教材)
ISBN 978-7-301-28876-4

Ⅰ. ①建… Ⅱ. ①林… ②王… ③张… Ⅲ. ①建筑制图—识图—高等职业教育—教材 ②建筑构造—高等职业教育—教材 Ⅳ. ①TU2

中国版本图书馆 CIP 数据核字(2017)第 253591 号

书　　　名	建筑识图与构造
	JIANZHU SHITU YU GOUZAO
著作责任者	林秋怡　王先恕　张　延　主编
策 划 编 辑	商武瑞
责 任 编 辑	伍大维
数 字 编 辑	贾新越
标 准 书 号	ISBN 978-7-301-28876-4
出 版 发 行	北京大学出版社
地　　　址	北京市海淀区成府路 205 号　100871
网　　　址	http://www.pup.cn　新浪微博:@北京大学出版社
电 子 信 箱	pup_6@163.com
电　　　话	邮购部 62752015　发行部 62750672　编辑部 62750667
印 刷 者	三河市博文印刷有限公司
经 销 者	新华书店
	787 毫米×1092 毫米　16 开本　17.75 印张　400 千字
	2017 年 11 月第 1 版　2020 年 8 月第 2 次印刷
定　　　价	46.00 元(附施工图)

前言

建筑识图与构造是建筑、土木等专业学生开始职业学习的第一门专业基础课，也是实践性、应用性非常强的一门课。为了体现"以素质为基础，以能力为本位""以企业需求为基础，以就业为导向"的高职高专教学宗旨，特组织有多年教学实践经验的骨干教师编写本书，并请一线建筑行家认真审核。

本书编写时采用最新的制图标准、设计规范来引领学生树立遵守国家标准和规范的意识，在编写时简化理论阐述，重实用、重案例，与工程实际紧密结合，使学生能尽快达到教学目标的要求，提高识读建筑施工图的能力，掌握建筑的构造要领。

本书的特色如下。

(1) 将传统的投影、识图、构造三部分内容进行有机整合，使学生通过学习能够快速有效地适应工程实际岗位的要求。

(2) 力求做到理论与实践相结合、知识与应用相结合、训练与能力相结合，达到既学习知识又掌握技能的目的。

(3) 每章设置有教学目标、教学要求、章节导读、引例、知识链接、本章小结、习题等，便于学生抓住重点并巩固所学知识。

(4) 针对"建筑识图与构造"的课程特点，为了使学生更加直观地理解建筑构造特点，也方便教师教学讲解，编者以"互联网+"教材的模式开发了与本书配套的 APP 客户端。读者可通过扫描封二中所附的二维码进行下载，通过 VR 虚拟现实技术和 AR 增强现实技术将书中的一些结构图转化成可 720°旋转、可无限放大和缩小的三维模型。读者打开"巧课力"APP客户端之后，将摄像头对准"切口"带有色块和"互联网+"logo的页面，即可在手机上多角度、任意大小、交互式查看页面结构图所对应的三维模型。除虚拟现实的三维模型技术之外，书中还通过二维码的形式链接了拓展学习资料和习题答案等内容，读者通过手机的"扫一扫"功能，扫描书中的二维码，即可在课堂内外进行相应知识点的拓展学习，节约了搜集、整理学习资料的时间。作者也会根据行业发展情况，及时更新二维码所链接的资源，以便书中内容与行业发展结合更为紧密。

本书内容可按照 60～90 学时安排，参考学时分配如下。

章　　节	推荐教学学时
第 1 章　投影与建筑制图基本知识	10～14
第 2 章　房屋建筑施工图	12～16
第 3 章　基础与地下室	6～10
第 4 章　墙体和门窗	10～16
第 5 章　楼地层	8～12
第 6 章　楼梯	8～12
第 7 章　屋顶	6～10

　　本书由滁州职业技术学院林秋怡、王先恕、张延任主编，由滁州职业技术学院余龙、张锦丽和天津城市建设管理职业技术学院李新任副主编，天津城市建设管理职业技术学院田慧参编。本书具体编写分工如下：林秋怡负责编写第 1 章和第 2 章，张锦丽和王先恕负责编写第 3 章，李新负责编写第 4 章，张延负责编写第 5 章和全书的施工图整理工作，余龙负责编写第 6 章和第 7 章，田慧负责本书二维码教学资源的整理编写及模型的审核修改工作。

　　本书在编写过程中参阅了大量文献资料，谨向相关作者深表谢意。

　　限于编写水平，书中疏漏和不当之处在所难免，敬请广大读者提出宝贵意见，以便对其不断完善。

编　者
2017 年 5 月

【资源索引】

目　录

第1章 投影与建筑制图基本知识

本章讲述正投影原理，重点介绍制图工具和仪器的使用方法、制图常用的规则、分析方法及绘图的一般步骤。

教学目标

(1) 掌握正投影的基本特性。
(2) 掌握制图工具和仪器的使用方法。
(3) 掌握制图关于图幅、比例、字体、图线等的一般规定。
(4) 掌握建筑形体投影图的识读方法。

教学要求

能 力 目 标	知 识 要 点	权重
掌握正投影原理相关知识	正投影原理	10%
掌握建筑形体的识读	建筑形体的投影图	50%
掌握制图工具和仪器的使用方法	制图工具和仪器的使用方法	20%
掌握制图的基本规定	图幅、比例、字体	20%

章节导读

在建筑工程中，任何建筑物及其构配件的形状、大小和做法，都不是单用文字叙述能表达清楚的，只有先画出它们的图样(图样在建筑领域往往称为图纸)，然后根据图样进行施工，才能达到预想的目的。绘图、读图和空间思维能力是工程技术人员必备的基本素质和技能，为了保证相关的建筑图样基本统一、图面清晰简明和提高制图效率，工程技术人员必须掌握以下学习方法。

(1) 学会国家制图标准，记住各种符号和图例的含义，平时多看看实际的建筑物。

(2) 培养空间想象能力，要能从二维平面图构建出三维形体。这是一个难点也是一个重点。

(3) 一定要将识图与画图相结合。通过画图可提高识图能力，不可眼高手低。

作为一名制图员，在绘制投影图之前，应对建筑进行形体分析。首先分析所要表达的对象属于哪一种组合形式，由几部分组成；然后分析各部分之间的表面连接关系，对所要表达的组合体的形体特点有总的概念，为绘制其投影图做好准备。

引例

识图也称读图，就是运用正投影原理和有关制图规定，根据建筑设计图样想象出其空间形体的形状、大小和构造，领会设计者的意图。我国是世界上的文明古国之一，在长期的土木工程建设中，不断总结出工程建设经验，同时在识图理论和制图方法上也有许多丰富的经验。自古以来人类就试图用图形来表达和交流思想，据出土文物考证，早在一万多年前的新石器时代，我国人民就能绘制一些简单的几何图形、花纹，具有一定的图示能力。

自秦汉起，我国已出现图样的书籍，并能根据图样建筑房屋。宋代李诫所著的《营造法式》一书，总结了两千年来的建筑技术成就，书上运用投影法表达了复杂的建筑，全书共 36 卷，其中有 6 卷是图样，包括平面图、轴测图和透视图。

【参考图文】

1.1 投影的基本知识

1.1.1 投影的形成

(1) 投影法：投射线通过物体，向选定的面投射而得到物体投影的方法，称为投影法，如图 1.1 所示。画法几何的基础就是投影法。

(2) 投影三要素：投射线、形体和投影面。

(3) 投影与影子的区别：用光线照射物体，在地面或墙面上就会产生影子，如图 1.2 所示。人们将这种现象加以抽象，把形体(只考虑形状大小而不考虑质地的物体)投射在平面上，从而形成投影，如图 1.3 所示。

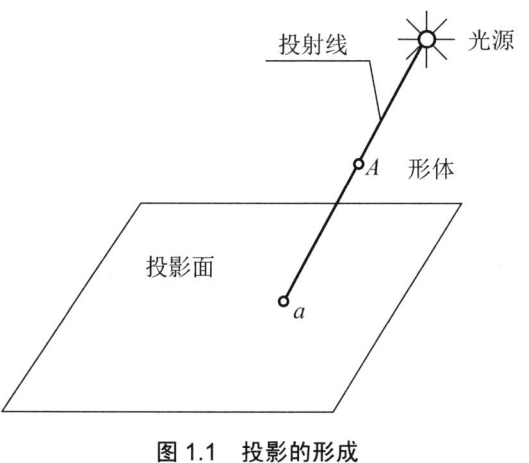

【参考动画】

图 1.1　投影的形成

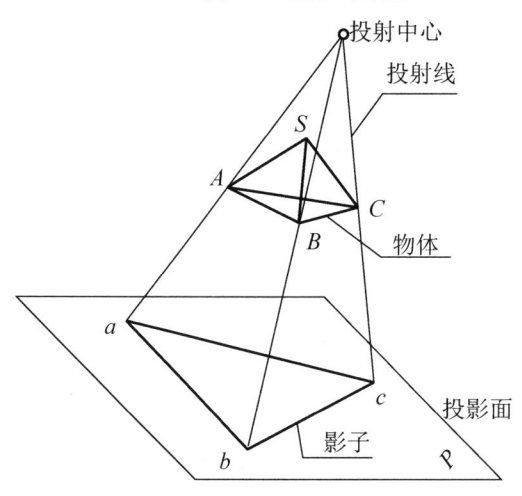

图 1.2　物体的影子

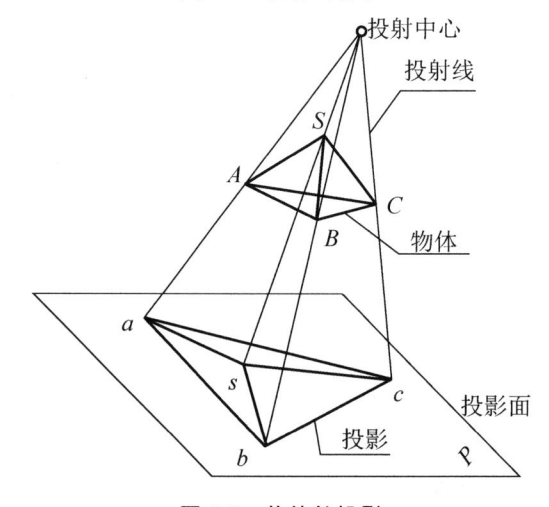

图 1.3　物体的投影

1.1.2 正投影法

1．正投影法的概念

在正投影方式下，投影线互相平行且与投影面垂直，如图 1.4 所示。正投影法用于绘制工程图样、正轴测图和地形图。

2．正投影的基本特征

(1) 真实性：若线段或平面图线平行于投影面，则它们的正投影可反映线段的实长或平面图形的实形，如图 1.5 所示。

(2) 积聚性：若直线或平面垂直于投影面，则直线的正投影为一点，平面的正投影为一线，如图 1.6 所示。

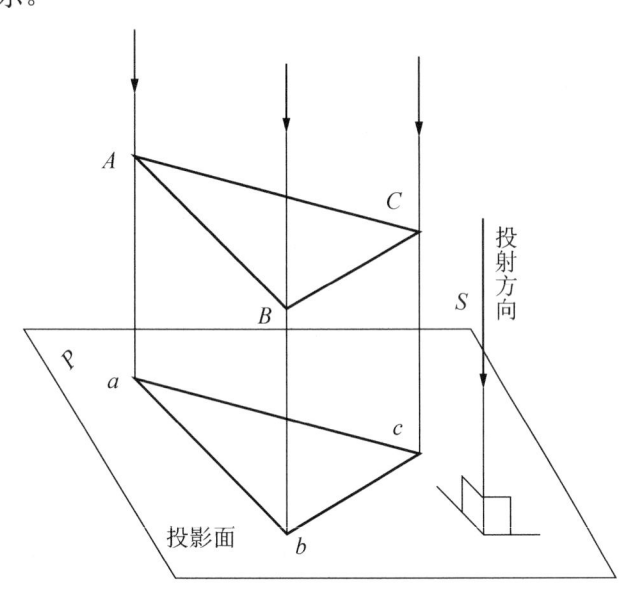

图 1.4　正投影

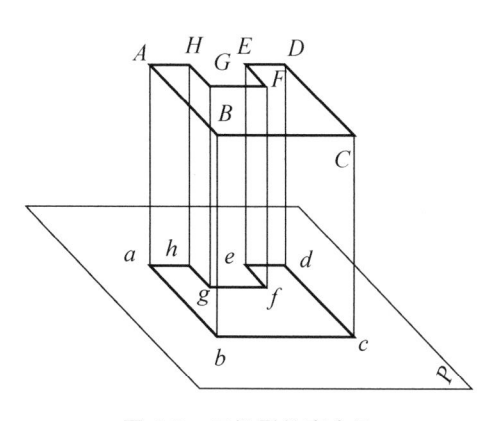

图 1.5　正投影的真实性

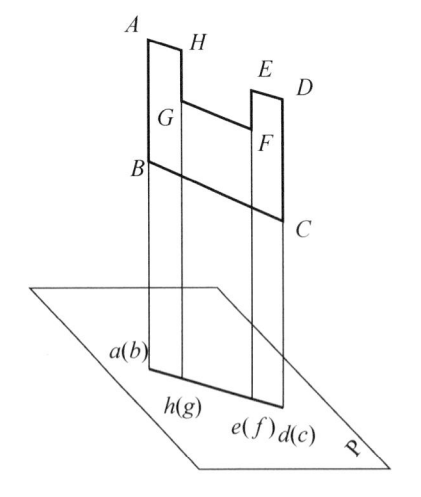

图 1.6　正投影的积聚性

(3) 类似性：若平面图形倾斜于投影面，则它的正投影不反映实形，而是原平面图形的类似形态，如图 1.7 所示。

(4) 平行性：若两直线段平行，则它们的正投影也平行，且两线段的长度之比等于其正投影的长度之比，如图 1.8 所示。

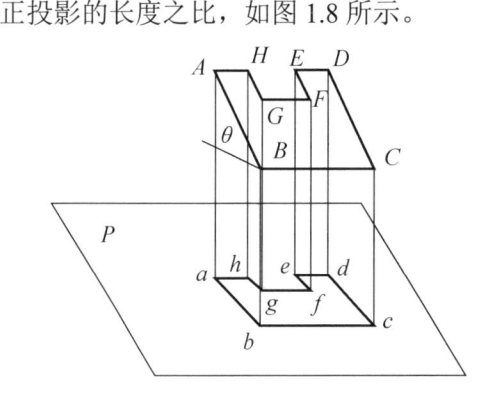

图 1.7　正投影的类似性

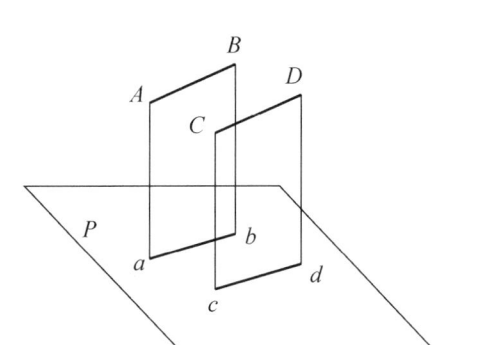

图 1.8　正投影的平行性

1.2　建筑形体的投影

1.2.1　三面投影体系

仅凭物体的单面正投影，还不足以确定空间形体的形状。通常选用三面正投影来完整地表达并确定空间形体的形状。形体的正投影规律是"长对正、高平齐、宽相等"，三个投影面分别为：

正立投影面——简称 V 面(正立面图)；

水平投影面——简称 H 面(平面图)；

侧立投影面——简称 W 面(左侧立面图)。

三投影面的交线构成三根互相垂直的投影轴，分别称为 OX 轴、OY 轴、OZ 轴，如图 1.9 所示。三轴的交点为投影原点，用 O 表示。

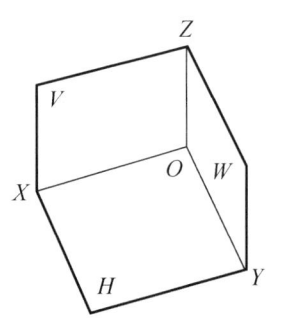

图 1.9　三面投影体系的建立

1.2.2　建筑形体的投影图

1. 建筑物外部特征的投影图

反映建筑物外部形状、尺寸等特征的投影图，主要有立面图和屋顶平面图。

1) 立面图的形成

建筑立面图是将房屋各个立面向与之平行的投影面作正投影所得的图样，简称立面图，如图 1.10 所示。立面图主要用于室外装饰装修。

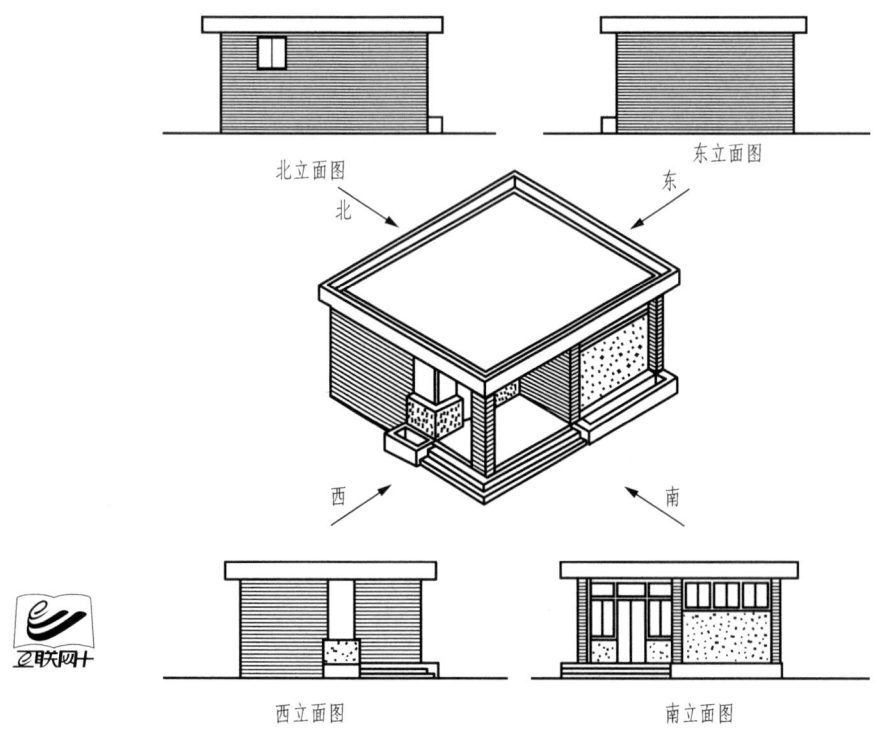

图 1.10　建筑立面图的形成

2) 立面图的命名

建筑立面图的数量视房屋各立面的复杂程度而定，一般为四个。立面图常用以下三种方式命名。

(1) 以建筑墙面的特征命名：常把建筑主要出入口所在墙面的立面图称为正立面图，其余几个立面相应地称为背立面图、左侧立面图及右侧立面图。

(2) 以建筑各墙面的朝向命名：如东立面图、西立面图、南立面图、北立面图。

(3) 以建筑两端定位轴线编号命名：有定位轴线的建筑物，宜根据两端轴线号来编注立面图的名称，以便阅读图样时与平面图相对照，如图 1.11 所示。

2．建筑物内部特征的投影图

反映建筑物内部形状、尺寸等特征的投影图，主要有平面图和剖面图。

1) 平面图的形成

假想用一个水平剖切面沿房屋的门窗洞口位置把房屋切开，移去上部之后，将余下的部分向下作投影所得到的水平正投影图，称为建筑平面图，简称平面图，如图 1.12 所示。

2) 平面图的命名与组成

(1) 底层平面图。沿底层门窗洞口切开后得到的平面图，称为底层平面图或一层(首层)平面图。

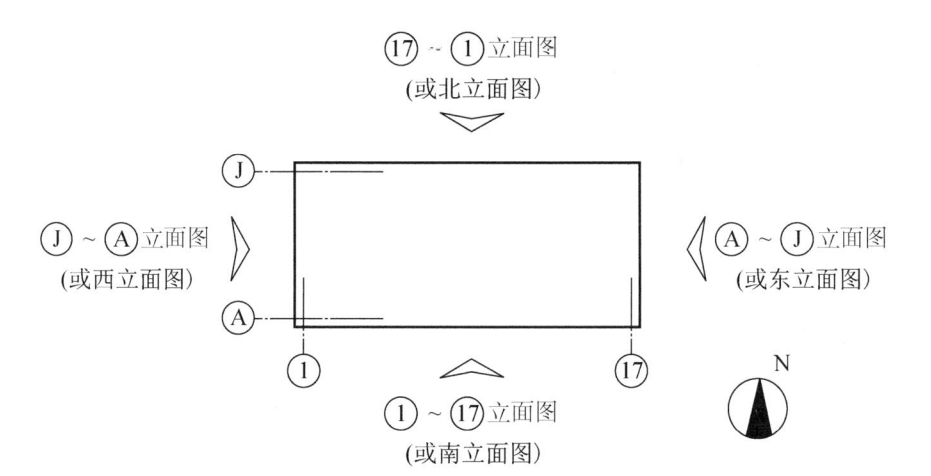

图 1.11　建筑立面图的命名

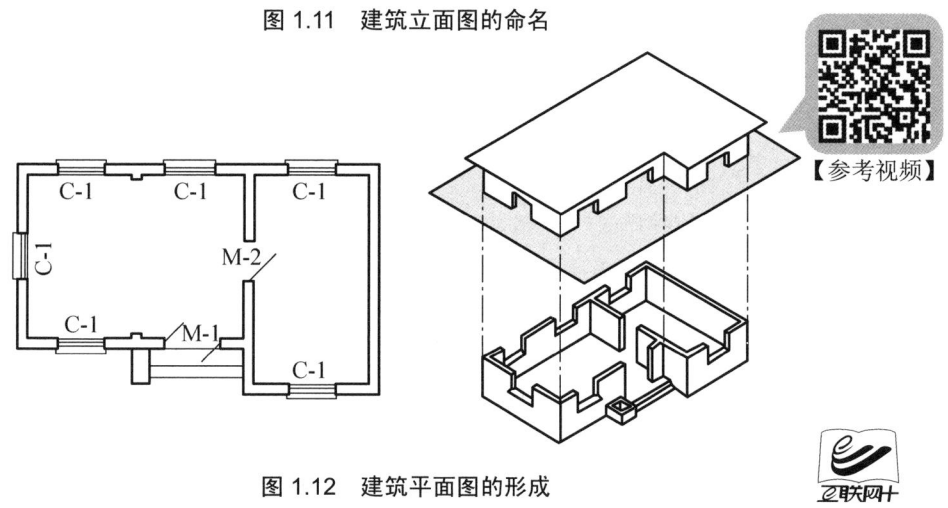

图 1.12　建筑平面图的形成

(2) 中间层平面图。

① 沿二层门窗洞口切开后得到的平面图，称为二层平面图；依次有三层平面图、四层平面图等。

② 当某些楼层平面相同时，可以只画出其中一个平面图，称为标准层平面图，如二至五层平面图。

(3) 屋顶平面图：房屋屋顶的水平投影图，称为屋顶平面图。

对于多层建筑物，原则上每层都要画出平面图。但对平面布局相同的楼层，可以共用一个平面图表达，即标准层平面图。因此，一般三层及以上的民用建筑物至少应绘四个平面图，即底层、中间层(标准层)、顶层和屋顶的平面图。

3) 剖面图与断面图的形成

(1) 剖面图：假想用一个剖切平面在适当部位将形体剖切开，移走观察者与剖切平面之间的部分，将剩余部分投影到与剖切平面平行的投影面上，所得到的投影图称为剖面图。

(2) 断面图：仅画出剖切平面与形体接触部分即截断面的形状，所得到的图形称为断面图。

1.3 制图的基本知识与技能

1.3.1 房屋建筑制图标准

1. 图纸图幅

图纸幅面是指图纸本身的大小规格。国家标准规定了图纸的幅面尺寸，以使图纸整齐，便于装订和保管，如图 1.13 和表 1-1 所示。

【参考图文】

图 1.13 幅面尺寸

表 1-1 基本图幅尺寸表　　　　单位：mm

规格 参数	A0	A1	A2	A3	A4
$b \times l$	841×1189	594×841	420×594	297×420	210×297
c		10		5	
a			25		

2．图框格式及图纸形式

图框为图纸上绘图范围的界线，用粗实线绘制，格式分为留装订边和不留装订边两种。同一建筑工程图样只能采用一种格式。基本的幅面形式如图 1.14 和图 1.15 所示。

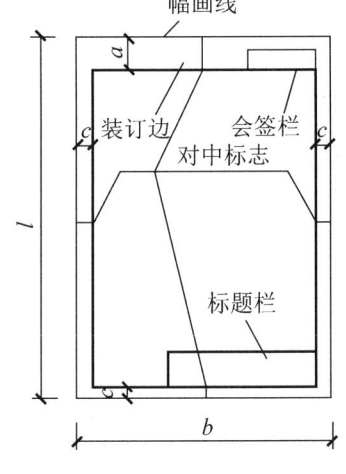

图 1.14　横式幅面　　　　　　　图 1.15　立式幅面

3．制图作业标题栏格式

制图作业标题栏统一格式如图 1.16 所示(与实际工程图纸有一定区别)。

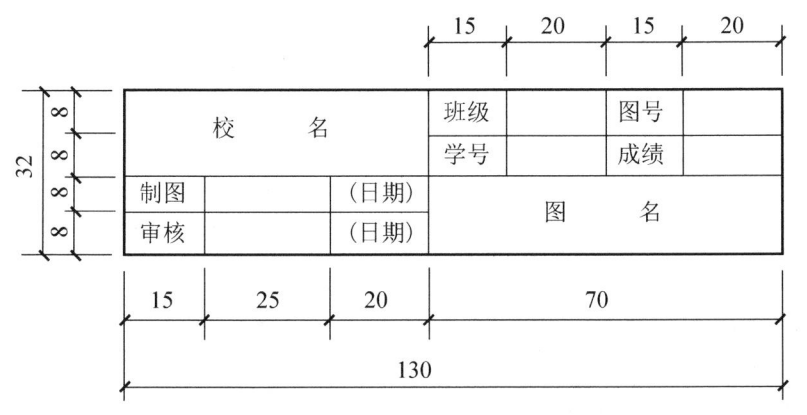

图 1.16　制图作业标题栏统一格式

1.3.2　绘图工具及仪器

1．图板

绘图所用的图板如图 1.17 所示，其规格见表 1-2。

表 1-2　图板规格

单位：mm

图板规格代号	0	1	2	3
图板尺寸(宽×长)	920×1220	610×920	460×610	305×460

【参考图文】

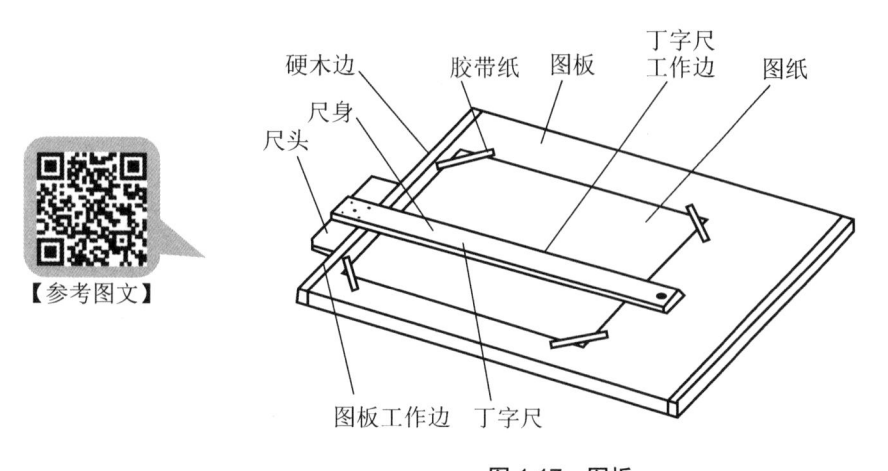

图 1.17 图板

2．丁字尺

丁字尺主要用于画水平线，使用时左手握尺头，使尺头紧靠图板左边缘，将尺头沿图板的左边缘上下滑动到需要画线的位置，从左向右画出水平线，注意尺头不能靠图板的其他边缘滑动来画线，如图 1.18 及图 1.19 所示。丁字尺不用时应挂起来，以免尺身翘起变形。

【参考动画】

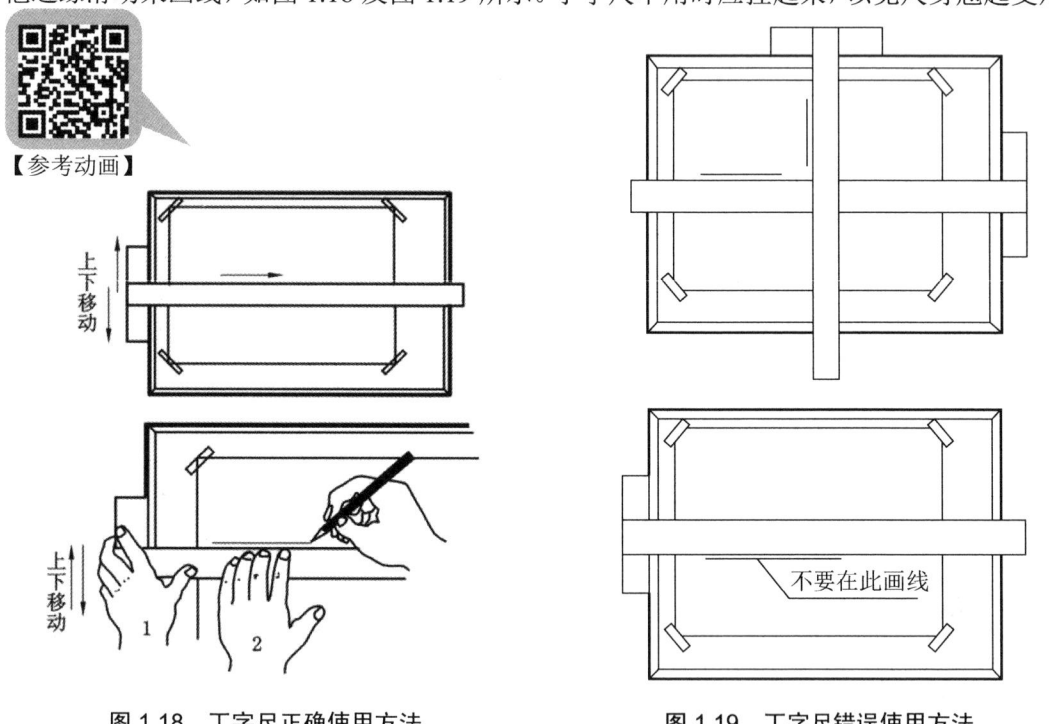

图 1.18　丁字尺正确使用方法　　　　图 1.19　丁字尺错误使用方法

3．三角板

三角板有 45°和 60°两种，与丁字尺配合可以画出 15°、30°、45°、60°、75°的斜线以及相互垂直和平行的线。使用时应靠在三角板的左边自下而上画线，如图 1.20 及图 1.21 所示。

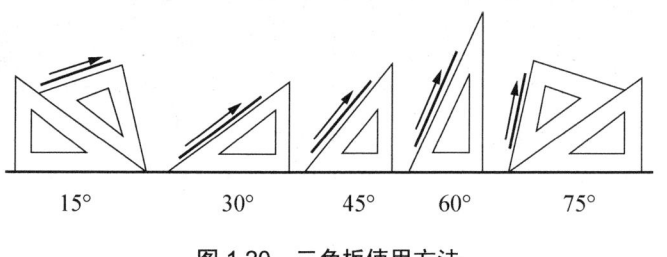

图 1.20　三角板使用方法

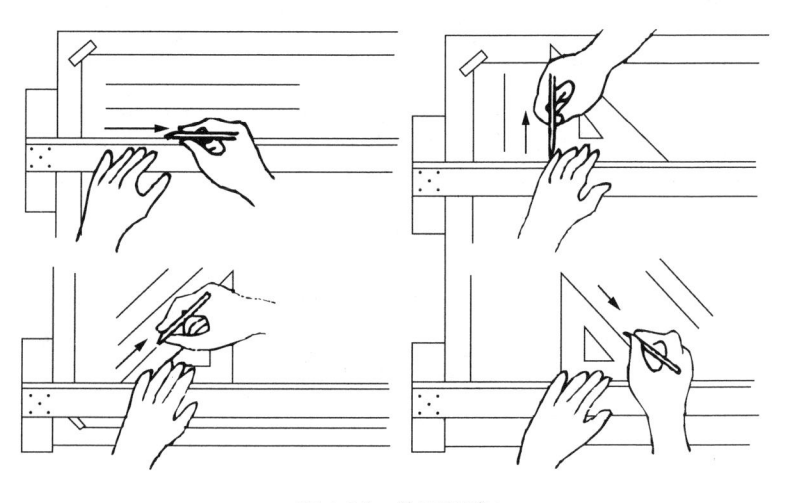

图 1.21　作图顺序

4．圆规和分规

(1) 圆规：是用来画圆及圆弧的工具。画圆或圆弧时，应使圆规按顺时针转动，并稍向画线方向倾斜。在画较大圆或圆弧时，应使圆规的两条腿都垂直于纸面。

(2) 分规：是截量长度和等分线段的工具。

5．铅笔

工程制图中，铅笔是用来画图和写字的。铅笔代号中"H"表示硬铅笔，"B"表示软铅笔，"HB"表示软硬适中的铅笔；"B""H"前的数字越大，表示铅笔越软或越硬。通常用较硬的铅笔如 3H、2H 打底稿，用 HB 铅笔写字，用 B 或 2B 铅笔加深图线。笔芯宜露出 6～8mm。

6．模板与擦图片

(1) 模板：绘图时，直接利用模板的漏孔和刻度作图，选好位置和孔型后用铅笔描绘，可提高制图效率，如图 1.22 所示。

(2) 擦图片：擦图片又称擦线板，是擦去制图中不需要的稿线的辅助制图工具，其材质多为不锈钢片，如图 1.23 所示。

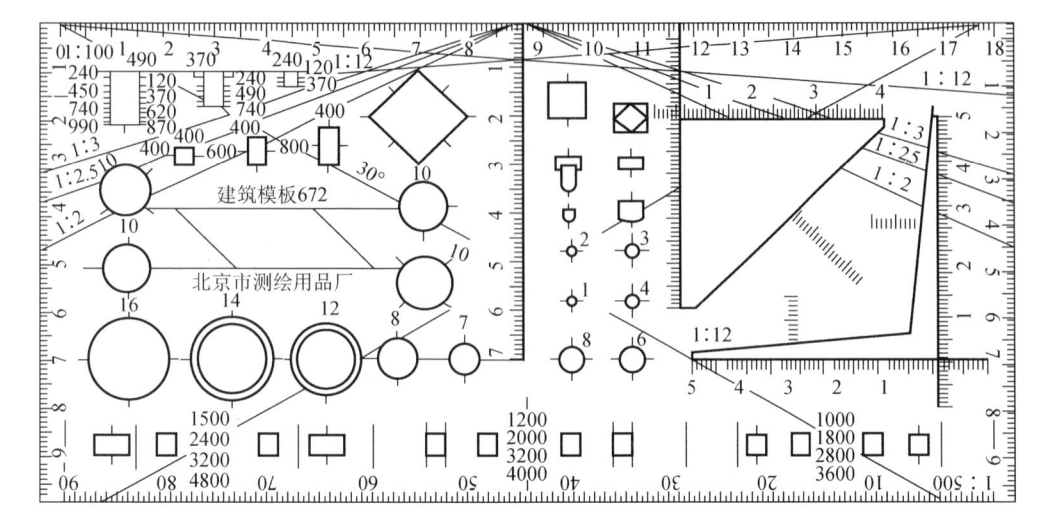

图 1.22　模板

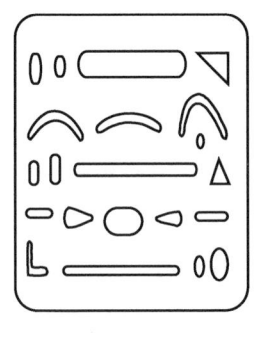

图 1.23　擦图片

1.3.3　字体

工程制图中，常用汉字、数字及字母等说明物体的大小及施工的技术要求等内容。如果书写潦草或模糊不清，不仅影响图样的清晰和美观，而且还会招致施工的差错和麻烦，因此制图标准对字体的规格和要求做了相应规定。总的要求是：排列整齐、字体端正、笔画清晰、标点符号清楚正确。

1. 汉字

汉字应写成长仿宋体，书写要领为横平竖直、起落分明、填满方格、结构匀称，字宽约为字高的 2/3，如图 1.24 及图 1.25 所示。

名称	横	竖	撇	捺	提	点	钩
形状	一	丨	丿	㇏	✓ ✓	八	亅乚
笔法	一	丨	丿	㇏	✓ ✓	八	亅乚

图 1.24　基本笔画

结构施说明比例尺寸长宽高厚砖瓦
木石土砂浆水泥钢筋混凝截校核梯
门窗基础地层楼板梁柱墙厕浴标号
制审定日期一二三四五六七八九十

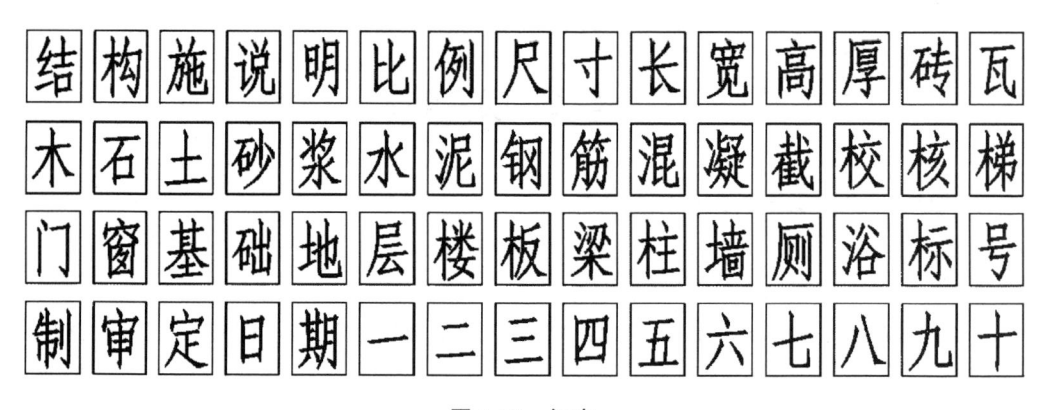

图 1.25　汉字

2．拉丁字母和数字

拉丁字母、阿拉伯数字与罗马数字的字高应不少于 2.5mm，一般小写字母高度是大写字母高度的 7/10，如图 1.26 所示。

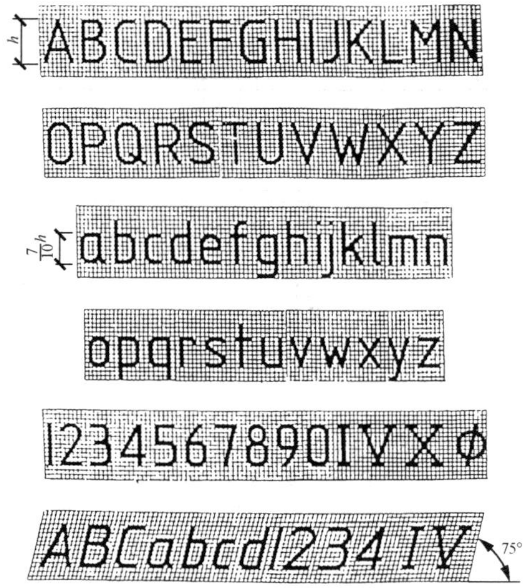

h
ABCDEFGHIJKLMN
OPQRSTUVWXYZ
7/10h
abcdefghijklmn
opqrstuvwxyz
1234567890IVXφ
ABCabcd1234IV
75°

图 1.26　字母和数字

1.3.4 比例

比例是图样中图形与实物相应要素的线性尺寸之比，以“：”表示，如 1：1、1：100、20：1 等。建筑工程图的比例宜注写在图名的右侧，字的基准线应取平，比例的字高应比图名的字高小一号或二号；图名下画一横粗线，粗度不超出本图纸所画图形中的粗实线，横线的长度应以所写文字所占的长短为准，如图 1.27 所示。

绘制图样时，应根据图样的用途与所绘形体的复杂程度，从标准规定的系列中选用适当的比例值。

当一张图纸中的各图只用一种比例时，也可把该比例单独书写在图纸标题栏内。

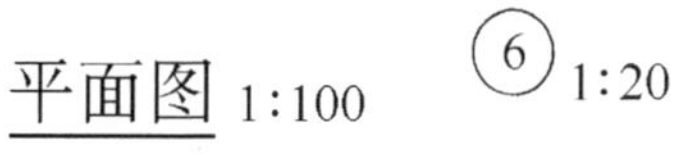

平面图 1:100
6 1:20

图 1.27　比例

完成单层平房投影图与剖面图的绘制。

1．实训目的

(1) 培养空间想象力，掌握投影规律。

(2) 培养分析问题解决问题的能力，既能根据形体画投影图、剖面图，又能根据投影图、剖面图想象出形体的组合关系。

2．实训内容

作出如图 1.28 所示房屋模型的 2—2、3—3 剖面图。

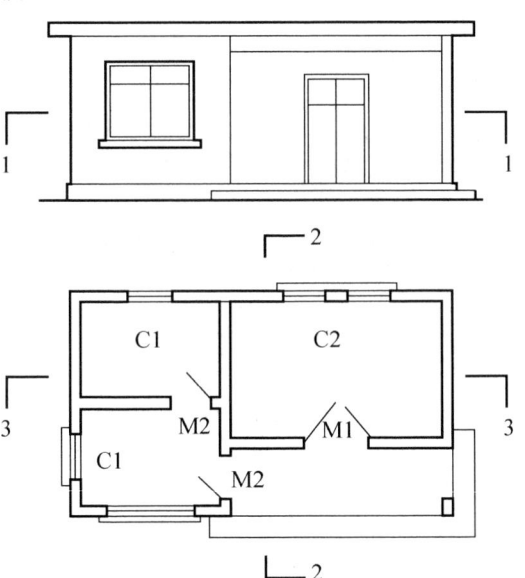

图 1.28　房屋模型

本 章 小 结

本章主要介绍制图的基础知识，包括正投影原理、图纸幅面、工程字体、比例及制图工具、仪器的使用方法等。这些内容是学习建筑制图与识图的前提。通过本章的学习，应掌握制图工具和仪器的使用方法，熟悉制图一般规则，严格执行国家制图标准，正确识读建筑形体；要求充分理解和掌握建筑制图的基本方法与步骤，加强训练，初步具备制图与识图的基本技能，为后面的学习打牢基本功。

◖　习　　题　◗

1．填空题

(1) A2 图纸幅面尺寸为_____。

(2) 标题栏的边框用_____绘制，分格线用_____绘制。

(3) _____是图形与实物相对应的线性尺寸之比。

(4) 根据铅笔的软硬程度划分，铅笔上标注的"H"表示_____，"B"表示_____，"HB"表示_____。

2．选择题

(1) 不属于平行正投影性质的是(　　)。

 A．积聚性   B．类似性

 C．垂直性   D．显示性

(2) 水平正投影反映建筑形体(　　)。

 A．底面形状和长度、宽度两个方向的尺寸

 B．顶面形状和长度、宽度两个方向的尺寸

 C．正面形状和长度、宽度两个方向的尺寸

 D．侧面形状和长度、宽度两个方向的尺寸

(3) 建筑施工图常用的绘制方法有(　　)。

 A．镜像投影法   B．正投影法

 C．中心投影法   D．斜投影法

3．问答题

(1) 常用的绘图工具有哪些？如何使用？

(2) 什么是剖面图？什么是断面图？两者的区别在哪里？

(3) 什么是比例？

(4) 阐述长仿宋体字的书写要领。

【参考答案】

第2章 房屋建筑施工图

本章讲述建筑施工图常用的符号、建筑材料及配件的图例符号，重点介绍一般建筑施工图的图示特点、阅读方法与步骤。本章为全书重点，是制图理论与建筑实践相联系的桥梁。

教学目标

(1) 掌握民用建筑定位方法。
(2) 掌握建筑施工图的基本内容和图示特点。
(3) 掌握绘制和阅读建筑施工图的方法与步骤。
(4) 熟悉国家标准对建筑施工图的有关规定。

教学要求

能 力 目 标	知 识 要 点	权重
了解房屋由哪些基本部分组成	房屋的组成及其作用	20%
掌握建筑工程图主要由哪些部分图纸组成	建筑工程图的分类	20%
了解并掌握建筑工程图的制图规范	绘制建筑工程图的有关规定	30%
了解阅读工程图的步骤	阅读建筑工程图的方法	20%

章节导读

建筑施工图是根据正投影原理和相关专业知识绘制的工程图样，用于表示建筑物的总体布局、外部造型、内部布置、细部构造、内外装饰、固定设施和施工要求等。

建筑施工图由一系列图样及必要的表格和文字说明组成，编排顺序一般为图纸目录、设计说明、工程做法表、门窗表、总平面图、建筑平面图、建筑立面图、建筑剖面图以及建筑详图。

通过学习本章内容，应了解建筑施工图的组成、用途，掌握建筑平面图、立面图、剖面图、详图的图示内容及识读、绘制方法。

引例

房屋建筑施工图是遵循国家标准的有关规定，用正投影的图示方法，详细、准确绘制出建筑物的内外形状和大小布置，以及各部分的结构、构造、装修等内容，并按照一定的编排规律组成的一套图纸。它是指导施工、审批建筑工程项目、编制工程概预算和决算以及审核工程造价的依据，也是竣工验收和工程质量评价的依据，具有法律效力。

【参考图文】

一栋房屋从开工到建成，需要有全套房屋施工图作为指导，在整套施工图中，建筑施工图处于主导地位。

2.1　房屋识图的基本知识

2.1.1　房屋的基本组成

1. 建筑的分类

1) 按建筑使用要求分类

(1) 民用建筑：包括居住建筑和公共建筑。居住建筑是人们长期居住使用的建筑，如住宅、宿舍；公共建筑是人们进行公共活动的建筑，如学校、商场等。

(2) 工业建筑：直接为工业生产服务的建筑，如工业厂房。

(3) 农业建筑：直接为农业生产服务的建筑，如饲养场、粮仓。

2) 按建筑规模分类

(1) 大量性建筑：建筑量大，类型多，一般采用标准设计。

(2) 大型性建筑：功能复杂，艺术性高，一般进行个别设计。

2. 房屋的组成部分

一般民用建筑由基础、墙、柱、梁、楼(地)面、楼梯、屋顶、门窗等部分组成，此外还有其他一些构配件，如阳台、雨篷、勒脚、台阶、窗台、雨水管、明沟及散水等。各组成部分如图 2.1 所示。

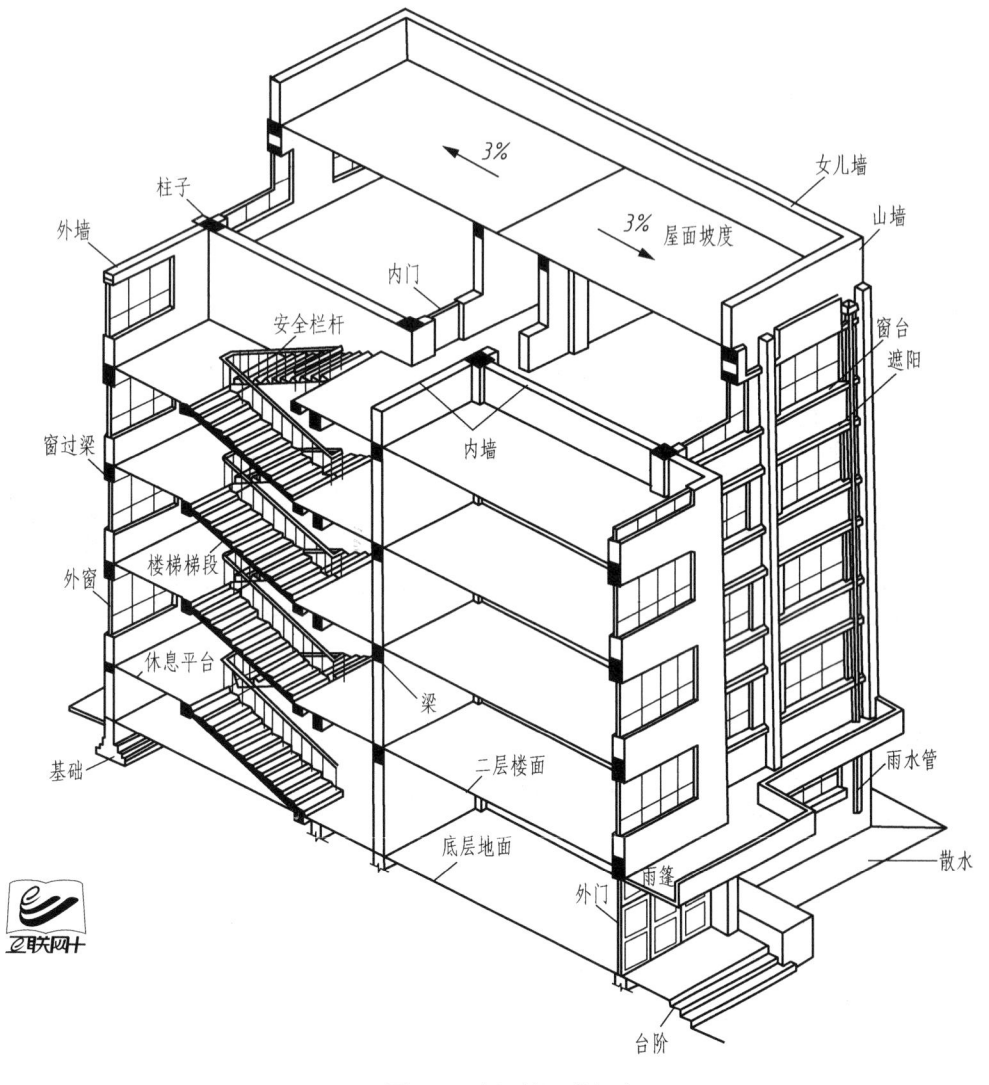

图 2.1　房屋的组成部分

3．房屋各组成部分的作用

(1) 基础、墙、梁、柱、板、屋面等提供支撑作用；

(2) 外墙、屋面、窗等提供围护作用；

(3) 门、窗、天窗等提供通风、采光作用；

(4) 门、过道、走廊、楼梯、台阶等提供内外联系及上下交通作用；

(5) 内墙、隔断等提供分隔作用；

(6) 天沟、雨水管、散水、雨篷、明沟等提供排水作用；

(7) 勒脚、防潮层等提供护墙作用；

(8) 阳台、平台等提供晾晒作用。

2.1.2 建筑施工图的产生、分类及特点

1．施工图设计过程

(1) 初步设计：根据甲方要求，调研、收集资料后综合构思，进行初步设计，作出方案图并报批。

(2) 技术设计：根据审批后的方案图，进一步解决构件造型、布置及各工种之间的配合等技术问题，修改完善方案，绘制技术设计图。

(3) 施工图设计：根据施工要求，画出一套完整的反映建筑物整体及各细部构造和结构的图样，并作出有关的技术说明。

2．建筑施工图分类

建筑施工图主要包括狭义的建筑施工图(简称建施)、结构施工图(简称结施)、给排水施工图(简称水施)、采暖通风施工图(简称暖施)、电气施工图(简称电施)。注意图纸编排顺序为图纸目录、总平面图(总说明)、建施、结施、设施(即设备施工图)。

(1) 建筑施工图：主要表示建筑物的总体布局、外部造型、内部布置、细部构造和内外装饰，包括总平面图、平面图、立面图、剖面图、建筑详图等。

(2) 结构施工图：主要表示建筑物中承重结构的布置情况、构件类型、大小、材料以及做法等，包括结构平面布置图、结构构件详图等。

(3) 设备施工图：主要表示各工种所需的设备和管线的平面布置图、系统图、工艺设计图、安装详图及安装说明，具体包括给水排水工程图、电气工程图、采暖通风工程图等。

3．建筑施工图概述

1) 内容

建筑施工图是主要表示建筑物的总体布局、外部造型、内部布置、细部构造、内外装饰及固定设施要求的图样，包括图纸目录、总平面图、施工总说明、门窗表、建筑平面图、建筑立面图、建筑剖面图及建筑详图(楼梯详图、外墙详图、屋面详图等)。

2) 用途

建筑施工图是房屋施工时定位放线、砌筑墙身、制作楼梯、安装门窗、固定设施以及室内外装饰的主要依据，也是编制工程预算和施工组织计划的主要依据。

3) 建筑施工图图示的特点

为确保图纸质量，提高制图和识图的效率，在绘制施工图时，必须严格遵守下列标准：《房屋建筑制图统一标准》(GB/T 50001—2010)、《总图制图标准》(GB/T 50103—2010)和《建筑制图标准》(GB/T 50104—2010)。

(1) 图纸。施工图中的不同内容，是采用不同规格的图线绘制的，选取规定的线型和线宽，用以表明内容的主次和增加图面效果。建筑制图标准中对图线的使用都有明确的规定，绘图时，首先按所绘图样选用的比例选定粗实线的宽度"b"，然后再规定选定其他线型的宽度。总的原则是剖切面的截交线和房屋立面图中的外轮廓线用粗实线，次要的轮廓线用中实线，其他的一律用细实线；可见的用实线，不可见用虚线。

（2）比例。房屋的平、立、剖面图采用小比例绘制，对无法表达清楚的部分，采用大比例绘制的建筑详图来进行表达。

（3）标准图的标准图集。为了加快设计和施工进度，提高设计与施工质量，把房屋工程常用的、大量性的构配件按统一模数、不同规格设计出系列施工图，供设计部门、施工企业选用。这样的图称为标准图。装订成册后就称为标准图集。

标准图集的分类方法有两种：一是按照使用范围分类；二是按照工种分类。

按照使用范围，标准图集大体分为以下三类。

第一类是国家标准图集，经国家建设委员会批准，可以在全国范围使用。

第二类是地方标准图集，经各省、市、自治区有关部门批准，可以在相应地区范围使用。

第三类是各设计单位编制的标准图集，仅供本单位设计使用，此类标准图集用得很少。

按照工种可分为以下两类。

建筑构件标准图集，一般用"G"或"结"表示。

建筑配件标准图集，一般用"J"或"建"表示。

4）图例

建筑施工图中会有大量的图例。由于房屋的构配件和材料种类较多，为作图简便起见，"国标"规定了一系列的图形符号来代表建筑构配件、卫生设备、建筑材料等，这种图形符号称为图例。

2.1.3 建筑施工图的有关规定

1．线宽

（1）线宽选择用于表明内容的主次和增加图面效果。总的原则是剖切面的截交线和房屋立面图中的外轮廓线用粗实线，次要的轮廓线用中实线，其他的一律用细实线；可见的用实线，不可见的用虚线。各种线宽相对值如下。

① 粗实线宽度为 b：用于新建建筑物±0.00高度的可见轮廓线，被剖切到的主要建筑构造(包括构配件)如承重墙、柱的断面轮廓线及剖切符号。

② 中实线宽度为 $0.5b$：用于新建构筑物、道路、桥涵、围墙、边坡、挡土墙等的可见轮廓线，新建建筑物±0.00高度以外的可见轮廓线，被剖切到的次要建筑构造(包括构配件)的轮廓线(如墙身、台阶、散水、门扇开启线)，建筑构配件的轮廓线及尺寸起止斜短线。

③ 中虚线宽度为 $0.5b$：用于计划预留建筑物、构筑物的轮廓线，建筑构配件不可见的轮廓线。

④ 细实线宽度为 $0.25b$：用于其余可见轮廓线及图例、尺寸标注，原有建筑物、构筑物、建筑坐标网格等。较简单的图样可用粗实线 b 和细实线 $0.25b$ 两种线宽。

（2）图线的基本宽度 b 应从下列线宽系列中选取：0.18mm、0.25mm、0.35mm、0.5mm、0.7mm、1.0mm、1.4mm、2.0mm。每个图样应根据复杂程度与比例大小，先确定基本线宽 b，再从表2-1中选用适当的线宽组。

表 2-1　线宽组

线宽比	线宽组/mm					
b	2.0	1.4	1.0	0.7	0.5	0.35
$0.5b$	1.0	0.7	0.5	0.35	0.25	0.18
$0.25b$	0.5	0.35	0.25	0.15		

2. 线型

建筑工程图中的线型，有实线、虚线、点画线、双点画线、折断线和波浪线等，根据类型分为粗、中、细三种，用不同的线型与线宽来表示工程图样的不同内容，见表 2-2。地坪线宽可用 1.4b。

表 2-2　线型与线宽

图线名称	线　　型	线　　宽	用　　途
粗实线	——————	b	(1) 平、剖视图中被剖切的主要建筑构造(包括构配件)的轮廓线； (2) 建筑立面图的外轮廓线； (3) 建筑构造详图中被剖切的主要部分的轮廓线； (4) 建筑构配件详图中的构配件的外轮廓线； (5) 平、立、剖面图的剖切符号
中粗线	——————	$0.5b$	(1) 平、剖视图中被剖切的次要建筑构造(包括构配件)的轮廓线； (2) 建筑平、立、剖视图中建筑构配件的轮廓线； (3) 建筑构造详图及建筑构配件详图中的一般轮廓线
细实线	——————	$0.25b$	小于 0.5b 的图形线、尺寸界线、图例线、索引符号、标高符号等
中虚线	- - - - -	$0.5b$	(1) 建筑构造及建筑构配件不可见的轮廓线； (2) 平面图中的超重机(吊车)轮廓线； (3) 拟扩建的建筑物轮廓线
细虚线	- - - - - - -	$0.25b$	图例线、小于 0.5b 的不可见轮廓线
粗点画线	——·——	b	超重机(吊车)轨道线
细点画线	——·——	$0.25b$	中心线、对称线、定位轴线
折断线	⌐\／	$0.25b$	不需画全的断开界线
波浪线	∿∿∿	$0.25b$	不需画全的断开界线、构造层次的断开界线

3. 比例

工程图样不可能画成与实物相同大小，应该按一定比例缩小或放大进行绘制。房屋的平、立、剖面图采用小比例绘制，对难以表达清楚的部分，采用大比例绘制的建筑详图来表达。常用比例见表 2-3。

表 2-3　常用比例

图　名	比　例
总体规划图	1：2000，1：5000，1：10000，1：25000
总平面图	1：500，1：1000，1：2000
建筑平立剖面图	1：50，1：100，1：200
建筑局部放大图	1：10，1：20，1：50
建筑构造详图	1：1，1：2，1：5，1：10，1：20，1：50

4．尺寸标注

尺寸是工程图样的重要组成部分，也是施工的依据，设计制图时应遵照详细的国标规定。

1）尺寸的组成

(1) 尺寸界线：用细实线绘制，与被注长度垂直，其一端应离开图样的轮廓线不小于2mm，另一端应超出尺寸线 2～3mm。必要时可利用图样轮廓线、中心线及轴线作为尺寸界线。

(2) 尺寸线：用细实线绘制，并与被注长度平行，与尺寸界线垂直相交，但不宜超出尺寸界线外。图样轮廓线以外的尺寸线，距图样最外轮廓线之间距离不宜小于 10mm，平行排列的尺寸线的间距为 7～10mm，并应保持一致。图样上任何图线都不得用作尺寸线。

(3) 尺寸起止符号：用中粗短斜线绘制，并画在尺寸线与尺寸界线的相交处，其倾斜方向应与尺寸界线成顺时针 45°，长度宜为 2～3mm；在轴测图中标注尺寸时，其起止符号宜用小圆点。半径、直径、角度与弧长的尺寸起止符号宜用箭头表示。

2）尺寸的标注

尺寸宜标注在图样轮廓线以外，不宜与图线、文字及符号等相交。尺寸数字一般注写在尺寸线的中部，(单位未标出时)默认单位为 mm。水平方向的尺寸，尺寸数字要写在尺寸线的上面，字头朝上；竖直方向的尺寸，尺寸数字要写在尺寸线的左侧，字头朝左；如果没有足够的注写位置，两边的尺寸可以注写在尺寸界线的外侧，中间相邻的尺寸可以错开注写，如图 2.2 所示。尺寸宜标注在图样轮廓之外，不宜与图线、文字及符号等相交(图 2.3～图 2.5)。

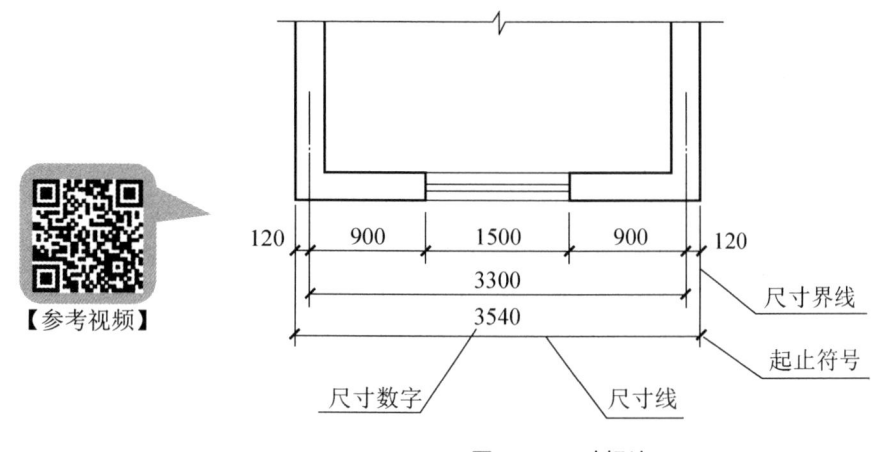

【参考视频】

图 2.2　尺寸标注

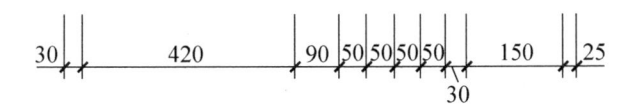

图 2.3　尺寸数字的注写位置

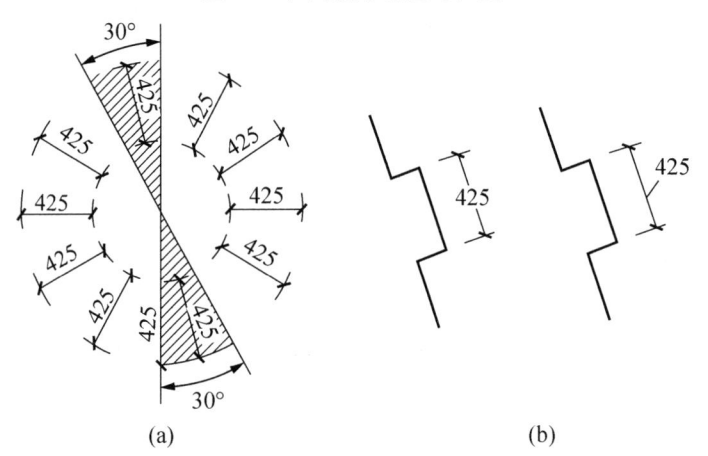

(a)　　　　　　　　　　　　　　(b)

图 2.4　尺寸数字的注写方向

3) 尺寸注法示例

(1) 薄板的厚度(图 2.6)在厚度符号前加注符号"t"。

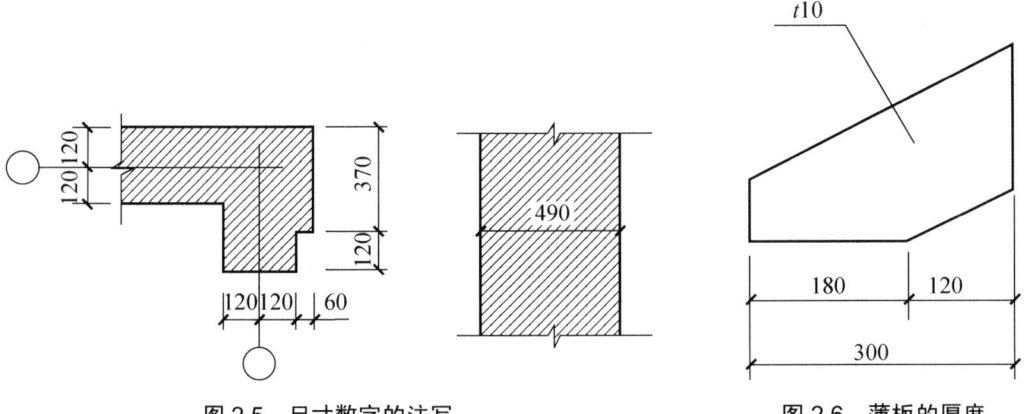

图 2.5　尺寸数字的注写　　　　　图 2.6　薄板的厚度

(2) 正方形(图 2.7)。在正方形的侧面标注该正方形的尺寸，可用"边长×边长"标注，也可以在边长数字前加正方形符号"□"。

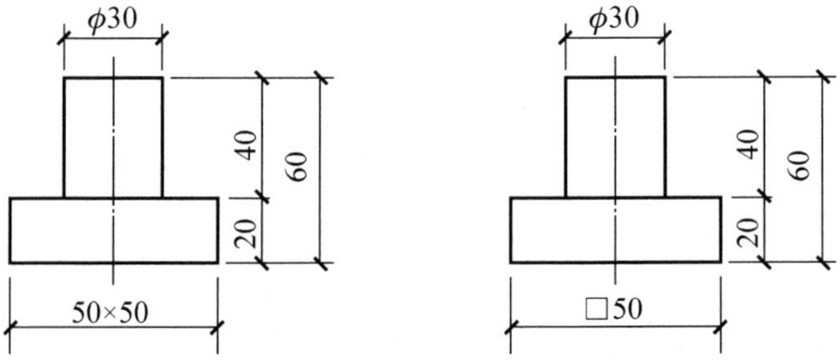

图 2.7　正方形

(3) 坡度(图 2.8)。标注坡度时，在坡度数字下，应加注坡度符号，坡度符号为单面箭头，一般指向下坡方向。坡度也可以用直角三角形形式标注。

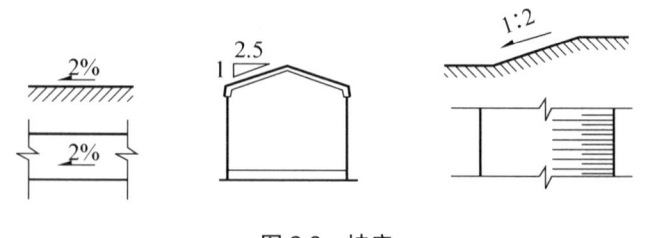

图 2.8　坡度

在坡面高的一侧水平边上画上垂直于水平边的长短相间的等距离细实线，称为示坡线，也可以用它表示坡面。

(4) 连续排列的等长尺寸(图 2.9)。可用"个数×等长尺寸＝总长"的形式标注。

(5) 对称构配件(图 2.10)。尺寸线应略超过对称符号，仅在尺寸线的一端画尺寸起止符号，尺寸数字应按整体全尺寸注写，其注写位置宜与对称符号对齐。

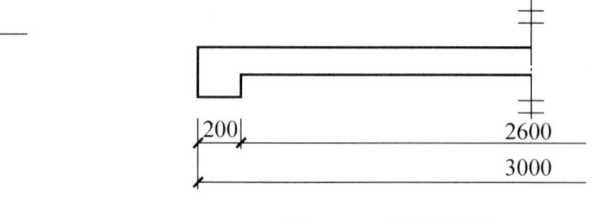

图 2.9　连续排列的等长尺寸　　　　图 2.10　对称构配件

(6) 相同要素(图 2.11)。可仅标注其中一个要素的尺寸及个数。

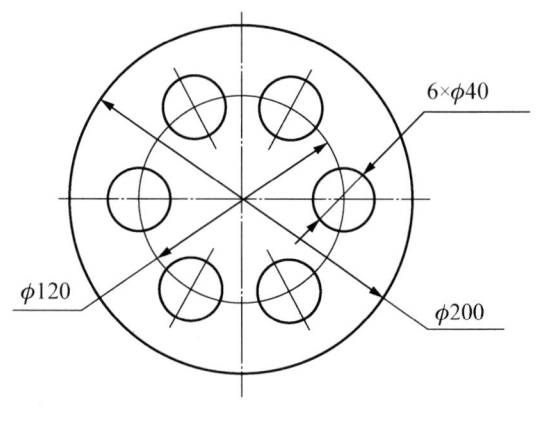

图 2.11　相同要素

5．图例

1) 常用建筑构造及配件图例

由于平面图所用的比例较小，许多建筑细部及门窗不能详细画出，此时可用国标统一规定的图例符号来表示。常用建筑构造与配件图例见表 2-4。

表 2-4　常用建筑构造与配件图例

序号	名　　称	图　　例	备　　注
1	墙体		应加注文字或填充图例表示墙体材料，在项目设计图样说明中列材料图例表给予说明
2	隔断		(1) 加注文字或涂色或图案填充，表示各种材料的轻质隔断； (2) 适用于到顶与不到顶隔断
3	栏杆		
4	单层固定窗	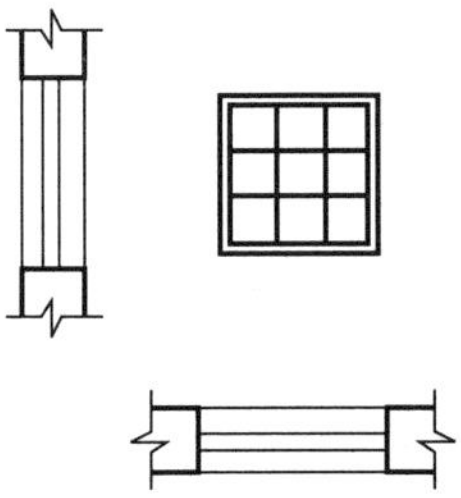	(1) 窗的名称代号为 C； (2) 立面图中的斜线表示窗的开启方向，实线为外开，虚线为内开，开启方向线交角的一侧为安装合页的一侧，一般设计图中可不表示； (3) 图例中，剖面图所示左为外、右为内，平面图所示下为外、上为内； (4) 平面图和剖面图上的虚线仅说明开关方式，在设计图中不需表示； (5) 窗的立面形式应按实际绘制； (6) 小比例绘图时，平、剖面的窗线可用单粗实线表示
5	单层外开上悬窗	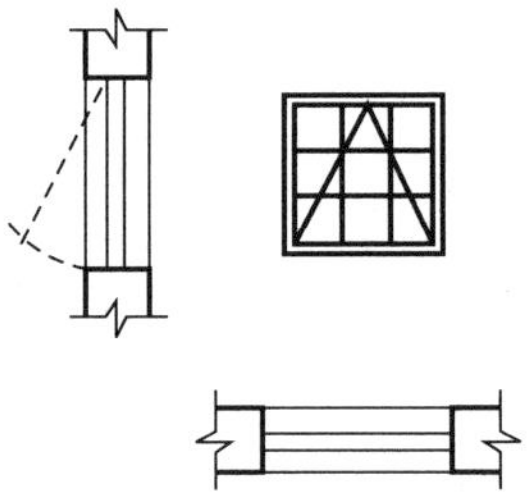	
6	单层中悬窗	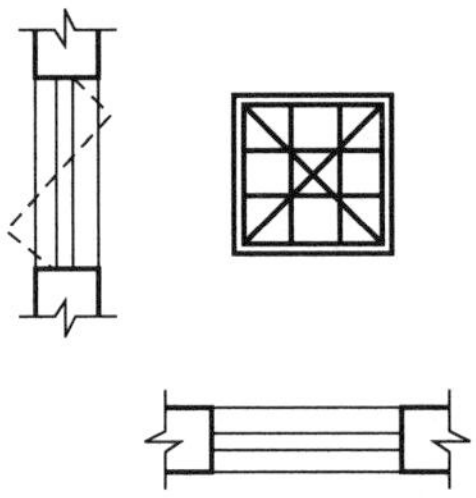	
7	单层内开下悬窗	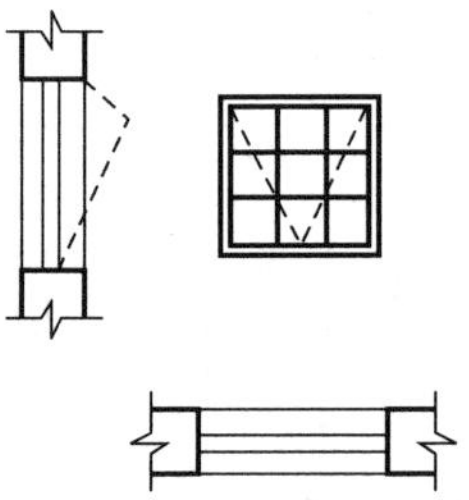	

续表

序号	名　称	图　例	备　注
8	单层外开平开窗	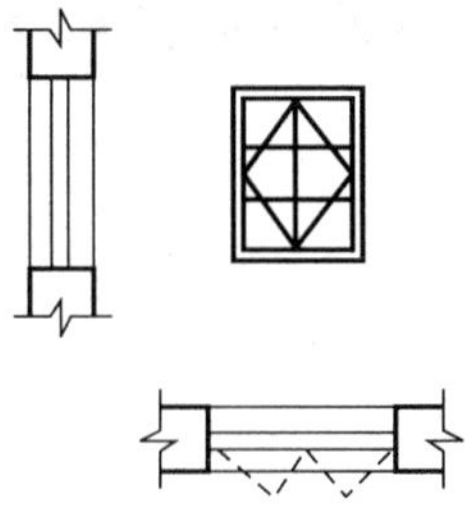	
9	单扇双面弹簧门	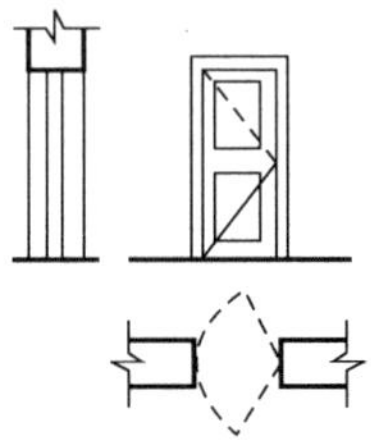	
10	双扇双面弹簧门	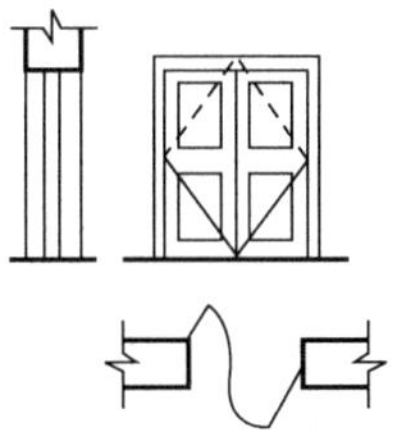	(1) 门的名称代号为 M; (2) 图例中,剖面图左为外、右为内,平面图下为外、上为内; (3) 立面图上开启方向线交角的一侧为安装合页的一侧,实线为外开,虚线为内开; (4) 平面图上门线应按 90° 或 45° 开启,开启弧线宜绘出; (5) 立面图上的开启线在一般设计图中可不表示,在详图及室内设计图上应表示; (6) 立面形式应按实际情况绘制
11	单扇内外开双层门 (包括平开或单面弹簧)	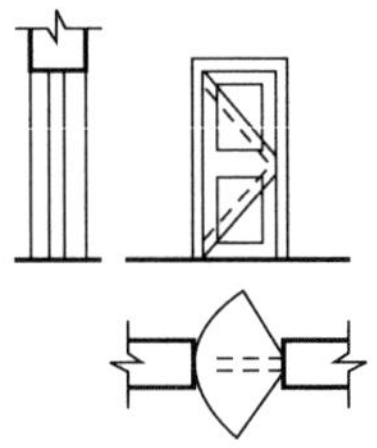	
12	单扇门 (包括平开或单面弹簧)	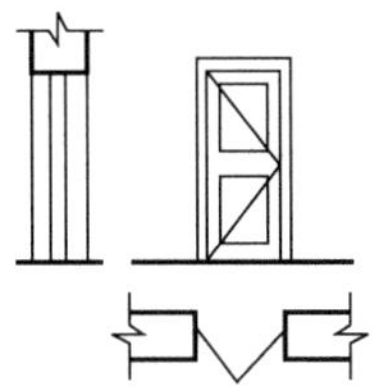	
13	自动门	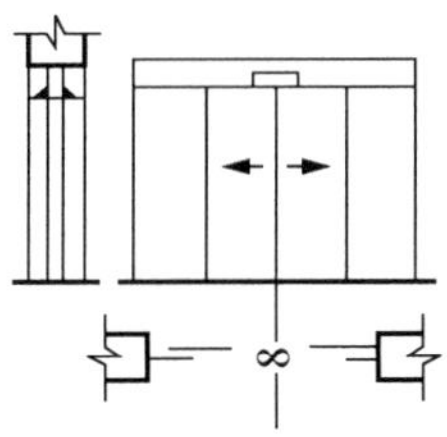	(1) 门的名称代号为 M; (2) 图例中剖面图左为外、右为内,平面图下为外、上为内; (3) 立面形式应按实际情况绘制

序号	名　称	图　例	备　注
14	竖向卷帘门	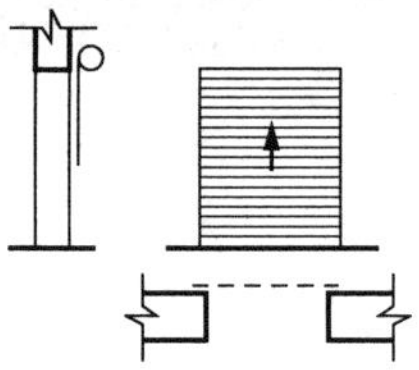	(1) 门的名称代号为 M； (2) 图例中剖面图左为外、右为内，平面图下为外、上为内； (3) 立面形式应按实际情况绘制
15	楼梯	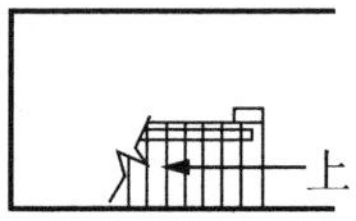 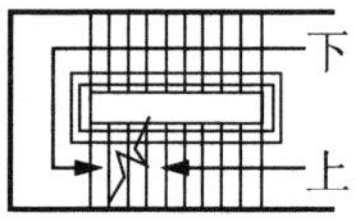 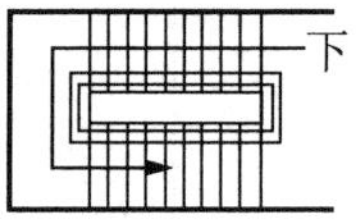	(1) 上图为底层楼梯平面，中图为中间层楼梯平面，下图为顶层楼梯平面； (2) 楼梯及栏杆扶手的形式和梯段踏步数应按实际情况绘制
16	坡道	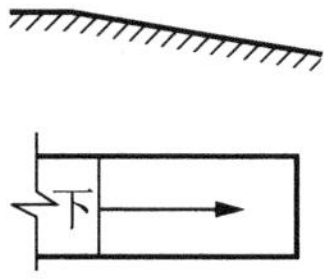 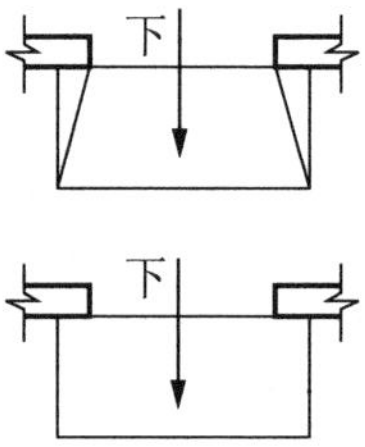	上图为长坡道，下图为门口坡道
17	孔洞		阴影部分可以涂色代替
18	烟道	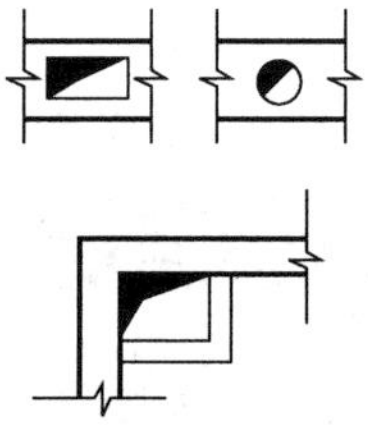	(1) 阴影部分可以涂色代替； (2) 烟道与墙体为同一材料时，其相接处墙身线应断开

2) 常用建筑材料图例

建筑材料除了要用文字说明外，还要画出标准规定的图例，见表 2-5。

表 2-5　部分建筑材料图例

序号	名　称	图　例	备　注
1	自然土壤		包括各种自然土壤
2	夯实土壤		
3	砂、灰土		靠近轮廓线绘制较密的点
4	石　材		应注明大理石或花岗岩及其粗糙度
5	毛　石		应注明石料块面大小及品种
6	普通砖		包括实心砖、多孔砖、砌块等砌体，断面较窄不易绘出图例线时可涂红
7	混凝土		(1) 本图例是指能承重的混凝土及钢筋混凝土； (2) 包括各种强度等级、骨料、添加剂的混凝土；
8	钢筋混凝土		(3) 在剖面图上画出钢筋时，不画图例线； (4) 断面图形小，不易画出图例线时，可涂黑
9	防水材料		构造层次多或比例大时，采用此图例
10	多孔材料		包括水泥珍珠岩、沥青珍珠岩、泡沫混凝土、非承重加气混凝土、软木、蛭石制品等

3) 建筑总平面图图例

部分建筑总平面图图例见表 2-6。

表 2-6　部分建筑总平面图图例

序号	名　称	图　例	备　注
1	新建建筑物		用粗实线表示，右上角以点数表示层数
2	原有的建筑物		用细实线表示

续表

序号	名　称	图　例	备　注
3	计划扩建的建筑物或预留地		用中虚线表示
4	围墙及大门	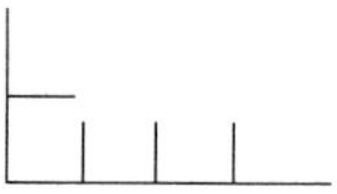	表示砖石、混凝土及金属材料围墙
5	拆除的建筑物	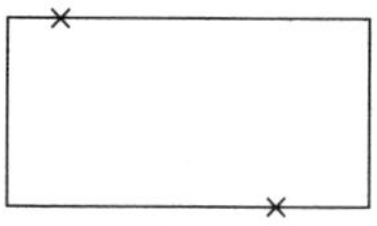	用细实线表示，四边加"×"
6	原有的道路	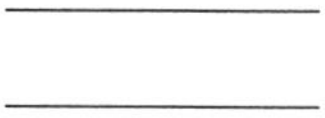	
7	计划的道路		
8	室外地坪标高	 ▼ 142.00	室外标高也可采用等高线
9	室内地坪标高	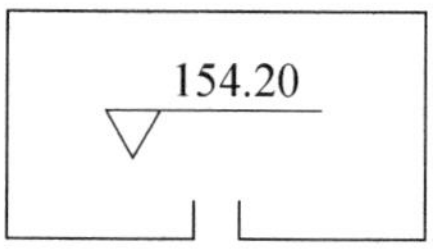 154.20 ▽	数字平行于建筑物书写
10	风向频率玫瑰图	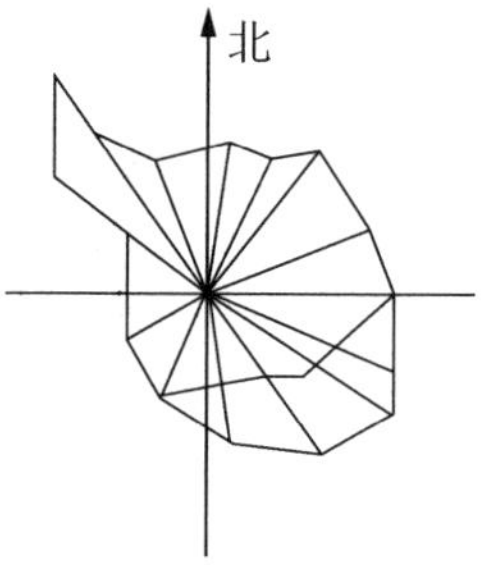 北	

6. 定位轴线及编号

房屋建筑施工图中的定位轴线是设计和施工中定位、放线的重要依据。承重构件都要画出定位轴线并对轴线进行编号，以确定其位置；对于非承重的分隔墙、次要构件等，有时需用附加定位轴线表示其位置，也可注明它们与附近轴线的相关尺寸以确定位置。

定位轴线应用细单点长画线绘制，轴线末端画直径为 8～10mm 的细实线圆圈，圆心在定位轴线的延长线或延长线的折线上，且圆内应注写轴线编号。水平方向采用阿拉伯数字编号，从左向右依次编写；垂直方向采用大写英文字母编号，自下而上依次编写，但英文字母 I、O、Z 不得用作轴线编号，以免与数字 1、0、2 混淆。平面图上定位轴线宜标注在图样下方和左侧，两轴线之间附加定位轴线用分数编号，如图 2.12 所示。

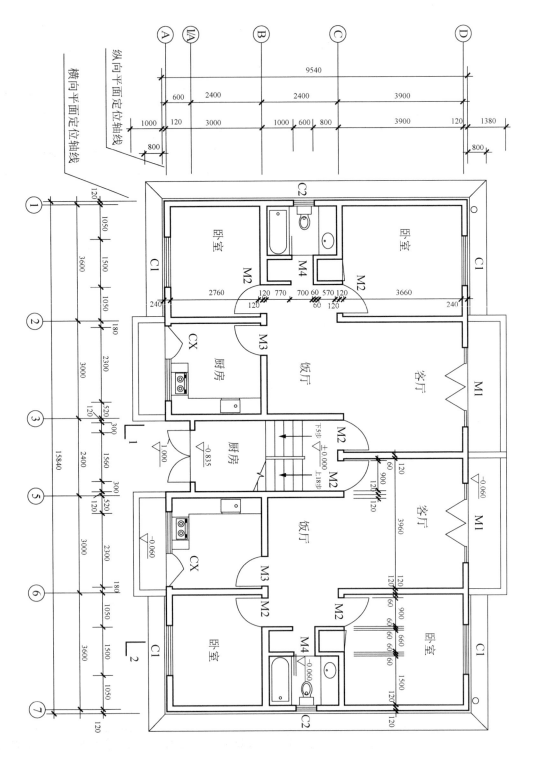

图 2.12 定位轴线及编号

7．索引符号和详图符号

图样中的某一局部或构件如需另见详图，应以索引符号指示。索引符号由直径为 10mm 的圆和水平直径线组成，圆和水平直径线均以细实线绘制。

1) 索引符号

(1) 索引出的详图，如与被索引的图在同一张图纸内，应在索引符号的上半圆中用阿拉伯数字注明该详图的编号，并在下半圆中间画一段水平细实线，如图 2.13(a)所示。

(2) 索引出的详图，如与被索引的图不在同一张图纸内，应在索引符号的上半圆中用阿拉伯数字注明该详图的编号，在索引符号的下半圆中用阿拉伯数字注明该详图所在图纸的编号；数字较多时，可加文字标注，如图 2.13(b)所示。

(3) 索引出的详图如采用标准图，应在索引符号水平直径线的延长线上加注该标准图册的编号，如图 2.13(c)所示。

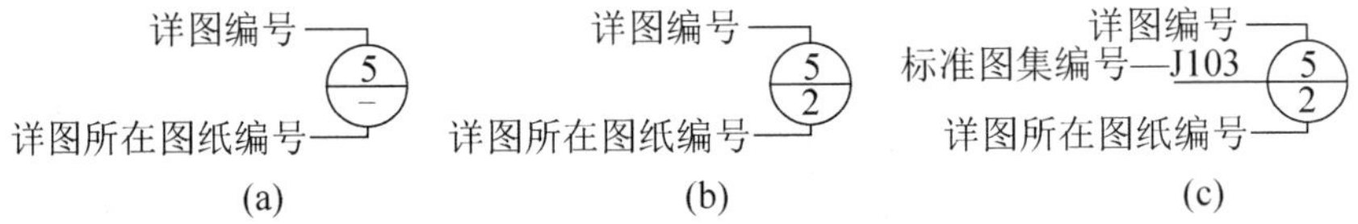

图 2.13　索引符号

2) 详图符号

详图的位置和编号，应以详图符号表示。详图符号的圆以直径为 14mm 的粗实线绘制。详图编号规则如下。

(1) 详图与被索引的图在同一张图纸内时，应在详图符号内用阿拉伯数字注明该详图的编号，如图 2.14(a)所示。

(2) 详图与被索引的图不在同一张图纸内时，应用细实线在详图符号内画一水平直径线，在上半圆中注明详图编号，在下半圆中注明被索引的图纸编号，如图 2.14(b)所示。

图 2.14　详图符号

8．其他符号

1) 引出线

(1) 建筑物的某些部位需用文字或详图加以说明时，可用引出线(细实线)从该部位引出。引出线采用水平方向的直线或与水平方向成 30°、45°、60°、90°的直线，或经上述角度再折为水平的折线。文字说明可注写在横线的上方，如图 2.15(a)所示，也可注写在横线的端部，如图 2.15(b)所示；索引详图的引出线应对准索引符号的圆心，如图 2.15(c)所示。

(2) 用于多层构造的共同引出线，应通过被引出的多层构造，文字说明可注写在横线的上方，也可注写在横线的端部，如图 2.16 所示。说明的顺序自上至下，与被说明的各层顺序要相互一致；若层次为横向排列，则由上至下的说明顺序要与由左至右的各层顺序相互一致。

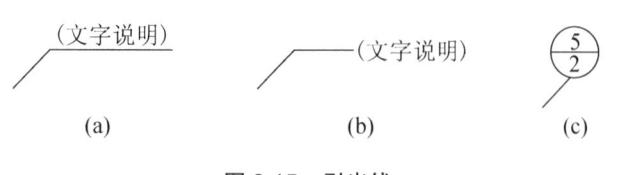

图 2.15　引出线

2) 对称符号

当房屋施工图的图形完全对称时，可采用对称符号来简化作图，如图 2.17 所示。对称符号由对称线和两端的两对平行线组成，用细单点长画线绘制；平行线用细实线绘制，长度为 6～10mm，间距宜为 2～3mm；平行线在对称线两侧的长度应相等。

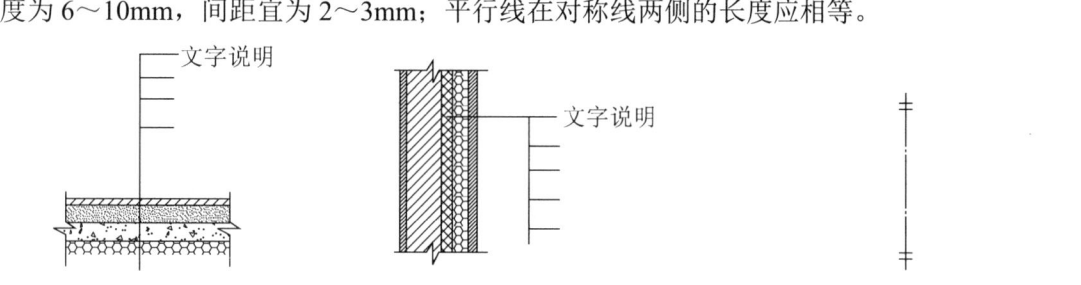

图 2.16　多层构造引出线　　　　　　　图 2.17　对称符号

3) 连接符号

当一部分构配件的图样还需要与另一部分相接时，用连接符号表达。连接符号应以折断线表示需要连接的部位，并以折断线两端靠图样一侧的大写拉丁字母表示连接编号，两个被连接的图样必须用相同的字母编号，如图 2.18 所示。

4) 指北针

指北针常用来表示建筑物的朝向。圆用细实线绘制，直径为 24mm，指北针尾部的宽度宜为 3mm，其头部应注"北"或"N"，如图 2.19 所示。

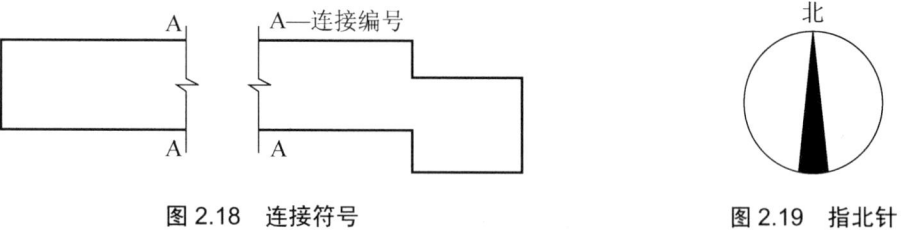

图 2.18　连接符号　　　　　　　　　　图 2.19　指北针

5) 尺寸与标高符号

(1) 尺寸。建筑施工图的尺寸分为定形尺寸、定位尺寸和总体尺寸。定形尺寸表示各部位构造的大小，定位尺寸表示各部位构造之间的相互位置，总体尺寸应等于各分尺寸之和。尺寸除了总平面图及标高尺寸以米为单位外，其余一律以毫米为单位，注写尺寸时，应注意使长、宽尺寸与相邻的定位轴线相联系。

(2) 标高。标高是标注建筑物高度方向的一种尺寸形式，可分为绝对标高和相对标高，均以米为单位。绝对标高是以青岛附近黄海平均海平面为零点测出的高度尺寸，它仅使用在建筑总平面图中。相对标高是以建筑物室内主要地面为零点测出的高度尺寸。

在总平面图、平面图、立面图和剖面图上，所用标高符号是以细实线绘制的等腰直角三角形。标高数值一般标注小数点后三位数(总平面图中为两位数)。标高数字前有"－"号，表示该处完成面低于零点标高，如数字前没有符号的，则表示高于零点标高。在总平面图中，室外地坪标高符号宜用涂黑的三角形表示，标高数值书写在标高符号横线上。

2.2 民用建筑施工图实例

2.2.1 建筑施工图识图方法

识读施工图，应掌握正投影原理，熟悉国家制图标准，了解常用构造做法。一套建筑施工图包含的内容较多，在读图时，一般按照从整体到局部再到整体的过程识读。先了解建筑整体概况，再深入理解工程细节做法及构造详图。

1. 施工图识读的一般要求

(1) 具备基本的投影知识。

(2) 了解房屋组成与构造。

(3) 掌握形体的各种图示方法及制图标准规定。

(4) 熟记常用比例、线型、符号、图例等。

2. 施工图识读的一般方法与步骤

识读施工图的一般方法：先看首页图(图纸目录和设计说明)，按图纸顺序简单翻阅熟悉一遍，按专业次序仔细识读，先基本图后详图，分专业对照识读。

一套房屋施工图由不同专业工种的图样综合组成，简单的有几张，复杂的有几十张，甚至几百张，它们之间有着密切的联系，读图时应前后对照，以防出现差错和遗漏，步骤如下。

(1) 对于全套图来说，先看说明书、首页图，后看建施、结施和设施。

(2) 对于每张图样来说，先看图标、文字，后看图样。

(3) 对于建施、结施和设施来说，先看建施后看结施和设施。

(4) 对于建筑施工图来说，先看平面图、立面图、剖面图，后看详图。

(5) 对于结构施工图来说，先看基础施工图、结构平面布置图，后看构件详图。

以上步骤不是孤立的，而是相互联系进行的，需要反复阅读才能正确识读。

3．标准图的识读

常用的构配件和构造做法，通常直接采用标准图集，所以在阅读首页图后，需要查阅本工程所采用的标准图集。

1）标准图集的分类

(1) 国家通用标准图集(J102 等表示为建筑标准图集、G105 等表示为结构标准图集)。

(2) 省级通用标准图集。

(3) 各大设计院通用标准图集。

2）标准图的查阅方法

(1) 按施工图中注明的标准图集的名称、编号和编制单位，查找相应图集。

(3) 识读时应先看总说明，了解图集的设计依据、使用范围、施工要求及注意事项等内容。

(3) 按施工图中的详图索引编号查阅详图，核对有关尺寸和要求。

2.2.2 某中学综合楼建筑施工图实例

1．建筑设计说明

拟建房屋的施工要求和总体布局，由施工总说明和建筑总平面图表示出来。一般中小型房屋建筑施工图首页(即施工图的第一页)就包含了这些内容。

对整个工程的统一要求(如材料、质量要求)具体做法及该工程的有关情况都可在施工总说明中做具体的文字说明。

设计说明一般包括该工程的设计依据、工程概况、构造设计。现以某中学综合楼为例，识读建筑设计说明，如图 2.20 所示。本设计为三层框架结构，总建筑面积 1020m²，建筑高度 11.25m，按六度抗震烈度设防，50 年的设计使用期限。此外，设计说明还对屋面防水、楼地面、墙体、门窗、装修等内容做了相关的构造说明。

2．总平面图

将新建建筑物四周一定范围内的原有和拆除的建筑物、构筑物连同其周围的地形地物状况，用水平投影方法和相应的图例所画出的图样，称为建筑总平面图。总平面图表示新建房屋的平面形状、位置、朝向及与周围地形、地物的关系等。总平面图是新建房屋定位、施工放线、土方施工及有关专业管线布置和施工总平面布置的依据。

1）图示特点

(1) 总平面图包括的地方范围较大，绘制时一般用较小的比例，如 1∶2000、1∶1000、1∶500 等。

(2) 总平面图上标注的尺寸，以米为单位。

(3) 由于比例较小，总平面图上的内容一般按图例绘制。常用部分图例如表 2-6 所示。较复杂的总平面图中，若用到"国标"没有规定的图例，必须在图中另加说明。

2）图示内容

(1) 新建筑用粗实线框表示，并在线框内，用数字或点数表示建筑层数。

建筑设计说明

一 设计依据

1 XX县建设局及各主管部门批示。

2 现行的国家及省建筑设计规范、规定和设计标准。

3 《公共建筑节能设计标准》(GB 50189—2005)。

二 工程概况

1 工程名称：xx县中学综合楼。

2 建筑地点：XX县，建筑面积：1020m²。

3 建筑工程等级：二级，建筑耐火等级：二级，建筑分类：二类。

4 建筑层数：三层，建筑高度：11.25m，主要结构类型：框架结构。

5 抗震设防类别乙类，抗震设防烈度：6度。

6 设计使用年限：≤50年。

三 总平面

1 本工程相对标高±0.000，相对于绝对标高20.5m。

2 建筑单位放线，应按总平面图施工，各工种室外管线注意各工种之间的配合，注意已有的城市各种管线的走向与位置，避免对现有城市管线的损坏。

四 屋面防水

1 本工程屋面防水等级为Ⅱ级，防水做法见装修材料做法表。

2 凡穿屋面管先预埋止水钢套管再做防水层，避免做防水层后凿洞。管道穿屋面等屋面留洞孔位置须检查核实后。

3 各类屋面找平层，刚性整浇层均需设分格缝，做法详03J201—2-G19页屋面做法及说明。

4 卷材粘贴采取满贴热做法。卷材短边长边搭接宽度均为80mm，短边搭接缝应错开。

5 防水工程施工必须由专业施工队按国家施工验收标准规范施工。

五 楼地面

1 除注明外，门外踏步坡道，混凝土垫层做法同相邻室内地面。

2 凡室内经常有水房间（包括卫生间、室外平台等处）楼地面应比同层楼地面低20mm，楼地面应找不小于1%排水坡，坡向地漏。

3 所有电缆井每层在楼板处用同层楼板等厚度的现浇C20混凝土做防火分隔，内配Φ6@150双向，不得有空隙。井道检修门下设门槛300高。

4 卫生间楼地面管道井、孔周边上做200高C20细石混凝土止水环。

5 卫生间四周连系梁上做200高C20细石混凝土挡水墙，宽同墙厚，与楼板一起现浇。

6 上、下跑楼梯的踏步口完成面应在同一直线上。

7 楼段板下口挂落内嵌专用10×10塑料滴水槽。

8 楼梯平台遇窗洞外砌150高挡水墙，踢脚线与之贯通并做护栏杆。

六 墙体

1 墙体：采用200厚B07级砂蒸压加气混凝土砌块，强度等级A5.0。

七 装修

1 本工程上有关材料质量和颜色要选好样品或做出样板，经甲方和设计部门认可后方能施工。

2 室内顶棚以及梁、构造柱在粉刷之前采用界面剂（JCT A—400）处理，防止粉刷层起壳。

3 窗台板面抹灰必须明显向外坡，坡度 $i \geq 6\%$。

4 阳台栏板顶面抹灰必须明显向内坡，坡度 $i \geq 6\%$。

5 所有檐口滴水做法应统一规范。

6 外墙门窗框四周用防水砂浆灌缝，门窗框与外粉刷间设缝，硅胶嵌填。

7 分体空调墙管道两端与内外抹灰面平，内高外低向外倾斜10，洞口内外做PVC套管，留洞定位见建详图。

8 内墙混合砂浆粉刷。内墙阳角、柱及门窗口阳角处均做每侧50宽、2000高、20厚，1∶2水泥砂浆护角及粉刷。

9 有防水涂料防水的房间，与相邻居室隔墙间防水涂料须翻高1800。

10 卫生间房间建筑完成面标高均比室内楼面建筑完成面标高低20。

11 阳台建筑

完成面标高比室内完成面标高低20，并应向相应的雨水管及地漏方向起坡0.5%。二次装修各建筑完成面高差不应大于15。

12 本工程主要装饰材料包括墙、柱、楼地面、油漆颜色及质地等，均应先取样或做色板，会同设计单位及使用单位共同商定后，方可订货及大面积施工。

14 内、外墙面两种不同墙体材料交接处应采用耐碱玻纤网布聚合物砂浆加强带处理。

八 门窗

1 本工程外墙门窗采用塑钢节能门窗，门窗气密性等级：4级，水密性等级：3级；抗风压等级：4级，玻璃为5厚均采用双层中空玻璃门窗（5+9A+5）门窗立面尺寸为洞口尺寸由现场测量，分格及开启形式以及框料颜色仅提供参考，技术要求及断面构造（包括风压要求）由生产厂家根据规范要求确定，并按设计及甲方要求配齐五金零件，经设计人员认可后再开始制作。

2 玻璃幕墙、隐框玻璃门窗、自动门必须选定有资质的幕墙设计安装公司并执行JGJ 102《玻璃幕墙工程技术规范》的规定。

3 门窗立樘位于除注明者均立于墙中，所有内窗台面须高出外窗台面20。

4 外墙窗距地900高以下为固定窗扇且外墙凸窗、落地窗及窗台高度低于900的窗均设1050～1100高窗护栏，见建详图。

5 门窗预埋在墙或柱内的木、铁构件，应做防腐、防锈处理。

6 防盗防火门应选用公安消防部门认可的产品，防盗门、卷闸门等特殊加工门窗埋件由制作厂家提供，按要求预埋。

7 东西两侧窗内由建设单位加PVC活动遮阳百叶。

8. 凡门上单块玻璃大于0.5m²，窗单块玻璃大于1.5m² 均采用安全玻璃. 安全玻璃按JGJ 113—2003《建筑玻璃应用技术规程》规定选取.

九 油漆

1 所有金属制品露明部分用红丹（防锈漆）打底，面刷调和漆二度，除注明外，颜色同所在墙面。具体做法参皖2004—J301 59页节点1所有金属制品刷底漆前应先除锈。

2 屋面检修钢梯，等金属构件均刷防锈漆一道，调和漆二道，颜色同墙面。

3 所有外露管道（不包括煤气、消防直引水）均做喷涂，颜色同所在墙面。

十 其他

1 120高1∶2水泥砂浆踢脚线与内墙面平，不应凸出墙面。

2 本工程图中所注尺寸，除标高及总平面以米为单位外，均以毫米为单位。

3 本工程除特殊注明者外，一般室内设施、家具均由使用单位自理。

4 本施工图未经设计人员同意不得擅自修改。

5 土建施工过程中应与水、电等专业图纸密切配合，认真核对图纸，如有疑问，必须在施工前通知设计单位，及时协商解决。

6 部分位置在实际施工时，应在现场做试验性样板，待业主与建筑师批准后方可大面积施工，其具体位置由建筑师指定。

7 施工全过程应严格执行施工规范及施工验收规范。

项目		构造做法（从上至下）	使用部位
墙基防潮		混凝土地梁防潮	±0.000标高处
地面	普通水磨石地面	3厚玻璃条分格800X800	所有地面含走廊
		12厚1∶2水泥白石子磨光打蜡	
		15厚1∶2水泥砂浆结合层	
		刷素水泥浆一道	
		80厚C15混凝土	
		100厚碎砖夯实、素土夯实	
楼面	普通水磨石楼面（含楼梯）	3厚玻璃条分格800X800	公共走廊房间地面楼梯间
		12厚1∶2水泥白石子磨光打蜡	
		12厚1∶2水泥砂浆结合层	
		15厚1∶3水泥砂浆找平层	
		刷素水泥浆一道	
		钢筋混凝土楼板	
屋面	不上人平平屋面（有保温层）	40厚C25细石混凝土，内配Φ4双向@150钢筋网片，缝不大于6000×6000（钢筋必须断开），缝内嵌PVC防水油膏	不上人平平屋面
		0.4厚塑料膜或0.8厚土工布隔离层	
		4厚SBS改性沥青防水卷材	
		20厚1∶2.5水泥砂浆找平层	
		复合硬泡聚氨酯板25厚；密度≤40kg/m³；导热系数 $\lambda \leq 0.024W/(m \cdot k)$	
		加气泡沫混凝土找坡2%，最薄处厚30	
		钢筋混凝土楼板	
	台阶做法	详国标02J003第7页节点2B水磨石面	
	散水做法	详国标02J003第5页节点3	
外墙装饰	外墙面一（涂料外墙面）	喷外墙涂料二遍3厚JZ-C，A型保温砂浆涂抹压光	见立面图
		（压入0.6热镀锌钢丝网，网孔12.7X12.7）	
		25厚JZ-C，B型保温砂浆，	
		外墙外侧801胶素水泥浆一遍	
		蒸压加气混凝土砌块外墙	
	外墙面三（面砖外墙面）	面砖粘合剂贴面砖	见立面图
		3厚JZ-C，A型保温砂浆涂抹压光	
		（压入0.6热镀锌钢丝网，网孔12.7X12.7）	
		25厚JZ-C，B型保温砂浆，	
		外墙外侧801胶素水泥浆一遍	
		蒸压加气混凝土砌块外墙	

项目		构造做法（从上至下）	使用部位
内墙装饰	内墙面一（乳胶漆内墙面）	蒸压加气混凝土砌块	
		6厚界面剂砂浆一层	
		耐碱增强型玻纤网格布一层	
		6厚1∶2聚合物抗裂砂浆1～2遍	
		内墙喷白色乳胶漆二度，墙裙900高喷淡黄色乳胶漆二度	
天棚	混凝土天棚	内墙乳白色乳胶漆二度	混凝土天棚
		6厚1∶2水泥砂浆	
		8厚1∶1∶4水泥石灰砂浆	
		混凝土板底刷素水泥浆一道	
踢脚	（水磨石踢脚）（120高）平墙面	10厚1∶2水泥白石子磨光打蜡	
		12厚1∶2.5水泥砂浆结合层	
		墙面刷界面处理剂一道	

节能措施：

平屋面：25厚硬泡聚氨酯板，加气泡沫混凝土找坡平均厚度70

外墙保温（包括非封闭式楼梯间墙面）：200厚加气混凝土砌块

25厚JZ-C保温砂浆

凸窗上下板及外挑楼板底：25厚JZ-C保温砂浆

外窗：西向、南北向均为透明5+9A+5透明塑钢中空玻璃

外门：成品钢质防盗保温门，门亮子5+9A+5

各部位传热系数、遮阳系数、热惰性指标、热阻及窗墙比详见节能设计一览表

所有外保温材料其燃烧性能均为A级不燃材料

围护结构热工设计详见计算书。外墙保温浆料系统必须遵照国标JGJ 144—2004《外墙外保温工程技术规程》施工见本说明第四款工程要求进行，且外墙外保温中女儿墙、挑檐、窗口、勒脚、雨篷等建筑构造处均应做保温处理 建筑外保温构造详见皖2006J119《外墙外保温系统构造图集(五)》

JZ-C（无机活性）保温砂浆建筑构造

XX县建筑设计院				建设单位	XX县中学	设计编号		
				项目名称	综合楼	分项号		
批准		专业负责		建筑设计说明		比例		
审定		校对				日期	2010年10月	
审核		设计				图号	建施	2
项目负责		制图						10

图 2.20 某中学综合楼建筑设计说明

(2) 新建筑物的定位通常是借助原有建筑物和道路等来确定。

(3) 总平面图中，用绝对标高表示高度数值，单位为 m。我国把青岛市外的黄海海平面作为零点所测定的高度尺寸，称为绝对标高。

(4) 原有建筑物用细实线框表示，并在线框内用数字表示建筑层数。计划扩建的建筑物或预留地用虚线表示。拆除建筑物用细实线表示，并在其细实线上打叉。

(5) 总平面图中应绘制出指北针或风向频率玫瑰图来表示建筑物的朝向。风向频率玫瑰图一般画出 16 个方向的长短线来表示该地区常年的风向频率，箭头方向为北向。如表 2-6 中的风向频率玫瑰图，可知该地区常年多为东南风。

(6) 绿化规划和管道布置。

(7) 道路和明沟等的起点、变坡点、转折点、终点的标高与坡向箭头。

3) 阅读总平面图实例

阅读总平面图应首先阅读标题栏，了解新建建筑工程名称，再看指北针和风向频率玫瑰图，了解该建筑的地理位置、朝向和常年风向，最后了解该建筑物的形状、层数、室内外标高及其定位，以及道路、绿化和原有建筑物等周边环境。

现以图 2.21 为例，说明阅读总平面图的步骤。

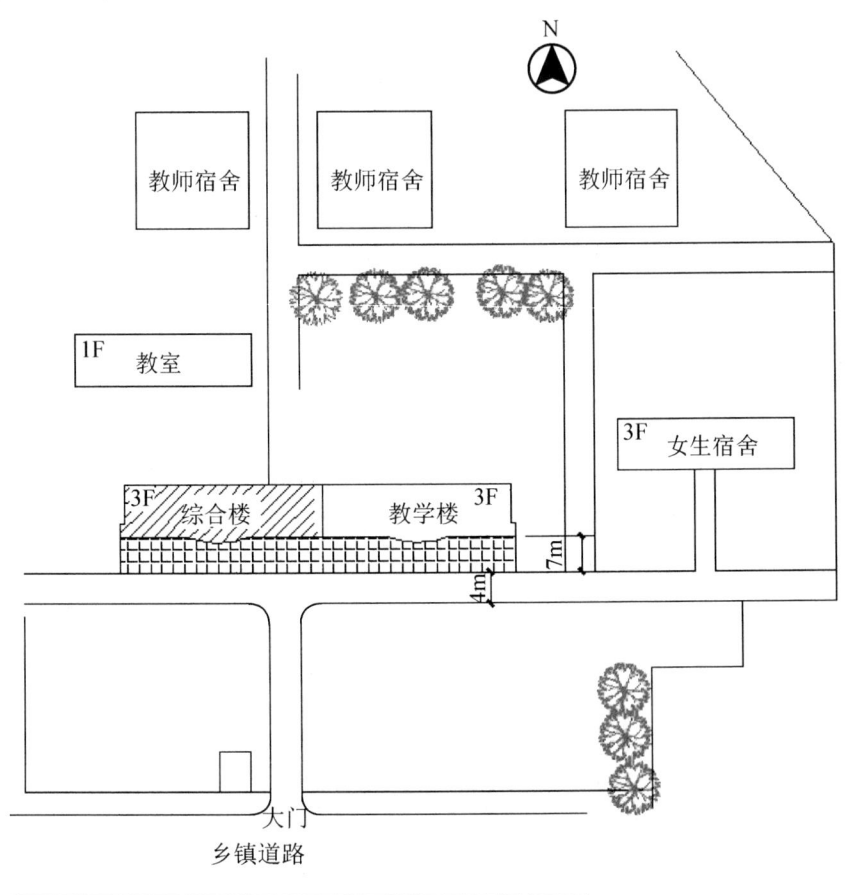

图 2.21　某中学综合楼总平面图

(1) 看图名、比例及有关文字说明。

(2) 了解各建筑物及构筑物的位置、道路、场地和绿化等布置情况以及各建筑物的层数。用粗实线画出的图形是新建房屋的底层平面轮廓，用细实线画出的是原有建筑，其中四周打"×"的是应拆除的建筑物，用中虚线画出的是计划建造的房屋。各个平面图形内的小黑点数，表示房屋的层数。

(3) 明确新建工程或扩建工程的具体位置。根据原有房屋、围墙(或道路)来确定新建房屋的平面位置，并标注出定位尺寸(以米为单位)。新建工程或扩建工程一般根据原有房屋或道路来定位。当新建成片的建筑物或较大的建筑物时，可用坐标确定每栋建筑物及其道路转折点等的位置。当地形起伏较大时，还应画出等高线。

(4) 正确识读新建房屋底层室内地面和室外整平地面的绝对标高。

(5) 识读总平面图上指北针或风向频率玫瑰图。

(6) 总平面图上有时还画上给排水、采暖、电器等管网布置图，一般与设备施工图配合使用。

图 2.21 是某学校的总平面图，比例是 1∶1000。由图中房屋所标注的名称可知新建工程是某校的三层综合楼，形状为一字型，坐北朝南，共三层。周边分别标注出原有建筑(新建综合楼东边有个已有三层教学楼)、道路、绿化等。

3. 建筑平面图

1) 建筑平面图的形成

假想用一水平面剖切平面，沿着房屋各层门、窗洞口处将房屋切开，移去剖切平面以上部分，向下所作的水平剖面图，称为建筑平面图，简称平面图，如图1.12所示。

一般房屋有几层，就应画出几个平面图，并在图的下方注明相应的图名，如底层平面图、二层平面图等。当某些楼层平面布置相同时，可以只画出其中一个平面图，称其为标准层平面图。屋面需要专门绘制其水平投影图，称为屋顶平面图。

在同一张图纸上绘制多于一层的平面图时，各层平面图宜按层数的顺序从左至右或从下至上布置。平面较大的建筑物，可区分绘制平面图，但应绘制组合示意图。

图 2.22~图 2.25 所示为该综合楼的底层、二层、三层和屋顶平面图。

2) 建筑平面图的作用

建筑平面图是建筑施工图中最基本的图样之一，主要表示建筑物的平面形状、大小、房屋布局、门窗位置、楼梯、走道安排、墙体厚度及承重构件的尺寸等。它是施工放线、砌筑、安装门窗、做室内外装修以及编制预算、备料等工作的依据。房屋的建筑平面图通常采用较大的比例，如 1∶100、1∶50，并标出实际的详细尺寸。

3) 平面图的图示内容和要求

平面图是建筑施工图中最重要的图纸之一。可以看出该建筑物底层的平面形状及各房间的布置情况，出入口、走廊、楼梯的位置，各种门、窗的位置及尺寸等。平面图不仅要反映室内情况，还需反映室外可见的台阶、明沟(或散水)、花坛等。

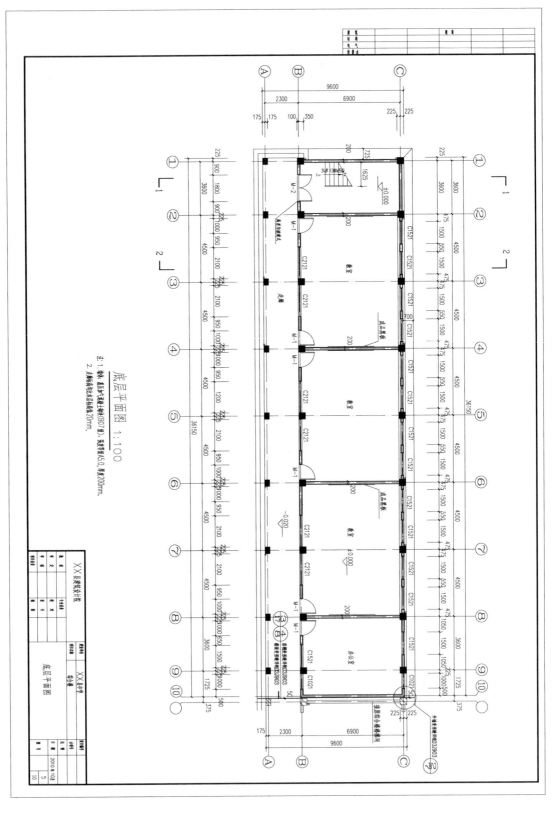

图 2.22 某中学综合楼底层平面图

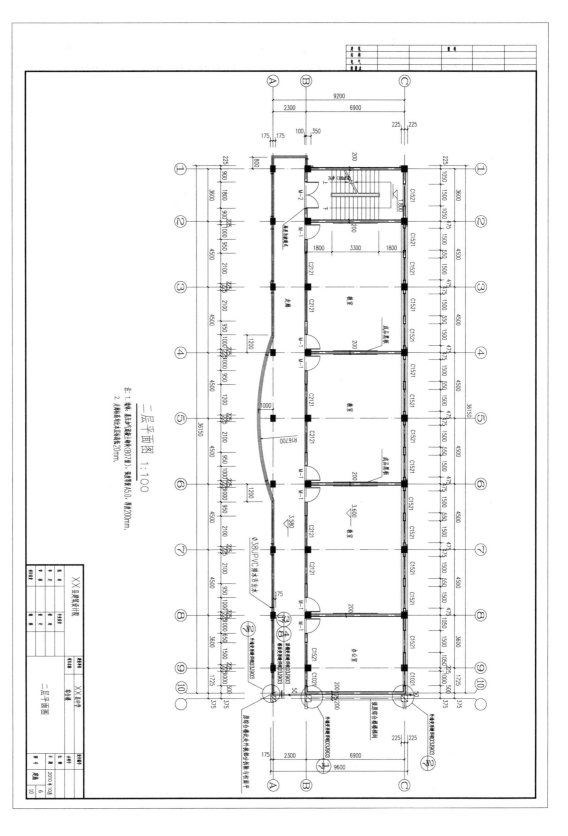

图 2.23 某中学综合楼二层平面图

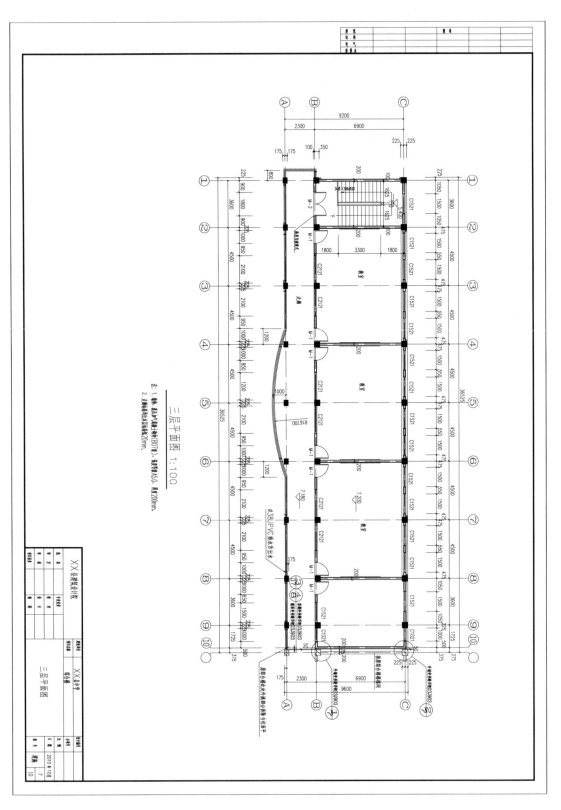

图 2.24 某中学综合楼三层平面图

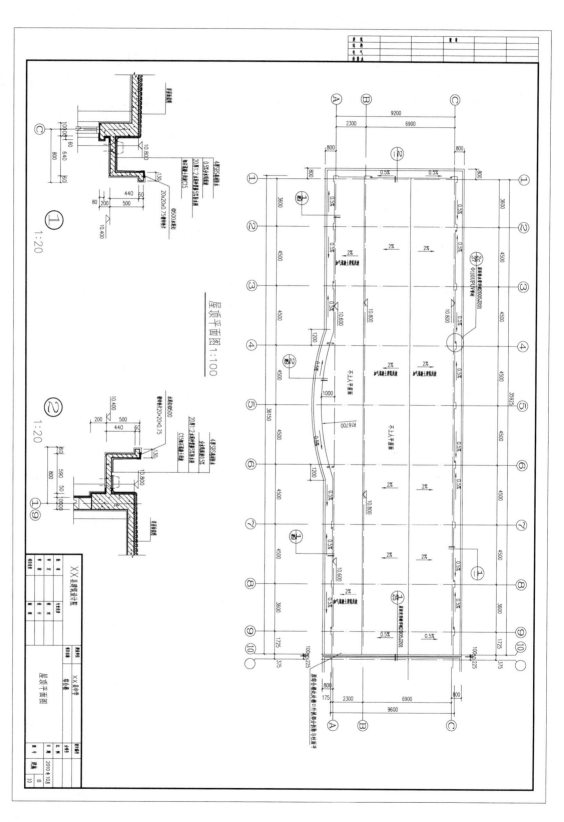

图 2.25 某中学综合楼屋顶平面图

(1) 底层平面图的图示内容。

① 图名、比例。

② 纵横定位轴线及其编号。

③ 各种房间的布置和分隔，墙、柱断面形状和大小。

④ 门、窗布置及其编号。

⑤ 楼梯段的走向。

⑥ 台阶、花坛、阳台、雨篷等位置，盥洗间、厕所、厨房等固定设施的布置及雨水管、明沟等的布置。

⑦ 平面图的轴线尺寸，各建筑物构配件的大小尺寸和定位尺寸，以及楼地面的标高、某些坡度及其下坡方向。

⑧ 剖面图的剖切位置线和投射方向及其编号，表示房屋朝向的指北针。

⑨ 详图索引符号。

⑩ 施工说明等。

(2) 平面图的要求。

① 比例。常用比例是 1：200、1：100、1：50 等，必要时可用比例是 1：150、1：300 等。

② 定位轴线。定位轴线是标定房屋中的墙、柱等承重构件位置的线，他是施工时定位放线及构件安装的依据。它是反映房间开间、进深的标志尺寸，常与上部构件的支撑长度相吻合。

③ 图线。被剖切的墙柱轮廓线画粗线(b)，没有剖切到的可见轮廓线如窗台、台阶、楼梯等画中实线($0.5b$)，尺寸线、标高符号等用细线($0.25b$)画出，如果需要表示高窗、通气孔、槽、地沟及起重机等不可见部分，则应以虚线绘制，定位轴线和中心线用细点画线。

④ 代号和图例。在平面图中，门窗、卫生设施及建筑材料均应按规定的图例绘制，并在图例旁边注写他们的代号和编号，代号"M"用来表示门，"C"表示窗，编号可用阿拉伯数字顺序编写，如 M1，M2，…和 C1，C2，…，也可直接采用标准图上的编号。虽然门、窗用图例表示，但门窗洞的大小及其形式都应按投影关系画出。如窗洞有凸出的窗台，应在窗的图例上画出窗台的投影。门及其开启方向用 45° 方向倾斜的中实线线段表示，用两条平行的细实线表示窗框及窗扇的位置。常用建筑图例如表 2-4 所示。

钢筋混凝土断面可涂黑色表示，砖墙一般不画图例(或可在描图纸背面涂红)。

⑤ 尺寸标注。平面图上的尺寸分为外部尺寸和内部尺寸两类。

外部尺寸主要有如下三道。

第一道尺寸，表示外轮廓的总尺寸。它是从一端外墙边到另一端外墙边的总长和总宽(外包尺寸)。

第二道尺寸，是轴线间尺寸。它是承重构件的定位尺寸，也是房间的"开间"和"进深"尺寸。

第三道尺寸，是细部尺寸，表明门、窗洞、洞间墙的尺寸等。这道尺寸应与轴线相关联。

如果房屋前后或者左右不对称，则平面图上四边都应注写三道尺寸。

内部尺寸表示房屋的净空大小和室内的门窗洞、孔洞、墙厚和固定设备(厕所、盥洗室、工作台、隔板等)的大小与位置。

⑥ 剖切线与索引符号。建筑剖面图的剖切位置和投射方向，应在底层平面图中用剖切线表示，并应编号；凡套用标志图集或另外有详图表示的构配件、节点，均需画出详图索引符号，以便对照阅读。

⑦ 建筑物的朝向。有时在底层平面图外面，还要画出指北针符号，以表明房屋的朝向。

⑧ 标高。在平面图上，除注出各部长度和宽度方向的尺寸外，还要注出楼地面等的相对标高，以表明各房间的楼地面对标高零点的相对高度。

4) 平面图的阅读方法

一个建筑物有多个平面图，应逐层阅读，注意各层的联系和区别。阅读步骤如下。

(1) 首先阅读图名、比例，明确平面图表达的楼层。

(2) 看指北针，了解房屋的朝向。

(3) 分析总体情况：包括建筑物的平面形状、总长、总宽、各房屋的位置和用途。

(4) 分析定位轴线，了解各房屋的进深、开间，墙柱的位置及尺寸。了解各层楼或地面以及室外地坪、其他平台、板面的标高。

(5) 阅读细部，详细了解建筑构配件及各种设施的位置及尺寸，各楼面、地面等处的标高，并查看索引符号。

(6) 查看剖面图的剖切标注符号。

5) 识读建筑平面图的方法和步骤

如图 2.22 所示为某中学综合楼底层平面图，其识读过程如下。

(1) 标题栏表达了该工程的名称、设计单位、设计及审查人、图纸类别和图纸编号等内容。

(2) 绘图比例 1∶100，综合楼外部轮廓总长为 36.15mm，总宽为 9.60mm；室外有三步台阶，外墙四周有散水。

(3) 该综合楼为外廊式，一边教室一边走廊，两跨，底层平面图有三个教室，一个办公室，一个楼梯间；从轴线网和墙体可以看出，平面呈标准的长方形，横向轴线为①～⑧，竖向轴线为Ⓐ～Ⓒ。

(4) 尺寸标注分为三类：外部尺寸、内部尺寸、具体构造尺寸，一般在图形外墙外标注三道尺寸：第一道距离图样较近的细部尺寸，以定位轴线为基准，标注门窗洞口的定形尺寸和定位尺寸，以及窗间墙、柱、外墙轴线到外皮等尺寸；第二道尺寸为定位轴线之间尺寸，即开间、进深，该图楼梯间的开间 3600mm、进深 6900mm，教室开间 9000mm、进深 6900mm，办公室开间 5325mm、进深 6900mm；第三道尺寸为房屋的总长、总宽尺寸。

(5) 建筑物室内外高差为 0.45m，室内地面标高±0.000m，走廊标高−0.020mm。

(6) 从平面图中还可了解到楼梯、隔板、墙洞和各种卫生设备等的配置和位置，了解室外台阶、散水和雨管的大小与位置。在底层平面图上，还画出剖面图的剖切符号，如 1—1、2—2 等，以便与剖面图对照查阅。

(7) 底层平面图右边处有外墙变形缝索引符号，表明另有详图给出，见皖 03J903。

其他楼层平面图识读与底层平面图识读过程基本相同。二层及以上各层平面图不再绘制底层平面图中的指北针、散水、台阶、剖切符号等内容。二层及以上各层楼梯，不仅可以看到上行梯段的部分踏步，而且可以看到下行梯段。

从屋顶平面图可知，本建筑物的屋顶为平屋顶，采用挑檐外排水，并在屋面绘出了屋面分水线，标出了屋面排水的方向和坡度，坡度为2%，两坡排水，不上人屋面，屋顶平面图比例为1∶100，大样详图为1∶20。

4．建筑立面图

建筑立面图的数量视房屋各立面的复杂程度而定，建筑立面图是建筑物外墙在平行于该外墙面的投影面上的正投影图。对有定位轴线的建筑物，宜根据两端定位轴线编写立面图名称(如①～⑨立面图，Ⓐ～Ⓒ立面图)，同时，也可按平面图各面的方向确定名称(如南立面图、东立面图)。也有按建筑物立面图的主次，把建筑物主要入口面或反映建筑物外貌主要特征的立面称为正立面图，从而确定背立面图的左、右侧立面图。

本建筑图绘制了三个立面图：北立面图(图2.26)、南立面图(图2.27)、西立面图(图2.28)，东立面图与原有楼房连接。

建筑立面图主要表明建筑物的体型和外貌，以及外墙面的面层材料、色彩，女儿墙的形式，线脚、腰线、勒脚等饰面做法，阳台的形式及门窗布置，雨水管位置等。

1) 图示内容

(1) 立面图的图名和比例。建筑立面图的图名标注在图样的正下方。根据建筑物的体型大小和复杂程度，建筑立面图的比例宜采用1∶100、1∶50或1∶200，通常采用与建筑平面图相同的比例。

(2) 建筑物在室外地坪线以上的全貌。建筑立面图要表达建筑物在室外地面以上的情况，如室外地坪线以及房屋的勒脚、台阶、檐口、屋顶、雨水管等内容。

(3) 尺寸标注。建筑立面图用标高表示建筑物的总高度及各主要部位的高度，如室外地坪、窗台、阳台、雨篷、女儿墙顶、屋顶水箱间及楼梯间屋顶等的标高。同时用尺寸标注的方法标注立面图上的细部尺寸、层高及总高。

(4) 建筑物两段的定位轴线及其编号。

(5) 外墙面装修。对于较为复杂的立面图，如果有表示不详尽的部位，应用文字进行说明，或者标注详图索引。

2) 有关规定的表示方法

(1) 定位轴线。在立面图中一般只画出两端的轴线及编号，以便与平面图对照识读。

(2) 图线。一般立面图的外形轮廓线用粗实线表示；室外地面线用特粗实线绘制，阳台、雨棚、窗洞、台阶、花坛等轮廓线用中实线表示；门窗扇及其分格线、雨水管、墙面引条线、有关说明引条线、尺寸线、尺寸界线和标高等均用细实线表示。

(3) 图例及符号。由于立面图的比例较小，所以门窗可按规定图例绘制。有时立面图中的阳台门和部分窗中画有斜的细线，那是门窗开启方向的符号。细实线表示外开，只要画其中一个就可以了，其余部分就只画门窗轮廓线。有关详图索引符号的要求与平面图、剖面图相同。

(4) 尺寸标注。立面图上一般应在室外地面、室内地面、各层楼面、檐口、窗口、窗顶、雨篷顶、阳台面等处标注标高，同时，宜沿高度方向注写各部分的高度尺寸。

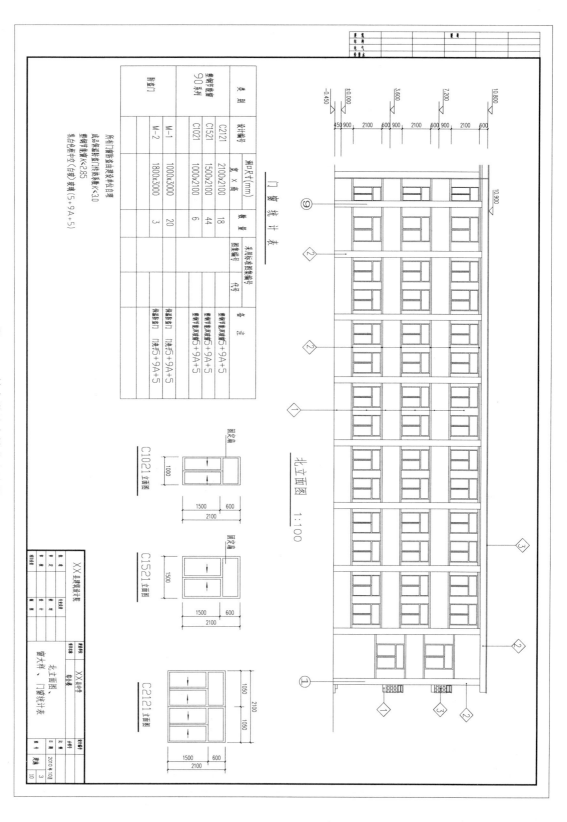

图 2.26　某中学综合楼北立面图

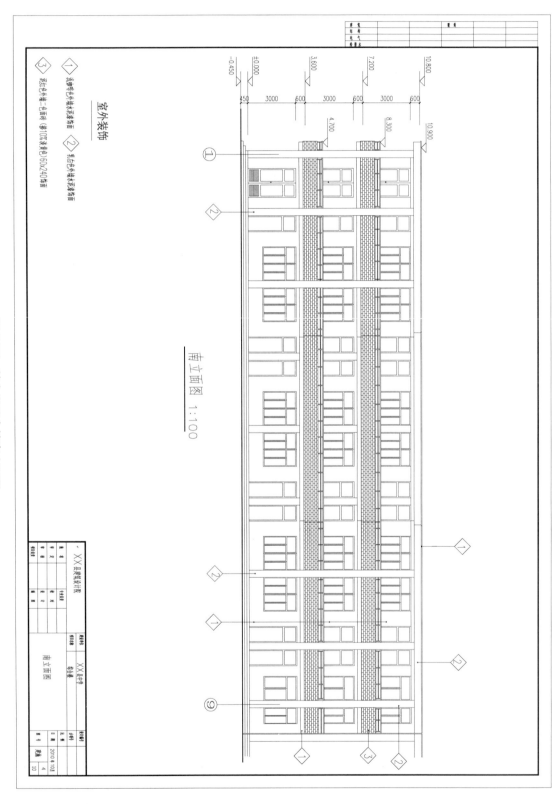

南立面图 1:100

室外装饰

① 浅蓝色胶合层木漆涂刷墙面

② 乳白色胶合层木漆涂刷墙面

③ 暗红色墙一色面砖(墙10%深黄色)60×240墙面

图 2.27 某中学综合楼南立面图

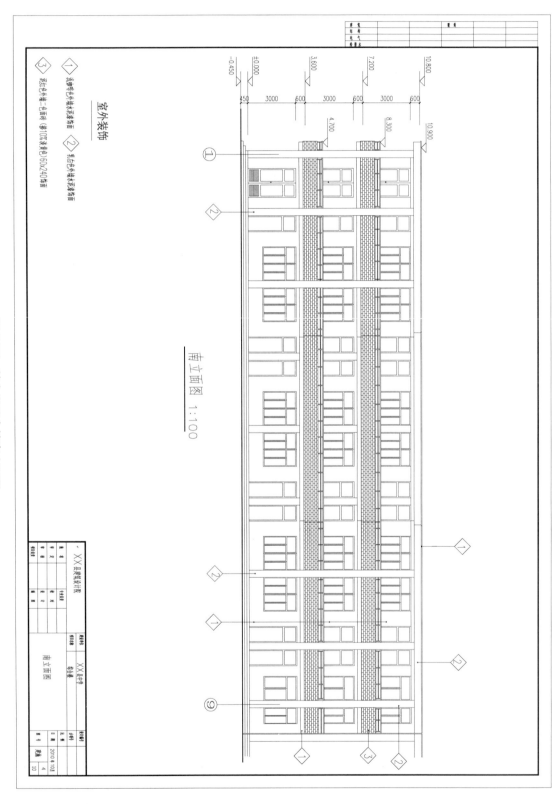

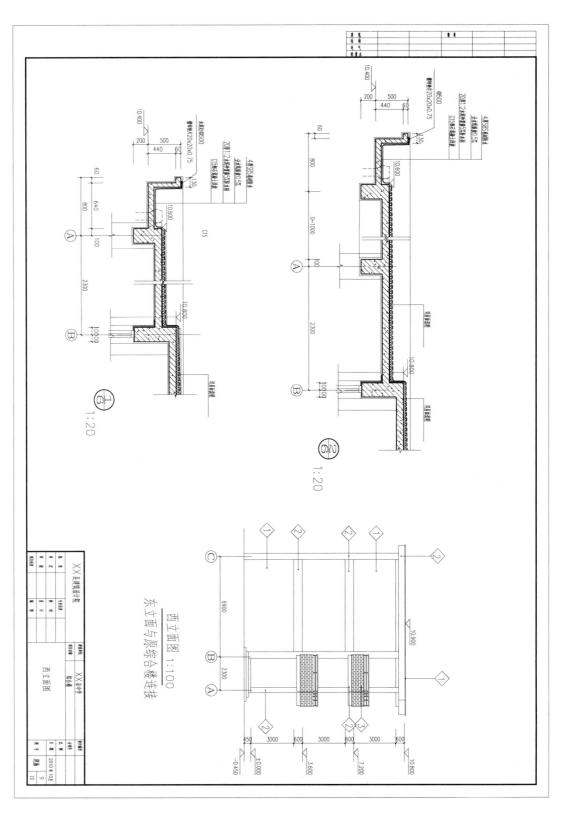

图 2.28 某中学综合楼西立面图

(5) 其他规定。平面形状曲折的建筑物，可绘制展开立面图，圆形或多边形平面的建筑物，可分段展开绘制立面图，但均应在图名后加注"展开"二字。较简单的对称式建筑物或对称的构配件等，在不影响构造处理和施工的情况下，立面图可绘制一半，并在对称轴线处画对称符号。

3）立面图阅读方法

(1) 阅读图名，了解立面投影方向，并参照平面图了解其朝向。

(2) 识读房屋立面的造型、层数和层高的变化。

(3) 识读外墙门窗类型、数量、布置和标高。

(4) 了解房屋的屋顶、雨篷、阳台、台阶、散水、勒脚等细部构造的形式和位置。

(5) 了解室内外高差及层高和总高度。

(6) 阅读文字说明，了解外墙装饰做法。

4）立面图识读

对图 2.27 所示该综合楼南立面图，其识读过程如下。

(1) 从图中可知南立面图就是将这栋建筑物由南向北投影所得到的正投影，绘图比例为 1：100，房屋为三层。

(2) 轴线的编号为①～⑨，从图上可以看出入口走廊的样式和踏步高。

(3) 室外地面标高－0.450m，三层顶面标高 10.900m，层高 3600mm；二、三层栏杆标高分别为 4.700m、8.300m。

(4) 该立面外形规则，造型简单。

其他立面图的识读基本相同。在建筑立面图中，外墙面的装修做法通常由引线引出，标注文字说明。

5．建筑剖面图

剖面图的数量视房屋的具体结构和施工的实际需要而定，剖切位置一般选择在室内结构复杂部位，并应通过门、窗洞口及主要出入口、楼梯间或高度有特殊变化的部位。本建筑图样有两个剖面图，如图 2.29 所示。

1）建筑剖面图的形成和作用

假想用一个垂直剖切平面把房屋剖开，将观察者与剖切平面之间的部分房屋移走，把留下的部分对与剖切平面平行的投影面做正投影，所得到的正投影图，称为建筑剖面图。

建筑剖面图用来表达建筑物内部垂直方向高度、楼层分层情况及结构形式和构造方式。它与建筑平面图、立面图相配合，缺一不可。

剖面图的剖切位置在平面图上应选择能反映全貌和构造特征，以及由代表性的剖切位置。一般常取楼梯间、门窗洞口及构造比较复杂的典型部位，以表示房屋内部垂直方向上的内外墙、各楼层、楼梯间的梯段板和休息平台、屋面等的构造和相互位置关系等。其数量根据房屋复杂程度和施工实际需要而定。两层以上的房屋一般至少要有一个楼梯间的剖面图。剖面图的剖切位置和剖视方向，可以从底层平面图找到。

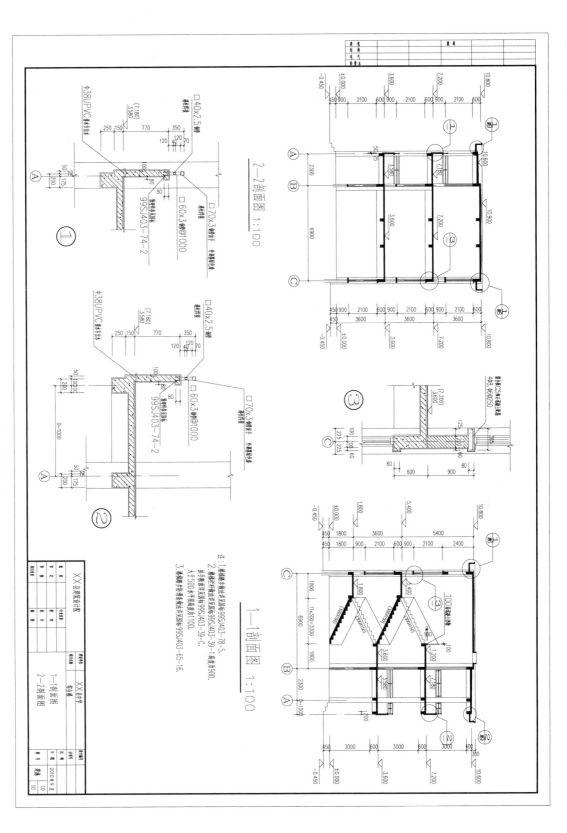

图 2.29 某中学综合楼剖面图

2) 建筑剖面图的图示内容和要求

(1) 比例。剖面图常用的比例为 1∶50、1∶100 和 1∶200。一般应与平面图、立面图的比例相一致。但根据需要，有时也可用稍大比例绘制。剖面图中的门、窗等构件可采用国家标准规定的图例来表示。

(2) 定位轴线。画出两端的轴线及编号，以便与平面图对照。有时也注出中间轴线。

(3) 图线。剖切到的墙身轮廓画粗实线；室内外地坪线用加粗线表示；可见部分的轮廓线如门窗洞口、踢脚线、楼梯栏杆、扶手等画中粗线；图例线、引出线、标高符号、雨水管等用细实线画出。

(4) 投影要求。剖面图中除了要画出被剖切到的部分，还应画出投影方向能看到的部分。室内地坪以下的基础部分，一般不在剖面图中表示，而在结构施工图中表达。

(5) 尺寸标注。一般沿外墙标注三道尺寸线：最外面一道从室外地坪到女儿墙压顶，是室外地面以上的总高尺寸；第二道为层高尺寸；第三道为勒脚高度、门窗洞口高度、洞间墙高度、檐口厚度等细部尺寸。这些尺寸应与立面图相吻合。另外，还需要用标高符号标出各层楼面、楼梯休息平台等的标高。

标高有建筑标高和结构标高。建筑标高是指地面、楼面、楼梯休息平台面等完成抹面装修之后的上皮表面的相对标高。结构标高一般是指梁、板等承重构件的下皮表面(不包括抹面装修层的厚度)的相对标高。

(6) 其他标注。某些局部构造表达不清楚时可用索引符号引出，另绘详图。细部做法如地面、楼地面做法，可用多层构造引出标注。

3) 剖面图的阅读方法

(1) 阅读图名、轴线编号、比例，并对照底层平面图，确定剖面图的剖切位置和投影方向。

(2) 了解房屋从室外地面到屋顶竖向各部位的构造做法和结构形式，熟悉墙体与楼面、地面、梁、板、楼梯、屋面等构件之间的关系。

(3) 识读标高，确定房屋的层高和总高，室内外门窗高度，被剖切到的墙体的轴线间尺寸。

(4) 了解有关细部的构造及做法。

4) 剖面图识读

如图 2.29 所示为某中学综合楼剖面图，其识读过程如下。

(1) 首先阅读图名和比例，并查阅底层平面图上的剖面图的标注符号，明确剖面图的剖切位置和投影方向。1—1 剖面图和 2—2 剖面图可以在底层平面图中查找编号为 1 和 2 的剖切符号，由剖切方向线可知是向左剖视，也就是向西剖视。由此可以按剖切位置和剖视方向，对照各层平面图和屋顶平面图来识读 1—1 剖面图和 2—2 剖面图，并在图名旁标注所采用的比例是 1∶100。

(2) 分析建筑物内部的空间组合与布局，了解建筑物的分层情况。从图中可以看出该建筑物高度方向共分为三层。

(3) 了解建筑物的结构与构造形式，墙、柱等之间的相互关系以及建筑材料和做法。从图中可以识读出该建筑物为平屋顶。结合图顺次，分别了解室内外地面、楼面、屋顶、内外墙、门窗、雨篷等。

(4) 识读标高和尺寸。了解建筑物的层高和楼地面的标高及其他部位的标高和有关尺寸，如各楼层、休息平台面、屋面、檐口顶面标高等的标高尺寸。

综上所述，阅读建筑剖面图时应以建筑平面图为依据，由建筑平面图到建筑剖面图，由外部到内部，由下到上，反复对照阅读，形成对房屋的整体认识。

6. 建筑详图

1) 建筑详图的形成和作用

因为建筑平面图、立面图和剖面图一般采用较小的比例，在这些图上难以表示清楚建筑物某些部位的详细构造。根据施工需要，必须另外绘制比例较大的图样，将某些建筑构配件(如门、窗、楼梯、阳台、雨水管等)及一些构造节点(如檐口、窗口、勒脚、明沟等)的形状、尺寸、材料、做法详细地表达出来。因此，建筑详图是建筑细部的施工图，是建筑平面图、立面图、剖面图等基本图纸的补充和深化，是建筑工程细部施工、建筑构配件制作及编制预决算的依据。

对于套用标准图或通用图的建筑构配件和节点，只要注明所套用图集的名称、型号或页次(索引符号)，就可不必再画详图。

对于建筑构造节点详图，除了要在平面图、立面图、剖面图中的有关部位标注索引符号外，还需要在详图上标注详图符号或写明详图名称，以便对照查阅。

对于建筑构配件详图，一般只要在所画的详图上写明该建筑构配件的名称或型号，就不需要在平面图、立面图、剖面图上绘制索引符号了。

2) 建筑详图的主要内容和要求

(1) 图名(或详图符号)、比例。

(2) 表达出构配件各部分的构造连接方法及相对位置关系。

(3) 表达出各部位、各细部的详细尺寸。

(4) 详细表达构配件或节点所用的各种材料及其规格。

(5) 有关施工要求及制作方法说明等。

3) 墙身节点详图

墙身节点详图实际上是建筑剖面图的局部放大，它表达了房屋的屋面、楼面、地面和檐口的构造及其与墙身等其他构件的关系，还表明了门窗顶、窗台、勒脚、散水(或明沟)等的构造，是施工的重要依据。

详图一般采用较大的比例(如 1∶20)绘制。画图时，通常在窗洞中间处断开，成为几个节点详图的组合。如果多层房屋中各层的情况一样时，可以只画底层、顶层或加一个中间层。

详图的线型与剖面图一样，因为采用较大的比例，剖切到的断面上应画上规定的材料图例(表 2-5)，墙身应用细实线画出粉刷层。

《实训项目》

根据附图 1～附图 15 所示某县综合楼建筑施工图(见附图)，试填写以下空白内容。

1. 填空题

(1) 总平面图的比例为_____，底层室内地面标高为_____。

(2) 此建筑的总长为_____，总宽为_____，总高为_____。

(3) 此建筑的定位轴线横向从_____，纵向从_____。

(4) 此建筑的朝向为_____，主要出入口在_____面。

(5) 此建筑室内外高差为_____，室外标高为_____。

(6) 二层平面图中有_____种类型的窗，试举例：_____。

(7) 2—2 剖面图是从_____轴线之间剖切的，其投影方向为_____，从一层上到二楼的中间平台标高为_____，楼梯间屋顶面标高为_____。

(8) 1—1 剖面图中，被剖切到的墙体包括_____。

2．选择题

(1) 本工程屋面排水方式采用(   )。

    A．外檐沟   B．内檐沟   C．内外檐沟均有   D．自由落水

(2) 本工程的⑫～①轴立面为(   )。

    A．东立面   B．南立面   C．西立面   D．北立面

(3) 下列关于轴线设置的说法正确的是(   )。

    A．拉丁字母的 I、O、Z 可以用作轴线编号

    B．当字母数量不够时可增用双字母加数字注脚

    C．①号轴线之前的附加轴线的分母应以 0A 表示

    D．通用详图中的定位轴线必须注写轴线标号

(4) 图中所绘的 M1 的开启方向为(   )。

    A．单扇内开   B．双扇内开   C．单扇外开   D．双扇外开

3．绘图

在 A2 图纸上抄绘底层平面布置图，比例为 1∶100。

本 章 小 结

本章介绍了建筑总平面图、平面图、立面图、剖面图的阅读方法，具有较强的实践性。房屋建筑施工图的设计应遵照国标的规定，用正投影的图示方法绘制，并按照一定编排规律组成一套图纸。在学习时要注意绘图表达方式，加强训练，以正确识读建筑施工图。

习 题

1．判断题

(1) 一栋多层建筑物，只要画一个建筑平面就可以表达图纸内容。   (   )

(2) 建筑详图一般采用 1∶100 的比例绘制。   (   )

(3) 详图符号的圆圈直径为 14mm 的细实线。   (   )

(4) 图样上的尺寸单位均为 mm。　　　　　　　　　　　　　　　　　　　　(　　)

2．选择题

(1) 不能用于定位轴线编号的拉丁字母是(　　)。

　　A．O　　　　　　　　　　　　　　B．I

　　C．Z　　　　　　　　　　　　　　D．以上全部

(2) 主要用来确定新建房屋的位置、朝向以及周边环境关系的是(　　)。

　　A．建筑平面图　　　　　　　　　　B．建筑立面图

　　C．总平面图　　　　　　　　　　　D．结构图

(3) 外墙装饰材料和做法一般在(　　)上表示。

　　A．总平面图　　　　　　　　　　　B．平面图

　　C．立面图　　　　　　　　　　　　D．剖面图

(4) 不属于建筑平面图的是(　　)。

　　A．底层平面图　　　　　　　　　　B．标准层平面图

　　C．屋顶平面图　　　　　　　　　　D．基础平面图

(5) 室外散水应在(　　)中画出。

　　A．底层平面图　　　　　　　　　　B．标准层平面图

　　C．屋顶平面图　　　　　　　　　　D．总平面图

3．问答题

(1) 建筑平面图上对定位轴线和编号有什么规定?

(2) 立面图如何命名?

(3) 一栋房屋在图纸上长度为 100mm，比例 1∶100，其实际长度是多少?

(4) 建筑施工图上一般注明的标高是绝对标高还是相对标高?

【参考答案】

第**3**章 基础与地下室

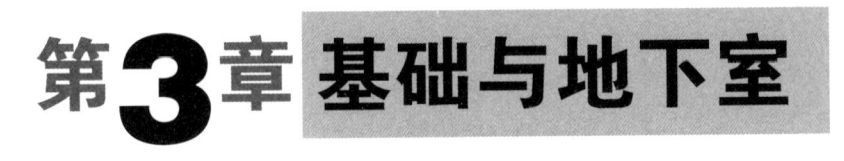

本章介绍地基、基础的概念、分类和构造，以及地下室的组成和防潮防水构造要求。

"万丈高楼平地起",这句话告诉我们再高的大楼都要从平地建起,要把基础打牢,可见基础的重要性。本章将讲述基础和地下室的基本知识。

引例

某六层商住楼,总建筑面积 9800.72m²,建筑高度 22.55m,采用框架结构;脚手架采用落地式外脚手架,外挂密目安全网;地下为独立柱基础,基础埋深 5m。不妨想一想,为什么该建筑要选用独立基础?基础埋置深度的影响因素有哪些?

3.1 地基与基础概述

3.1.1 地基

1. 地基的概念

地基是指基础下部承受上部建筑结构全部荷载的土体或岩体。地基不属于建筑的组成部分,但它对保证建筑物的坚固耐久具有非常重要的作用。

2. 地基的分类

地基分为天然地基和人工地基两大类。

(1) 天然地基,指不需要对地基进行处理就可以直接放置基础的天然土层。当土层的地质状况较好、承载力较强时,可以采用天然地基。

(2) 人工地基,指天然土层的土质过于软弱或有不良的地质条件,需要人工加固或处理后才能修建工程的地基,如坡地、沙地或淤泥质地。或虽然土层质地较好,但上部荷载过大时,为使地基具有足够的承载能力,需要采用人工加固的地基,即为人工地基。

知识链接

人工地基处理措施,有压实法、换土法、打夯法。压实法是通过重锤夯实或压路机碾压,挤压出基础软弱土层中土颗粒间的空气,以提高土的密实度,从而增加地基土承载力的方法;换土法是将基础底面下一定范围的软弱土层部分或全部挖去,换以低压缩性材料,如灰土、矿石渣、粗砂等,再分层进行夯实,作为基础垫层的方法;打夯法是在软弱土层中置入桩身,把土壤挤密或把桩打入地下坚硬的土层中,来提高土层的承载力的方法。

3.1.2 基础

1．基础的概念

基础指建筑底部与地基接触的承重构件，是建筑物的一个重要组成部分，它承受建筑物上部结构传下来的全部荷载，并将这些荷载及本身自重传给地基。

【参考图文】

2．地基与基础的荷载关系

建筑物的全部荷载都是通过基础传给地基的。作为地基的岩土体，以其强度和抗变形能力保证建筑物的正常使用和整体稳定性，并使地基在防止整体破坏方面有足够的安全储备。为保证建筑物的稳定和安全，必须满足建筑物基础底面的平均压力不超过地基承载力的要求。地基所承受的全部荷载是通过基础传递的，因此在荷载一定时，可通过增加基础底面积来减少单位面积上地基所承受的压力。如果基础传给地基的总荷载用 N 表示，基础底面积用 A 表示，地基允许承载力用 f 表示，则要求三者的关系如下：

$$A \geqslant N/f$$

由此可见，基础底面积是根据建筑总荷载和建筑点的地基允许荷载力来确定的。当地基承载力不变时，建筑总荷载越大，基础底面积也要求越大；当建筑总荷载不变时，地基承载力越小，要求基础底面积越大。

3.2 基础的埋置深度

3.2.1 埋置深度的概念

基础的埋置深度简称基础埋深，是指由室外设计地坪到基础底面的距离(图 3.1)。室外地坪分自然地坪与设计地坪，自然地坪是指施工建造场地的原有地坪，设计地坪是指按设计要求工程竣工后室外场地经过填垫或下挖后的地坪。

基础按其埋置深度大小，分为深基础和浅基础。基础埋深超过 5m 时为深基础，小于 5m 时为浅基础。从经济角度看，基础埋深越小，工程造价越低。但基础对其底面的土有挤压作用，为防止基础因此产生滑移而失去稳定，基础需要有足够厚度的土层来包围，因此基础应有一个合适的埋深，既保证建筑物坚固稳定，又能节约用材，加快施工。基础的埋置深度不应小于 500mm。

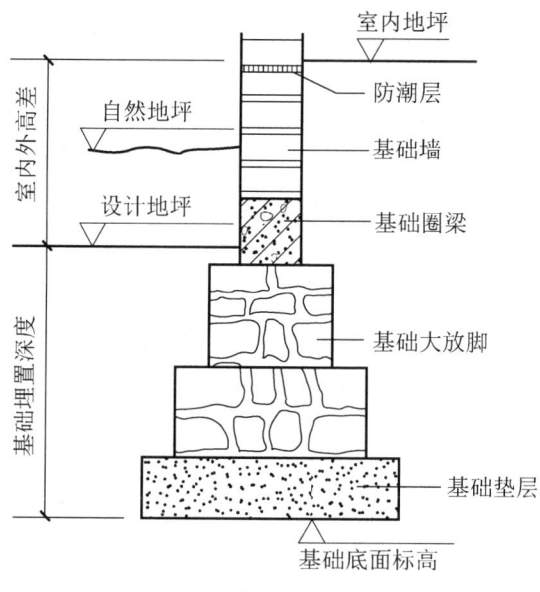

图 3.1　基础的埋置深度

3.2.2 埋置深度的影响因素

基础埋深关系到地基是否可靠、施工难易及工程造价。影响基础埋深的因素很多，主要因素如下。

(1) 工程地质条件的影响。工程地质条件的好坏直接影响基础的埋深，土质好、承载力高的土层，基础可以浅埋，相反则应深埋。当土层有两种土质结构时，如上层土质好且有足够厚度，基础埋在上层土范围内为宜；反之则埋在下层土范围内为宜。

(2) 地下水位的影响。地下水对某些土层的承载力有很大影响，如黏性土在地下水上升时，将因含水量增加而膨胀，使土的强度降低；地下水下降时，基础将产生下沉。基础一般争取埋在最高水位以上。地下水位较高时，宜将基础底面埋置在最低地下水位以下200mm，如图 3.2 所示。此种情况下基础应采用耐水材料，如混凝土、钢筋混凝土等。

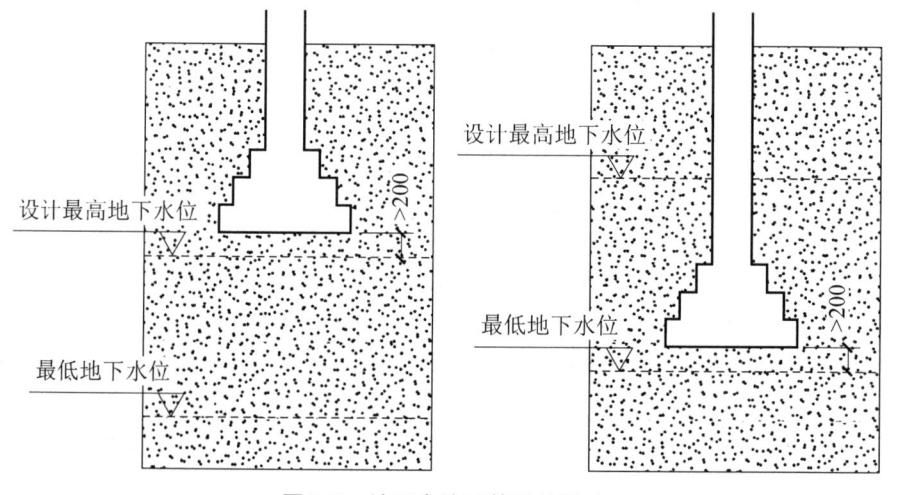

图 3.2　地下水位对基础的影响

(3) 冻结深度的影响。冻结土和非冻结土的分界线称为冻土线。基础不同，冻土深度亦不相同。地基土冻结后，若产生冻胀，会将房屋向上拱起(冻胀向上的力会超过地基承载力)，当土层解冻后，房屋又会下沉。这种冻融交替，会使房屋处于不稳定状态，产生变形，将造成墙身开裂甚至使建筑结构遭受破坏，因此基础底面应埋置在冻土线以下 200mm。

(4) 相邻基础的影响。在原有建筑物附近建造房屋，为保证原有建筑物的安全和正常使用，新建建筑物的基础不宜深于原有建筑物的基础。当新建建筑物基础埋深大于原有建筑基础，两者差值为 H 时，两基础间应保持一定的净距 L，$L=(1\sim2)H$，如图 3.3 所示。

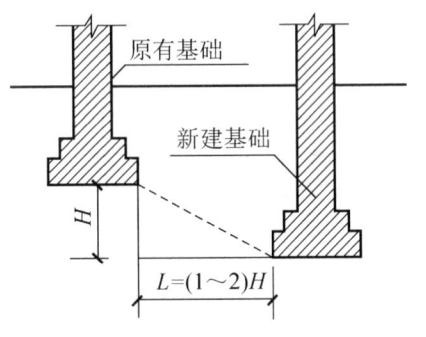

图 3.3 基础埋深和相邻基础的关系

基础的类型很多，按基础所用材料及受力特点，分为刚性基础和柔性基础；按基础构造形式，分为独立基础、条形基础、井格基础、箱形基础和桩基础等。

3.3.1 按材料和受力特点分类

1. 刚性基础

由刚性材料制作的基础称为刚性基础，刚性材料一般是指抗压强度高，而抗拉、抗剪强度较低的材料。在常用材料中，砖、石、混凝土等均属于刚性材料，所以砖基础、毛石基础、混凝土基础为刚性基础。由于刚性材料的特点，这类基础只适合受压而不适合承受弯矩、拉力和剪力，因此基础剖面尺寸必须满足刚性条件的要求。一般砌体结构房屋的基础常采用刚性基础。为保证基础安全不致被拉裂，基础的宽高比(b/H 或以其夹角 α 表示)应控制在一定的范围之内，该夹角称为刚性角或无筋扩展角，如图 3.4 所示。如果基础底面宽度超过刚性角的控制范围，B 增大，则基础底面会产生拉应力而破坏。为了施工方便，常将刚性角 α 换成其正切值 $\tan\alpha$。不同材料的基础，其刚性角也是不同的。通常对于混凝土基础，$\tan\alpha =1:1.5\sim1:1$；对于砖基础，$\tan\alpha =1:1.5$；对于灰土基础，$\tan\alpha =1:1.5\sim1:1.25$。

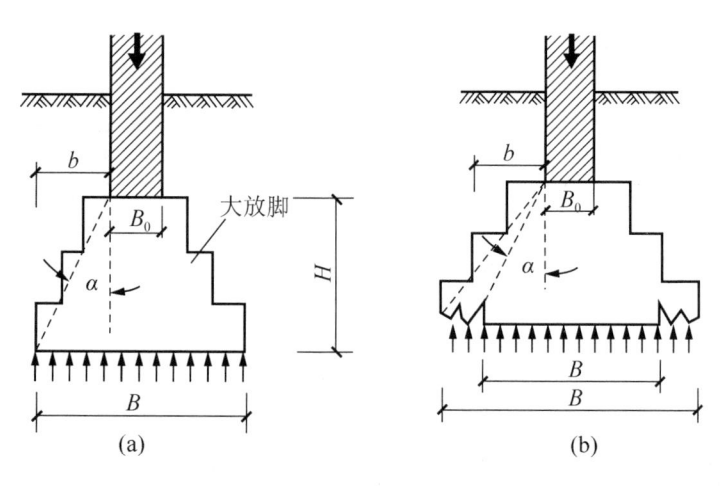

图 3.4　无筋扩展基础的受力和传力特点

2．柔性基础

当建筑物的荷载较大而地基承载力较小时，基础底面必须加宽，如果仍采用混凝土材料做基础，势必加大基础的深度，这样不仅增大了挖土工作量，还会使材料的用量增加。如果在混凝土基础的底部配以钢筋，利用钢筋来承受拉应力，可使基础底部能承受较大的弯矩，基础宽度的加大不受刚性角的限制，故称其为柔性基础或非刚性基础，如图 3.5 所示。

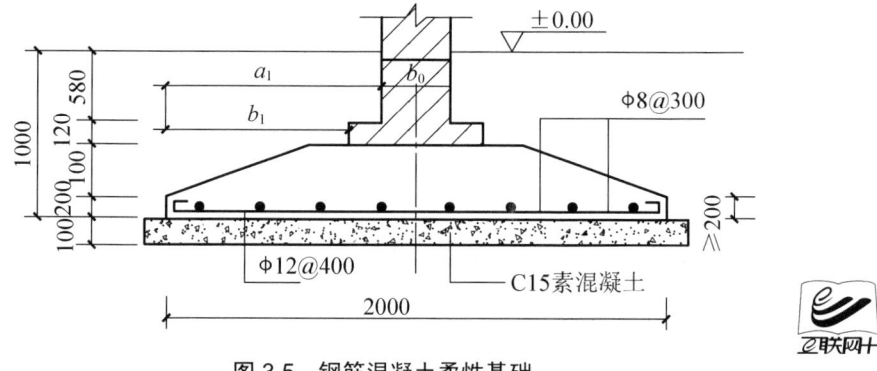

图 3.5　钢筋混凝土柔性基础

3.3.2 按构造形式分类

1．独立基础

当建筑物上部采用框架结构时，基础常采用方形或矩形的单独基础，这种基础称为独立基础。其一般为柱下独立基础，常用材料为钢筋混凝土，常采用的断面形式为阶梯形、锥形、杯形等，如图 3.6 所示。

2．条形基础

当建筑物上部结构采用墙承重时，基础沿墙身设置，多做成长条形，这种基础称为条形基础，如图 3.7 所示。这种基础纵向整体性好，可减缓局部不均匀下沉，多用于砖混结构建筑，可就地取材；缺点是土方量大，施工场地开挖纵横沟槽，导致搬运不便。

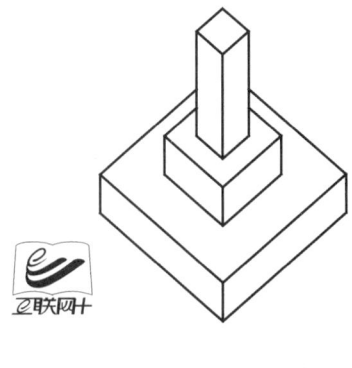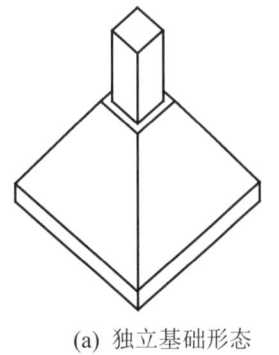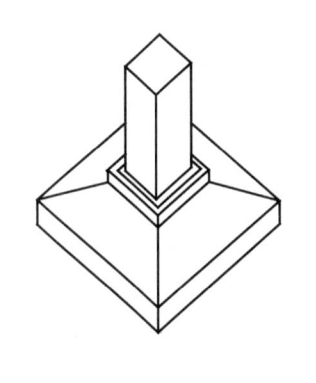

(a) 独立基础形态

(b) 独立基础实例

图 3.6　独立基础

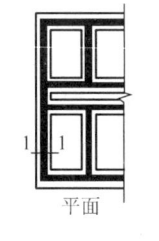

墙身

大放脚

1—1

平面

1—1剖面图

(a) 刚性条形基础

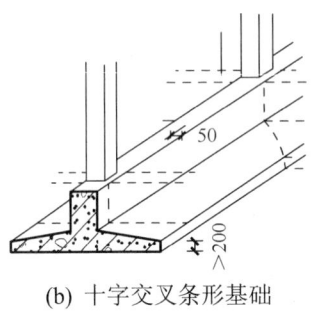

50

>200

(b) 十字交叉条形基础

图 3.7　条形基础

3．井格基础

当地基条件较差而条形基础不能满足要求时，为提高建筑物的整体性，防止柱子之间产生不均匀沉降，常将柱下基础沿纵横两个方向联系起来，做成十字交叉的井格基础，如图 3.8 所示。井格基础造价较高，施工复杂，多用于高层建筑。

4．筏形基础

当建筑物上部荷载较大而地基软弱时，采用简单的条形基础或井格基础均不能适应地基变形的需要，通常要将墙或柱下基础连成一片，使建筑物的荷载承受在一块整板上，这种基础称为筏形基础或片筏基础，如图 3.9 所示。此时基础由整片混凝土板组成，板直接作用于地基上，整体性好，可以跨越基础下的局部软弱层。筏形基础适用于地基承载力较差、荷载较大的房屋，如高层建筑。

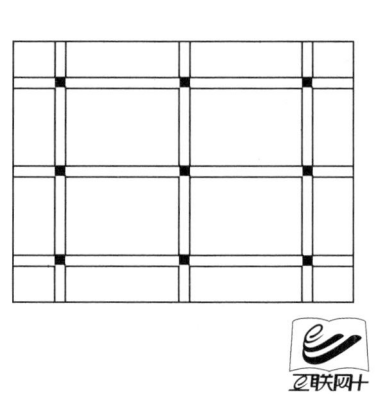

图 3.8 井格基础

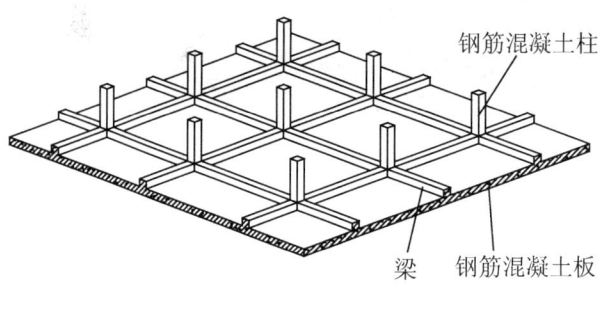

图 3.9 筏形基础

5．箱形基础

当建筑物荷载很大，浅层土地质情况较差，或建筑物很高，基础需深埋时，为增加建筑物整体刚度，不致因地基的局部变形影响上部结构，常采用钢筋混凝土整体现浇为刚度很大的盒状结构，称为箱形基础，也称满堂基础，如图 3.10 所示。箱形基础由底板、顶板和若干纵横墙组成整体结构，其中部分可用作地下室或地下车库。

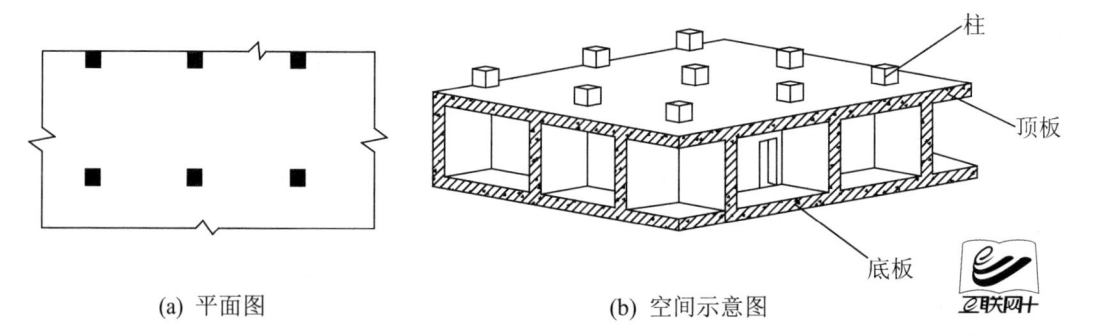

(a) 平面图 (b) 空间示意图

图 3.10 箱形基础

6. 桩基础

当建筑物荷载较大，地基的软弱土层较厚，浅层地基承载力不能满足建筑物对地基的承载力和变形要求时，可采用桩基础，如图 3.11 所示。桩基础由多根设置在土壤中的桩身和承接上部结构荷载的承台两部分组成，其类型很多，按材料，可分为木桩、钢筋混凝土桩和钢桩；按制作方法，可分为预制桩和现浇桩，如图 3.12 所示为混凝土预制桩桩身；按受力性能，可分为端承桩和摩擦桩。

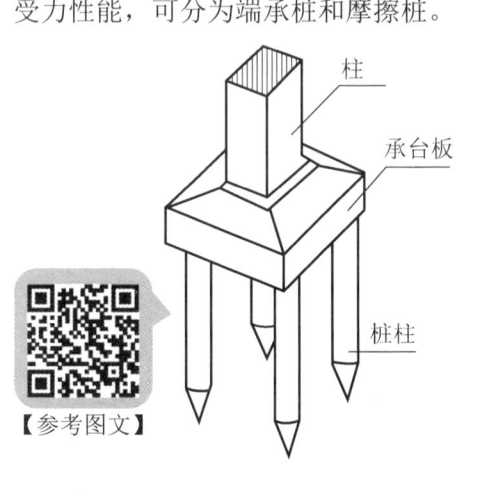

图 3.11　桩基础　　　　　　　　　图 3.12　混凝土预制桩桩身

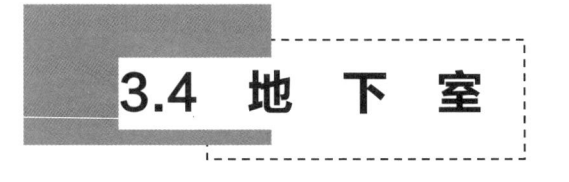

3.4　地　下　室

地下室是设在建筑物底层以下的空间，可用作设备用房、储藏室、商场、餐厅和战备防空洞等。在房屋底层以下建造地下室，可以提高建筑用地效率。一些高层建筑基础埋深很大，充分利用这一深度来建造地下室，其经济效果和使用效果俱佳。

3.4.1　地下室的分类

1. 按使用性质分类

(1) 普通地下室，为普通的地下空间，一般按地下楼层进行设计。

(2) 人防地下室，为有人民防空要求的地下空间。人防地下室应妥善解决紧急状态下人员的隐藏与疏散问题，有保障人身安全的技术措施。

2. 按埋入地下深度分类

(1) 全地下室，即地下室地坪面低于室外地坪面的高度超过该房间净高 1/2。

(2) 半地下室，即地下室地坪面低于室外地坪面的高度超过该房间净高 1/3，但不超过 1/2。

3.4.2 地下室的组成

地下室一般由墙、顶板、底板、门、窗、采光井和楼梯等部分组成，如图 3.13 所示。

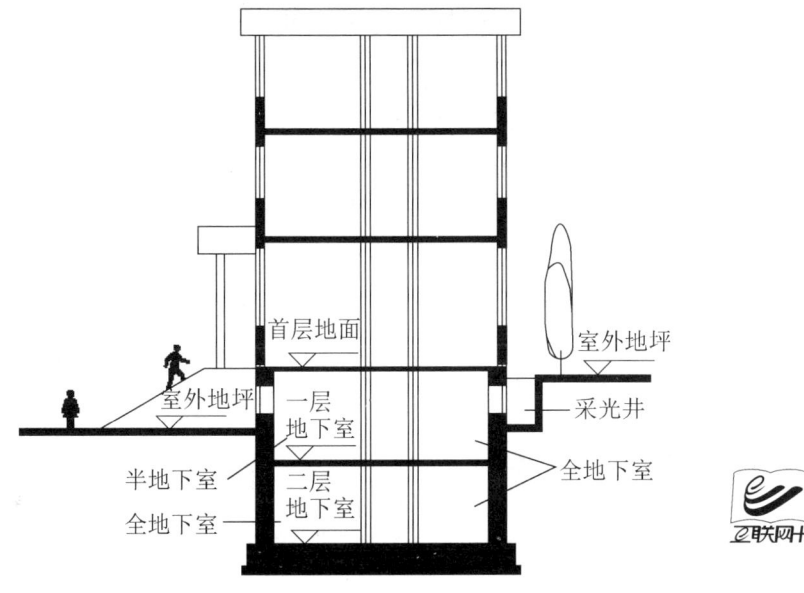

图 3.13 地下室组成

1. 墙体

地下室的墙不仅承受上部的垂直荷载，还要承受土、地下水及土壤冻胀时产生的侧压力，所以地下室的墙厚度应经计算确定。常采用混凝土或钢筋混凝土墙，其厚度一般不小于 300mm。如果地下水位较低，可采用砖墙，其厚度应不小于 490mm。

2. 顶板

地下室的顶板采用现浇或预制钢筋混凝土板。防空地下室的顶板一般为现浇板。在采用预制板时，往往需要在板上浇筑一层钢筋混凝土整体层，以保证顶板的整体刚度。

3. 底板

地下室的底板不仅承受作用于它上面的垂直荷载，在地下水位高于地下室底板时还必须承受地下水的浮力，所以要求底板具有足够的强度、刚度和抗渗能力，否则易出现渗漏现象。因此地下室底板常采用现浇钢筋混凝土板。

4. 门和窗

地下室的门、窗与地上部分相同。人防地下室的门应符合相应等级的防护和密闭要求，一般采用钢门或钢筋混凝土门，人防地下室一般不允许设窗。

5. 采光井

当地下室的窗在地面以下时，为达到采光和通风目的，应设置采光井。一般每个窗设一个采光井，当窗的距离很近时，可将采光井连在一起。

采光井由侧墙、底板、遮雨设施或铁算子组成，侧墙一般为砖墙，井底板则由混凝土现浇而成，如图 3.14 所示。

图 3.14　采光井

6．楼梯

地下室楼梯可与地面上房间结合设置。层高小或用作辅助房间的地下室可设置单跑楼梯；有防空要求的地下室，宜设置两个楼梯通向地面的安全出口。

3.4.3　地下室的防潮及防水

地下室的外墙和底板都埋在地面以下，长期受到潮气和地下水的侵蚀，若忽视或处理不当，将导致墙面及地面受潮、发霉、面层脱落，影响结构的耐久性和使用寿命。因此解决好地下室的防潮、防水，成为其构造设计的主要问题。

1．地下室防潮构造

当设计最高地下水位低于地下室地面底板下皮标高时，地下室仅受到土层中地潮的影响，只需进行防潮处理即可，如图 3.15 所示，具体做法如下。

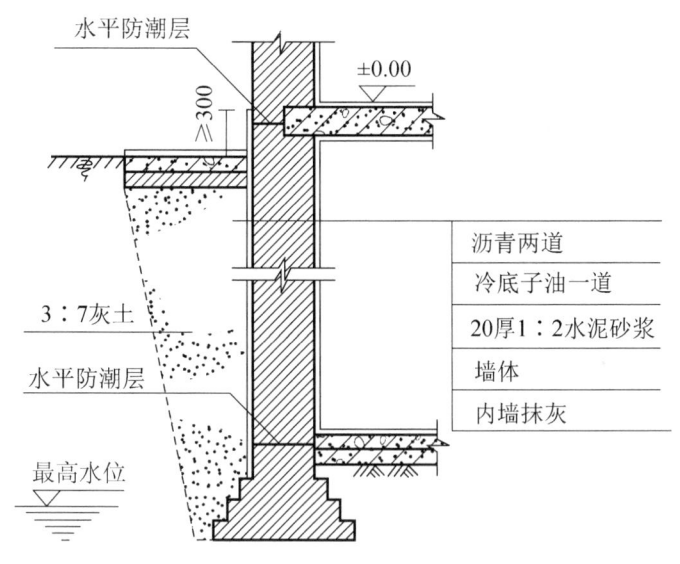

图 3.15　地下室防潮构造

(1) 外墙面。抹 20mm 厚 1∶2 水泥砂浆且高出地面散水 300mm，再刷冷底子油一道、热沥青两道至地面散水底部；地下室外墙四周 500mm 左右回填低渗透性土壤，如黏土、灰土等，并逐层夯实；在地下室地坪结构层和地下室顶板下高出散水 150mm 左右处，墙内设两道水平防潮层。

(2) 地坪。地坪的防潮构造如图 3.15 所示。

知识链接

冷底子油是质量配合比为 4∶6 的石油沥青与煤油或轻柴油的混合液，或 3∶7 的石油沥青与汽油的混合液。冷底子油黏度小，具有良好的流动性，涂刷在混凝土、砂浆或木材等基面上，能很快渗入基层孔隙中，待溶剂挥发后，便与基面牢固结合。冷底子油形成的涂膜较薄，一般不单独作防水材料使用，只作某些防水材料的配套材料。如在铺贴防水油毡之前涂布于混凝土、砂浆、木材等基层上。

2. 地下室防水构造

当设计最高地下水位高于地下室地面底板下皮标高时，底板和部分外墙被浸在水中，外墙受到地下水的侧压力作用，底板受到浮力作用，此时必须采用水平和垂直的防水处理做法，并把它们连贯起来。常采用的防水措施有三种。

【参考图文】

1) 沥青卷材防水

地下室采用卷材防水层时，防水卷材的层数应按照地下水的最大计算水头选用。卷材防水按防水层铺贴位置的不同，分为外防水和内防水两种。

(1) 外防水。外防水是将防水层贴在地下室外墙的外表面，防水效果好，但维修困难。外防水构造的要点如图 3.16 所示：常在墙外抹 20mm 厚的 1∶3 水泥砂浆找平层，并刷冷底子油一道，然后选定油毡层数，分层粘贴防水卷材，防水层以高出最高地下水位 50～100mm 为宜。油毡防水层以上的地下室侧墙应抹水泥砂浆，涂两道热沥青，直至室外散水处。垂直防水层外砌半砖厚的保护层一道。

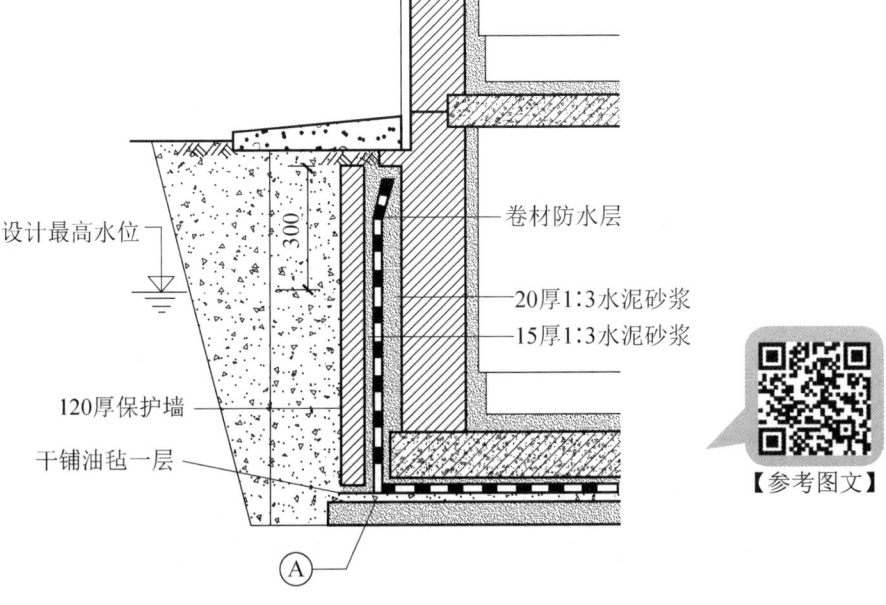

图 3.16 地下室卷材外防水

(2) 内防水。内防水是将防水层贴在地下室外墙的内表面，如图 3.17 所示，其优点是施工方便，便于维修，但防水效果较差，故用于修缮工程。

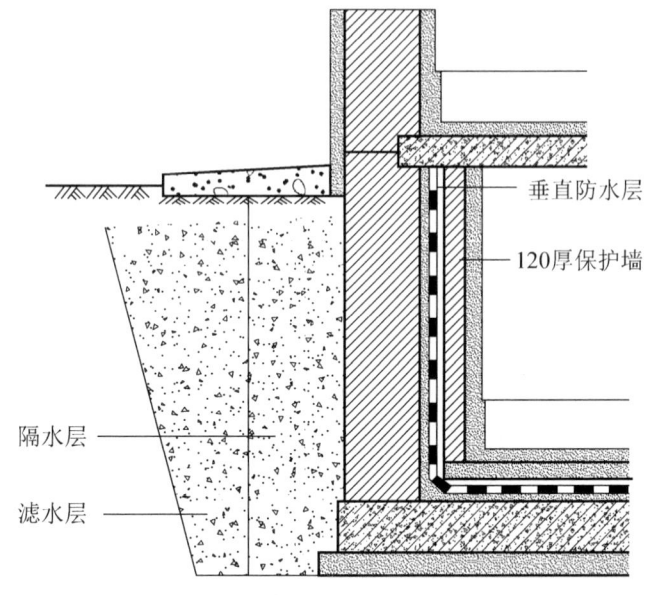

图 3.17　地下室卷材内防水

地下室地坪的防水构造是先浇筑厚约 100mm 的混凝土垫层，再以选定的油毡层数在地坪层上做防水层，并在防水层上抹 20～30mm 厚的水泥砂浆保护层，以便在上面浇筑钢筋混凝土。为了保证水平防水层包向垂直墙面，地坪防水层必须留出足够的长度以便与垂直防水层搭接，同时要做好转折处油毡的保护工作，以免因转折交界处的油毡断裂而影响地下室防水。

2) 混凝土防水

当地下室地坪和墙体均为钢筋混凝土结构时，应采用抗渗性能好的防水混凝土材料，常用的有普通混凝土和外加剂混凝土，如图 3.18 所示。普通混凝土主要采用不同粒径的骨料进行级配，并提高混凝土中砂浆的含量，使砂浆充满于骨料之间，从而堵塞因骨料不密实而出现的渗水通路，以达到防水的目的；外加剂混凝土是在混凝土中掺入加气剂或密实剂，以提高混凝土的抗渗能力。

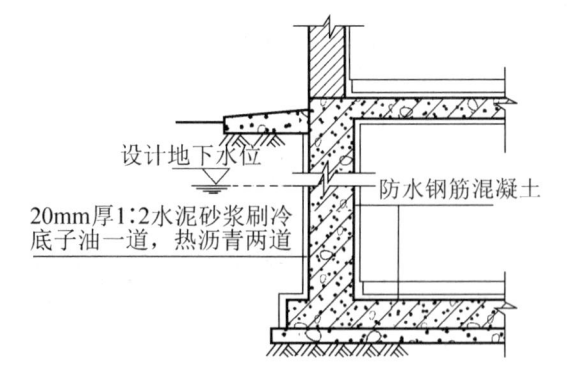

图 3.18　混凝土自防水构造

3) 弹性材料防水

随着新型高分子合成防水材料的不断涌现，地下室的防水构造也在更新。目前我国使用的三元乙丙橡胶卷材，能充分适应防水基层的伸缩和开裂变形，拉伸强度高，拉断延伸率大，能承受一定的冲击荷载，是耐久性很好的弹性卷材；又如聚氨酯涂膜防水材料有利于形成完整的防水涂层，对建筑物内诸如管道、转折和高差等特殊部位的防水效果有利。

实 训 项 目

完成地下室防水构造详图的识读与绘制。

1．实训目的

(1) 进一步熟悉地下室防水构造，能识读地下室防水构造详图。

(2) 掌握地下室防水构造详图的内容和绘制要求。

2．实训内容

抄绘地下室卷材防水构造详图，比例自定。

本 章 小 结

地基指基础下部承受上部建筑结构全部荷载的土体或岩体。地基分为天然地基和人工地基两大类。

基础指建筑底部与地基接触的承重构件，是建筑物的重要组成部分，它承受建筑物上部结构传下来的全部荷载，并将这些荷载及本身自重传给地基。

基础的埋置深度，简称基础埋深，是指由室外设计地坪到基础底面的距离。影响基础埋深的因素有工程地质条件、地下水位、冻结深度、相邻基础的影响等。

基础的类型很多，按基础所用材料及受力特点，分为刚性基础和柔性基础；按基础构造形式，分为独立基础、条形基础、井格基础、筏形基础、箱形基础和桩基础等。

地下室是设在建筑物底层以下的空间，一般由墙、顶板、底板、门、窗、采光井和楼梯等部分组成。

习   题

1．填空题

(1) 一般情况下，基础埋置深度不应小于_____。

(2) 基础按材料和受力特点不同，分为_____和_____。

(3) 桩基由_____和_____组成。

(4) 影响基础埋置深度的因素有_____、_____、_____和_____。

2．选择题

(1) 属于柔性基础的是(　　)。

    A．混凝土基础   B．钢筋混凝土基础

    C．砖基础   D．毛石基础

(2) 基础的埋深是指(　　)的垂直距离。

    A．基础顶面至室外地面   B．基础底面至室外地面

    C．基础顶面至室外设计地面   D．基础底面至室外设计地面

(3) 地下水位较高时，宜将基础底面埋置在最高地下水位以下(　　)mm。

    A．20   B．100

    C．200   D．300

3．问答题

(1) 地基和基础的概念有什么区别？

(2) 基础按构造形式分为哪几类？一般各用于什么情况？

(3) 什么是刚性基础？什么是柔性基础？

(4) 地下室由哪几部分组成？

【参考答案】

第**4**章 墙体和门窗

本章讲述墙体和门窗的有关知识，重点介绍墙体的作用、类型及设计要求、砖墙的细部构造、砌块墙和隔墙构造、墙面装修、门窗的概述和构造。

教学目标

(1) 掌握墙体的作用和要求。
(2) 掌握墙体的细部构造。
(3) 掌握隔墙构造。
(4) 掌握墙面装修。
(5) 掌握门窗构造。

教学要求

能 力 目 标	知 识 要 点	权重
掌握墙体的作用和要求	墙体的作用和要求	5%
掌握墙体的细部构造	墙体的细部构造	50%
掌握隔墙构造	隔墙构造	15%
掌握墙面装修和变形缝构造	墙面装修和变形缝	15%
掌握门窗构造	门窗构造	15%

章节导读

墙体是建筑物不可缺少的重要组成部分，它下接基础，中搁楼板，上连屋顶。在一般民用建筑中，墙体的造价约占建筑总造价的 30%～40%，重量约占建筑总重量的 40%～50%。如何选择墙体材料和构造方法，直接影响建筑的使用质量、自重、造价、材料消耗和施工工期。

墙体具有复杂的结构和形式，所以完整地掌握墙体相关内容，需要从以下方面入手。

【参考图文】

(1) 学习墙体的种类和构造组成时，要记住各种类型的墙体的作用和位置；对细部构造的位置和具体构造应多了解。

(2) 要培养空间想象能力，把墙体部分由图纸的二维形态转化为三维空间形体。

(3) 多观察真实建筑物，把实体建筑体现的墙体状态，与课本知识相结合。

引例

某业主购买了一套框架结构商品房，欲对其进行装修，想将两个房间打通，但不知道是否可以改动。

结合实际，谈谈如何判断某个墙体是否承重。

【参考图文】

4.1 墙 体 概 述

4.1.1 墙体的作用

墙体在房屋中的作用有以下四点。

(1) 承重作用，即承受楼板、屋顶或梁传来的荷载及墙体自重、风荷载、地震荷载等。

(2) 围护作用，即抵御自然界中风、雨、雪等的侵袭，防止太阳辐射等的干扰，起到保温、隔热、隔声、防风、防水等作用。

(3) 分隔作用，即把房屋内部划分为若干房间，以适应人们的使用要求。

(4) 装饰作用，墙体装饰是建筑装饰的重要部分，墙面装饰对整个建筑物的装饰效果影响很大。

【参考图文】

4.1.2 墙体的分类

1. 按墙体所在位置分类

墙体各部分名称如图 4.1 所示。墙体按照在平面上所处位置的不同，可分为外墙和内墙。外墙位于建筑物外界四周，是房屋的外围护结构，起着抵御自然界各种因素对室内侵袭的作用；内墙位于房屋内部，主要起分隔内部空间、创造室内舒适环境的作用。

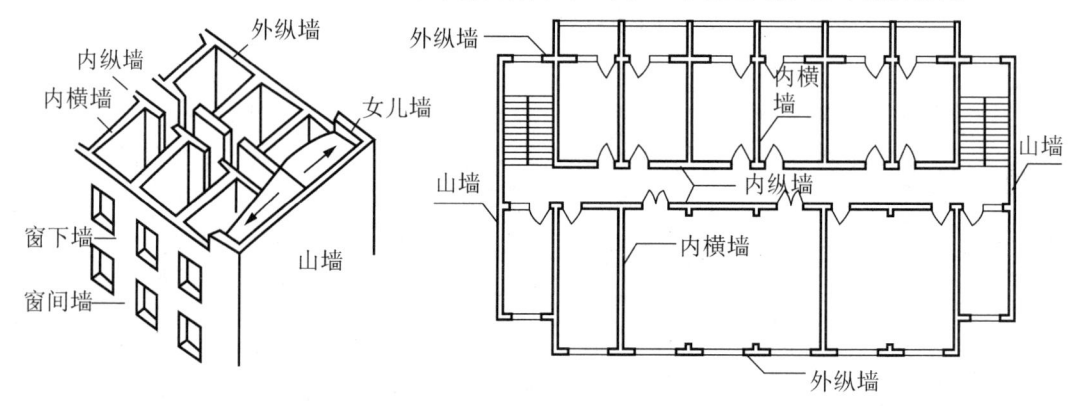

图 4.1　墙体位置及名称

2．按墙体布置方向分类

按布置方向，墙体可分为纵墙和横墙。沿建筑物长轴方向布置的墙称为纵墙，沿建筑物短轴方向布置的墙称为横墙。外纵墙通常称为檐墙。外横墙通常称为山墙。

另外，根据墙体与门窗的位置关系，平面上窗洞口之间的墙体可称为窗间墙，立面上窗洞口之间的墙体可称为窗下墙。

3．按墙体受力状况分类

墙体按受力方式的不同，可分为承重墙和非承重墙。凡直接承受楼板及屋顶传来荷载的墙称为承重墙，凡不承受上部传来荷载的墙体称为非承重墙。非承重墙包括自承重墙、框架墙、隔墙、填充墙和幕墙。自承重墙仅承受自身质量；框架墙是指在框架结构中，填充在框架间的墙，上部荷载由楼板、梁、柱承受；隔墙是指分隔内部空间，其重量由楼板或梁承受的墙；幕墙是指悬挂在外部骨架或楼板间的轻质外墙。外部的填充墙和幕墙不承受上部楼板层和屋顶的荷载，但承受风荷载和地震荷载。

4．按墙体构造方式分类

墙体按构造方式，可分为实体墙、空体墙和组合墙三种。实体墙由单一材料组成，如砖墙、砌块墙等；空体墙也由单一材料组成，可由单一材料砌成内部空腔，也可用具有孔洞的材料建造，如空斗砖墙、空心砌块墙等；组合墙由两种以上材料组合构成，如混凝土、加气混凝土复合板材墙。其中混凝土起承重作用，加气混凝土起保温隔热作用。

5．按墙体施工方式分类

墙体按施工方式，可分为块材墙、板筑墙及板材墙三种。块材墙是用砂浆等胶结材料将砖石块材等组砌而成，如砖墙、石墙及各种砌块墙等；板筑墙是在现场立模板，现浇而成的墙体，如现浇混凝土墙等；板材墙是预先制成墙板，施工时安装形成的墙，如预制混凝土大板墙、各种轻质条板内隔墙等。

6．按墙体采用材料分类

按所用材料，墙体可分为砖墙、石墙、土墙、混凝土墙以及利用工业废料制成的各种砌块墙等，如图 4.2 所示。

  砖是传统的建筑材料，应用很广；石墙在产石地区应用，有很好的经济效益，但有一定的局限性；土墙是就地取材、造价低廉的地方性做法，有夯土墙和土胚墙等，但目前已很少使用；利用工业废料发展各种墙体材料，是传统墙体改革的新课题，正进一步研究、推广和应用。

(a) 夯土墙

【参考图文】

(b) 砖墙

(c) 石墙

(d) 混凝土墙

图 4.2　不同材料的墙

4.1.3　墙体设计要求

  1. 结构要求

  对于以墙体承重为主的低层或多层砖混结构，各层的承重墙常要求上下对齐，各层门窗洞口也以上下对齐为佳，此外还要考虑以下两方面要求。

  1) 合理选择墙体结构布置方案(即承重方案)

  墙体有四种承重方案：横墙承重、纵墙承重、纵横墙承重和内框架承重。

  (1) 横墙承重方式。横墙承重为横向结构系统，是将楼板及屋面板等水平承重构件搁置在横墙上，如图 4.3 所示，楼面及屋面荷载依次通过楼板、横墙、基础传递给地基，纵墙只起纵向稳定、拉结以及承受自重的作用。这种方案的优点是横墙间距较小、数量多，加上纵墙的拉结，建筑物的横向刚度较强，整体性好，有利于抵抗水平荷载(风荷载、地震作用等)和调整地基不均匀沉降。而且由于纵墙只承担自身重量，因此在纵墙上开门窗洞口的限制较少。但横墙间距受到限制，建筑开间尺寸不够灵活，而且墙体在建筑平面中所占的面积较大，适用于房屋开间尺寸不大、墙体位置比较固定的建筑，如宿舍、旅馆、住宅等。

荷载传递途径为：楼面荷载→楼板→横墙→基础→地基。

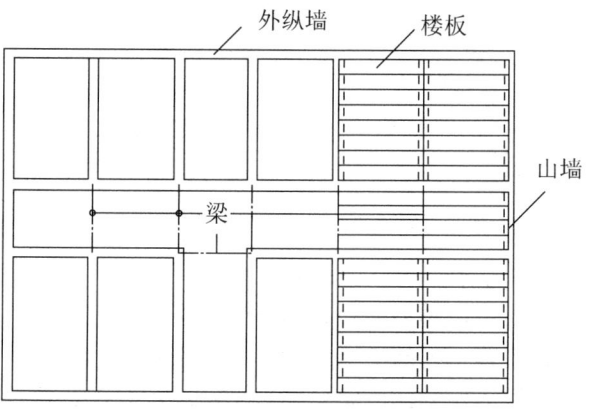

图 4.3 横墙承重体系

(2) 纵墙承重方式。纵墙承重是将楼板和屋面板等水平承重构件搁置在纵墙上，如图 4.4 所示，竖向荷载由纵墙传递到基础。这种方案的优点是开间布置灵活，能分割出较大的空间；外纵墙较厚，可满足(北方地区)一定的保温需求。其缺点是：横向刚度弱，而且承重纵墙上开设门窗洞口有时受到限制，室内通风不易组织；抵抗水平荷载的能力差，整体刚度小。多用于在使用上要求有较大空间的建筑，如办公楼、商店、教学楼、阅览室等。

荷载传递途径为：楼面荷载→楼板(或梁)→纵墙→基础→地基。

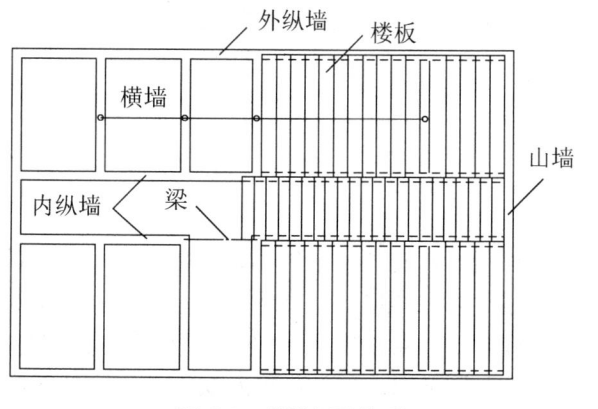

图 4.4 纵墙承重体系

(3) 纵横墙承重方式。纵横墙承重是指在一栋房屋中纵、横墙都有承重墙的方式，如图 4.5 所示。其优点是平面布置灵活，整体刚度好；缺点是水平承重构件类型多、施工复杂，墙的结构面积大，消耗的墙体材料较多。一般当建筑平面房间种类较多，布置复杂，房间开间、进深尺寸较大时采用，如幼儿园、医院、托儿所、点式住宅等。

荷载传递途径为：楼面荷载→楼板→横墙或纵墙→基础→地基。

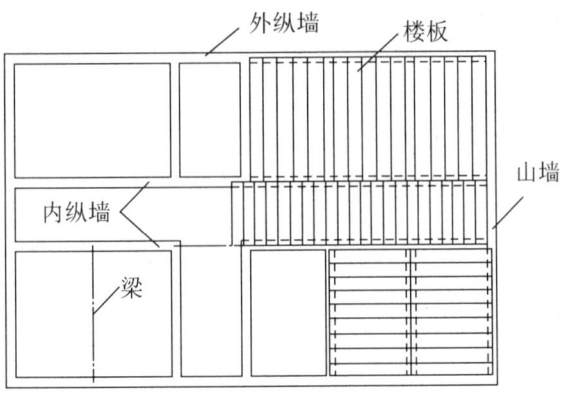

图 4.5　纵横墙承重体系

(4) 外墙内柱混合承重方式。房屋内部采用柱、梁组成的内框架承重时，梁的一端搁置在墙上，另一端搁置在柱上，由墙和柱共同承受水平构件传来的荷载，如图 4.6 所示。其优点是房屋的整体稳定性好，内部空间大、房间布置灵活；缺点是水泥、钢材用量较多，造价较高。适用于室内需要大空间的建筑，如大型商店、餐厅、超市等。

荷载传递途径为：楼面荷载→楼板→内部框架及四周墙→基础→地基。

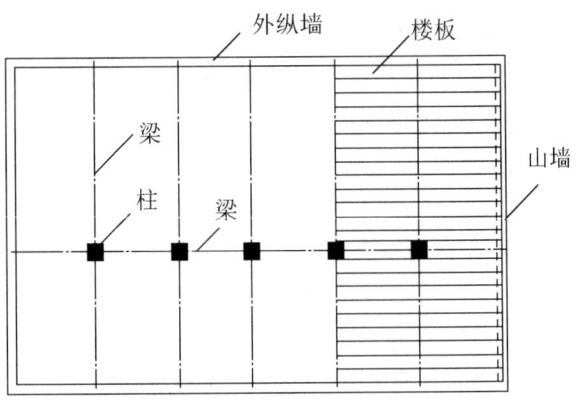

图 4.6　内框架承重体系

2) 具有足够的强度和稳定性

强度指墙体承受荷载的能力，它与所采用的材料以及同一材料的强度等级有关。如钢筋混凝土墙体比砖墙体的强度高，强度等级高的砖与砂浆所砌筑的砌体要比强度等级低的砖与砂浆所砌筑的砌体强度高。承重墙应有足够的强度来承受楼板及屋顶的竖向荷载。砖墙是脆性材料，变形能力小，因而对房屋的高度及层数有一定的限制。

墙体作为承重构件时应满足一定的刚度要求。一方面构件自身应具有稳定性，另一方面地震区还应考虑地震作用下对墙体稳定性的影响。墙体的稳定性与高厚比有关。为满足高厚比要求，通常在墙体开洞口部位设置门垛，在长而高的墙体中设置壁柱，以增加墙体的稳定性。

在抗震设防地区，为了增加建筑物的整体刚度和稳定性，在多层砖混结构房屋的墙体中还需设置贯通的圈梁和钢筋混凝土构造柱，使之相互连接，形成空间骨架，以加强墙体的抗弯和抗剪能力。在地震设防烈度 7～9 度的地区内应设置防震缝，将建筑物分为若干体型简单、结构刚度均匀的独立单元，用圈梁、构造柱来加强建筑物的稳定性。

2．热工要求

满足建筑物的热工要求是指做好保温、隔热，保证建筑空间冬暖夏凉。我国幅员辽阔，气候差异大，墙体作为围护构件应具有保温、隔热的性能，同时应满足隔声、防火、防潮等功能要求。

1）墙体的保温要求

在严寒的冬季，热量在通过外墙由室内高温一侧向室外低温一侧传递的过程中，既产生热损失，又会遇到各种阻力，使热量不致突然消失，这种阻力称为热阻。热阻越大，则通过墙体传出的热量越小，表明墙体的保温性能好，反之则差。为了提高外墙保温能力，减少热损失，应采取以下措施。

(1) 增加墙体的厚度。墙体的热阻与其厚度成正比，欲提高墙身的热阻，可增加其厚度。因此，严寒地区的外墙厚度往往超过结构的需要。虽然增加墙厚能提高热阻值，但却是一种很不经济的办法。

(2) 选择导热系数小的墙体材料。在建筑工程中，一般把导热系数小于 $0.25kJ/(m \cdot h \cdot ℃)$ 的材料称为保温材料。要增加墙体的热阻，常选用导热系数小的保温材料，如泡沫混凝土、加气混凝土、陶粒混凝土、膨胀珍珠岩、膨胀蛭石、浮石及浮石混凝土、泡沫塑料、矿棉及玻璃棉等。其保温构造，有单一材料的保温结构和复合保温结构。

(3) 采取隔热、汽措施。冬季由于外墙两侧存在温度差，高温一侧的水蒸气会向低温一侧渗透，在这一过程中，遇到露点温度时蒸汽会凝结成水。如果凝聚水发生在墙体的表面，会使室内装修变质损坏，严重时还会影响人体健康；如果凝聚水发生在墙体内部，会使保温材料内的孔隙中充满水分，使保温材料失去保温能力，降低墙体的保温效果，同时影响材料的使用年限。为防止墙体产生内部水汽凝结，常在墙体的保温层靠室内高温一侧用卷材、防水涂料或薄膜等材料设置隔蒸汽层，以阻止水蒸气进入墙体。

2）墙体的隔热要求

我国南方地区夏季气温高、湿度大，在这些地区，建筑物的防热能力直接影响到室内的舒适程度。外墙长时间受到太阳辐射，使外墙内表面温度升高，因此需对外墙的构造进行隔热处理，以降低外墙内外表面温度。隔热措施包括：外墙采用浅色而平滑的外饰面，如白色外墙涂料、玻璃马赛克、浅色墙面砖、金属外墙板等，以反射太阳光，减少墙体对太阳辐射的吸收；在外墙内部设通风间层，利用空气的流动带走热量，降低外墙内表面的温度；在窗口外侧设置遮阳设施，以遮挡太阳光直射室内；在外墙外表面种植攀缘植物，使之遮盖整个外墙，利用植物的遮挡、蒸发和光合作用来吸收太阳辐射热，起到隔热作用。

3．隔声要求

为了获得安静的工作和休息环境，必须防止室外及邻室传来的噪声，因而要求墙体具有良好的隔声能力。

噪声传播有两个途径：空气和固体。墙体主要阻隔空气直接传播的噪声，隔声能力取决于墙的面密度，面密度越大，隔声效果越好，双层墙面抹灰较单层墙面抹灰效果为好。

为保证建筑的室内使用要求，不同类型的建筑具有相应的噪声控制标准。为控制噪声，对墙体一般采取以下措施：加强墙体的密缝处理；增加墙体的密实性和厚度，避免噪声穿透墙体及带动墙体振动；采用有空气间层或多孔性材料的夹层墙，以提高墙体的减振和吸音能力；利用垂直绿化降噪。

4．防火、防水、防潮要求

1) 防火要求

建筑物必须符合建筑设计防火规范要求，选择燃烧性能与耐火极限符合规定的材料，并在较大的建筑中设置防火墙，对建筑进行防火分区，以阻止火灾蔓延。

2) 防水、防潮要求

在卫生间、厨房、实验室等有水房间的墙体以及地下室墙体应采取措施防水防潮，选择良好的防水材料及恰当的构造做法，以保证墙体的坚固耐久性，使室内有良好的卫生环境。

5．适应工业化生产要求

在大量民用建筑中，墙体工程量占相当的比重，其劳动力消耗大，施工工期长。因此建筑工业化的关键是墙体改革。应改革传统的墙体材料，采用轻质高强的材料，减轻自重，降低成本，以适应建筑工业化生产的要求。

4.2 墙体的砌筑

4.2.1 墙体材料

1．砖墙的材料

砖墙是用砂浆等胶结材料将砖按一定的技术要求砌筑而成的砌体，其中主要材料是砖和砂浆。

1) 砖

砖的种类很多，如图 4.7 所示。按材料不同，分为黏土砖、页岩砖、粉煤灰砖、灰砂砖和炉渣砖等；按所用材料和制作工艺不同，分为烧结砖(页岩砖、煤矸石砖、烧结粉煤灰砖等)和蒸养砖(非烧结砖)；按形状不同，分为实心砖、多孔砖和空心砖等。其中常用的是普通黏土砖。

【参考图文】

普通黏土砖以黏土为主要原料，经成型、干燥、焙烧而成，根据生产方法不同，有红砖和青砖之分。青砖比红砖强度高，耐久性好。

普通砖的孔洞率不大于 15%或没有孔洞。多孔砖是指孔洞率大于 15%、孔的尺寸小而数量多的砖，常用于承重部位；空心砖是指孔洞率大于或等于 15%、孔的尺寸大而数量少的砖，常用于非承重部位。

(a) 黏土砖(红砖)

(b) 多孔陶土砖

(c) 黏土砖(青砖)

(d) 粉煤灰硅酸盐砌块

(e) 小型混凝土空心砌块

(f) 蒸压灰砂多孔砖

(g) 加气混凝土砌块

【参考图文】

图 4.7　砖墙体的材料

部分砖的规格尺寸见表 4-1。

表 4-1　砖的类型与尺寸

名称	规格/(mm×mm×mm)	标号	容重/(kg·m⁻³)	主要产地	实物图
普通砖	240×115×53	75~200	1600~1800	全国各地	
多孔砖	190×190×90 240×115×90 240×180×115	75~200	1200~1300	全国各地	
空心砖	300×300×100 300×300×150 400×300×80	75~150	1100~1450	全国各地	

砖的强度用强度等级表示，有 MU30、MU25、MU20、MU15、MU10 五级。MU30 表示砖的极限抗压强度的平均值为 30MPa，即每平方毫米可抗压承受 30N 的压力。

2) 砂浆

砂浆是砌块的胶结材料，可将砖块胶结为整体，并将砌块之间的空隙填平、密实，便于使上层砖块所承受的荷载能逐层均匀地传至下层砖块，保证砌体的强度。常用的砂浆，有水泥砂浆、混合砂浆、石灰砂浆和黏土砂浆。

(1) 水泥砂浆由水泥、砂加水拌和而成，属水硬性材料，强度高，但可塑性和保水性较差，适应砌筑湿环境下的砌体，如地下室、砖基础等。

(2) 石灰砂浆由石灰膏、砂加水拌和而成。由于石灰膏为塑性掺和料，所以石灰砂浆的可塑性很好，但强度较低，且属于气硬性材料，遇水强度进一步降低，适宜砌筑次要的民用建筑的地上砌体。

(3) 混合砂浆由水泥、石灰膏、砂加水拌和而成，既有较高的强度，也有良好的可塑性和保水性，故在民用建筑地上砌筑中被广泛采用。

(4) 黏土砂浆由黏土、砂加水拌和而成，强度很低，仅适于土坯墙的砌筑，多用于乡村民居。相关配合比取决于结构要求的强度。

砂浆强度等级，有 M5、M7.5、M10、M15、M20、M25、M30 共七个级别。水泥混合砂浆等级有 M5、M7.5、M10、M15 四个级别。

2．砖墙的厚度

砖墙的厚度是根据多方因素决定的，即要满足承载能力、稳定性、保温隔热、隔声和防火等要求，还需要符合砌墙砖的规格尺寸。砖墙厚度尺寸见表 4-2。

表 4-2　砖墙厚度尺寸表　　　　　　　　　　　　　单位：mm

习惯称谓	半砖墙	3/4 砖墙	一砖墙	一砖半墙	两砖墙
工程称谓	一二墙	一八墙	二四墙	三七墙	四九墙
构造尺寸	115	178	240	365	490
标志尺寸	120	180	240	370	490

从表 4-2 中可知，砖墙厚度的递增均以砖宽加灰缝(115＋10)mm 为进位基数，砖宽数目 n 的多少就决定了砖墙的不同厚度，该厚度 b 可由公式 $b＝(115＋10)n－10$ 求得。

3．墙段的长度和洞口宽度

一般砖墙墙段的长度应由砖宽的倍数组成，即墙段的长度尺寸应以砖宽加灰缝为基数的倍数减去一个灰缝宽度。墙中出现洞口时，洞口宽度的尺寸应以砖宽加灰缝尺寸为基数的倍数加上一个灰缝宽度。砖和缝的相关尺寸如图 4.8 所示。

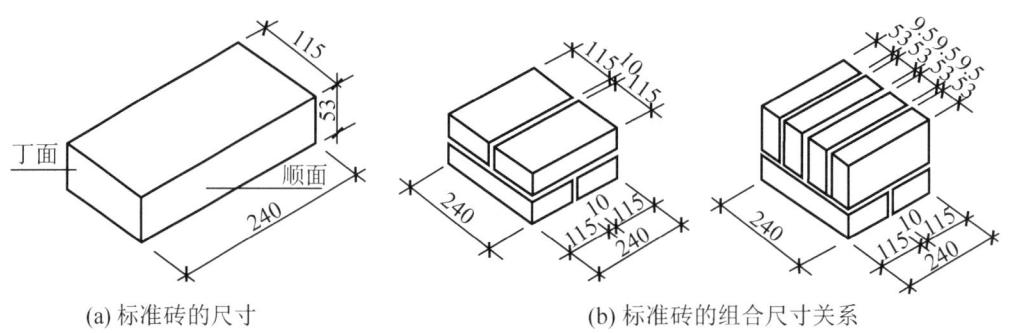

(a) 标准砖的尺寸　　　　　　　　　(b) 标准砖的组合尺寸关系

图 4.8　砖和缝的相关尺寸

我国标准砖(长×宽×厚)的规格为 240mm×115mm×53mm，宜选用灰缝宽为 10mm 进行组砌。从图示尺寸上不难看出，砖厚加灰缝、砖宽加灰缝与砖长之间在长度相等时，数量上形成 4：2：1 的基本特征，即 4 个砖厚＋3 个灰缝＝2 个砖宽＋1 个灰缝＝1 个砖长。

现行设计规范是遵循模数协调原则，即以扩大模数 $3M$ 递增，这与砖尺寸不相适应。为了减少施工中不必要的砍砖，规范规定在设计中凡墙段长度在 1500mm 以内时，应尽量采用砖的模数尺寸，超过 1500mm 墙段可不受限制。标准砖砌筑墙体时，是以砖宽度的倍数即 115mm＋10mm＝125mm 为模数，这与我国现行《建筑模数协调统一标准》中的基本模数 $M＝100mm$ 不协调，因此在使用中必须注意标准砖的这一特征。

符合砖模数的墙段长度系列为 115mm、240mm、365mm、490mm、615mm、740mm、865mm、990mm、1115mm、1240mm、1365mm、1490mm 等，符合砖模数的洞口宽度系列为 135mm、260mm、385mm、510mm、635mm、760mm、885mm、1010mm 等。这样在一

栋房屋中将采用两种模数，在设计施工中会出现不协调现象，而砍砖过多会影响砌体强度。解决这一矛盾的另一方法，是调整灰缝大小。施工规范允许竖缝宽度为8～12mm，使墙段有少许的调整余地。但如果墙段短，灰缝数量少，调整范围就小。所以当墙段长度小于1.5m时，设计时宜使其符合砖模数；墙段长度超过1.5m时，可不再考虑砖模数。

另外，墙段长度尺寸还应满足结构需要的最小尺寸，为了避免应力集中在小墙段上而导致墙体破坏，在转角处的墙段和承重窗间墙尤其应注意长度尺寸。多层房屋窗间墙有宽度限制，当采用砖墙承重时，窗间墙长度至少为1m；当采用砖垛时，砖垛长度最少为0.75m。

4.2.2 墙体组砌方式

砖墙是由砖和砂浆按一定的规律和组砌方式砌筑而成的砌体。组砌是指砌块在砌体中的排列方式。为了保证墙体的强度及保温、隔声等要求，以标准砖为例，砌筑时可根据砖块尺寸和数量采用不同的排列，借砂浆形成灰缝，组砌成各种不同的墙体，如图4.9所示。

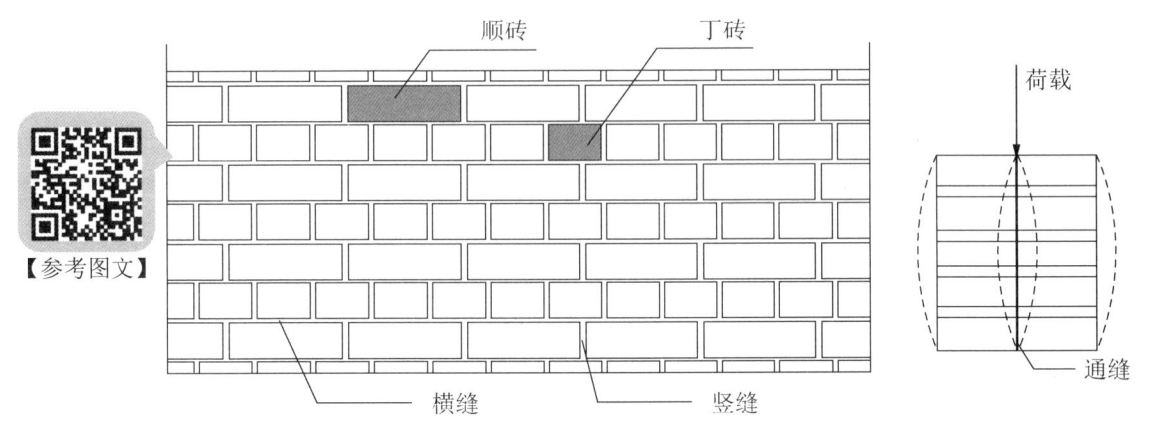

【参考图文】

图 4.9　砖墙组成部分名称及错缝

砖砌体的砖缝必须横平竖直，错缝搭接，避免通缝。同时砖缝砂浆必须饱满，厚薄均匀。当外墙面做清水墙时，组砌还应考虑墙面的图案美观。组砌的关键是错缝搭接，使上下每皮砖的垂直缝交错，保证砖墙的整体性。如果垂直缝在一条线上即形成通缝，在荷载作用下，必使得墙体的稳定性和强度降低。如图4.10所示为错缝搭接实例。

图 4.10　墙体砌筑错缝搭接实例

在砖墙的组砌中，长边平行于墙面砌筑的砖称为顺砖，长边垂直于墙面砌筑的砖称为丁砖，上下皮砖之间的水平灰缝称为横缝，左右两块砖之间的垂直灰缝称为竖缝。常用的错缝方法，是将丁砖和顺砖上下皮交错砌筑。每排列一层砖即称为一皮。常见的砖墙砌式，有全顺式(120 砖墙)、一顺一丁式、三顺一丁式或多顺一丁式、每皮丁顺相间式(也称十字式、梅花丁)、两平一侧式(180 砖墙)等，如图 4.11 所示。

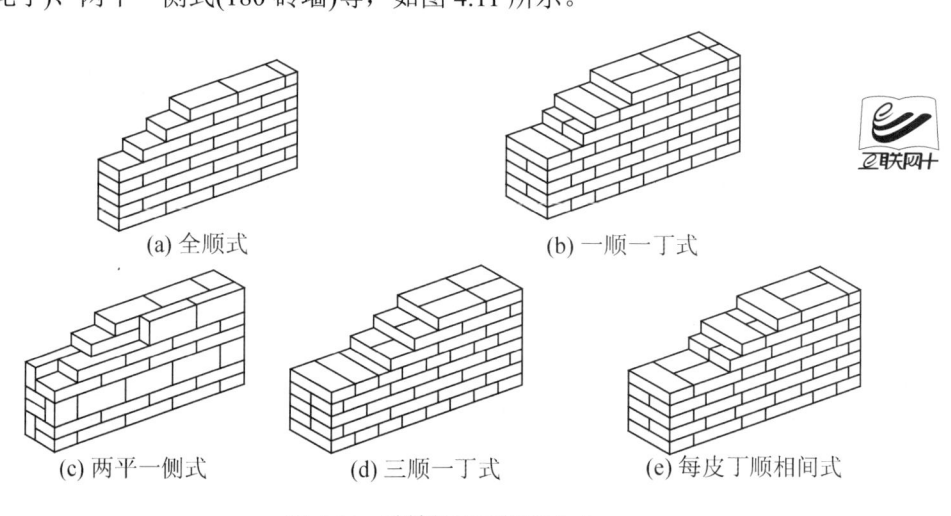

(a) 全顺式　　　　　　(b) 一顺一丁式

(c) 两平一侧式　　(d) 三顺一丁式　　(e) 每皮丁顺相间式

图 4.11　砖墙的不同组砌方式

4.3　墙体的细部构造

4.3.1　勒脚

勒脚是外墙接近室外地面的部分，一般是指室内地坪以下、室外地面以上的这段墙体。勒脚的作用是防止外界碰撞，防止地表水对墙脚的侵蚀，增强建筑物表面美观，所以要求构造上采取防护措施，选用耐久性高、防水性能好的材料，做法中应结合建筑造型确定其高矮、颜色。勒脚一般采用以下几种构造做法，如图 4.12 所示。

【参考图文】

(1) 抹灰类勒脚：用 20mm 厚 1∶3 水泥砂浆抹面；1∶2 水泥石子(根据立面设计确定水泥和石子种类及颜色)，水刷石或斩假石等抹面。为保证抹灰层与砖墙黏结牢固，施工时应清扫墙面，洒水湿润，并可在墙上留槽使灰浆嵌入。此法多用于一般建筑。

(2) 贴面勒脚：用人工石材或天然石材(水磨石板、陶瓷面砖、花岗石、大理石等)贴面而形成的勒脚。贴面勒脚耐久性强，装饰效果好，多用于标准较高的建筑。

(3) 坚固材料勒脚：用天然石料(如条石、蘑菇条石、混凝土等坚固耐久的材料)代替砖砌外墙作为勒脚。高度可砌筑至室内地坪,用于潮湿地区、高标准建筑或有地下室的建筑,可按设计尺寸砌筑。

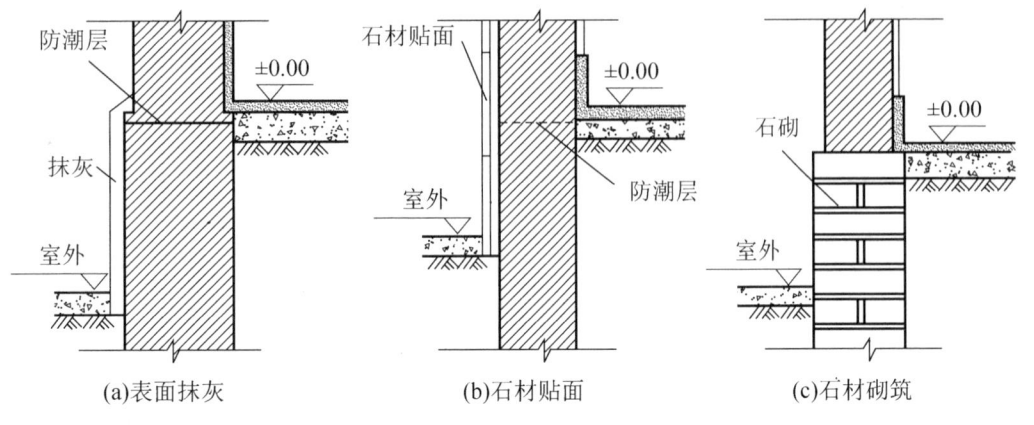

图 4.12　勒脚的形式

4.3.2　墙身防潮层

墙体坐落在基础之上,部分墙体与土壤接触且本身又是由多孔材料构成,在墙身中设置防潮层的目的就是防止土壤中的水分沿基础墙上升,防止位于勒脚处的地面水渗入墙内使墙身受潮。墙身一旦受潮,会使饰面层脱落,降低其坚固性且影响室内环境卫生,因此,必须在内外墙脚部位连续设置防潮层。

防潮层按构造形式,分为水平防潮层和垂直防潮层。

1) 水平防潮层

(1) 水平防潮层的位置:水平防潮层应在建筑物所有的内外墙体内汇总连续设置,其位置与所在墙体及地面的情况有关,如图 4.13 所示。当室内地面为不透水垫层(如混凝土)时,应设置在不透水垫层的范围内,通常在－0.060 标高处设置,而且至少要高于室外地坪150mm,以防遇水溅湿墙身;当室内地面垫层为透水材料(如碎石、炉渣等)时,水平防潮层的位置应平齐或高于室内地面60mm,即设在 0.060m 处;当两相邻房间之间室内地面有高差时,应在墙身内设置高低两道水平防潮层,并在靠土壤一侧设置垂直防潮层,以避免回填土中潮气侵入墙身。

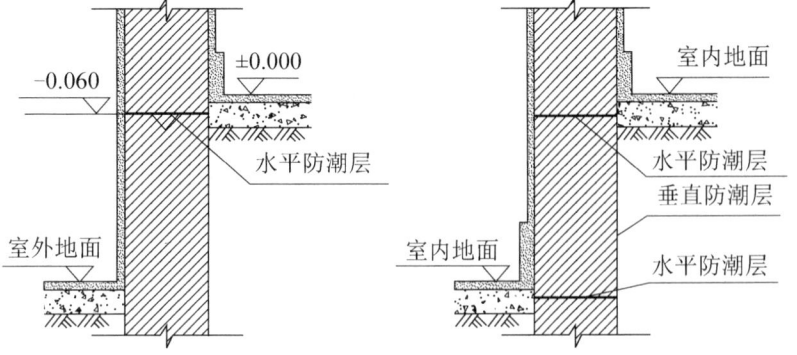

图 4.13　墙身防潮层的位置

(2) 防潮层的做法：按防潮层所用材料，一般有油毡防潮层、防水砂浆防潮层、细石混凝土防潮层等做法，如图 4.14 所示。

① 油毡防潮层。在防潮层部位先抹 20mm 厚的水泥砂浆找平层，然后干铺油毡一层或用沥青胶粘贴一毡二油。油毡防潮层具有一定的韧性、延伸性和良好的防潮性能，但日久易老化失效，同时油毡层使墙体隔离，削弱了砖墙的整体性和抗震能力。

② 防水砂浆防潮层。在防潮层位置抹一层 20mm 或 30mm 厚 1：2 水泥砂浆掺 5%的防水剂配制成的防水砂浆，也可以用防水砂浆砌筑 2～4 皮砖。防水砂浆防潮层适用于抗震地区、独立砖柱和振动较大的砖砌体中，但砂浆开裂或不饱满会影响防潮效果。

③ 细石混凝土防潮层。在防潮层位置铺设 60mm 厚 C20 细石混凝土，内配 3Φ6 或 3Φ8 钢筋。由于其抗裂性能和防潮效果好，且与气体结合紧密，故适用于整体刚度要求较高的建筑。

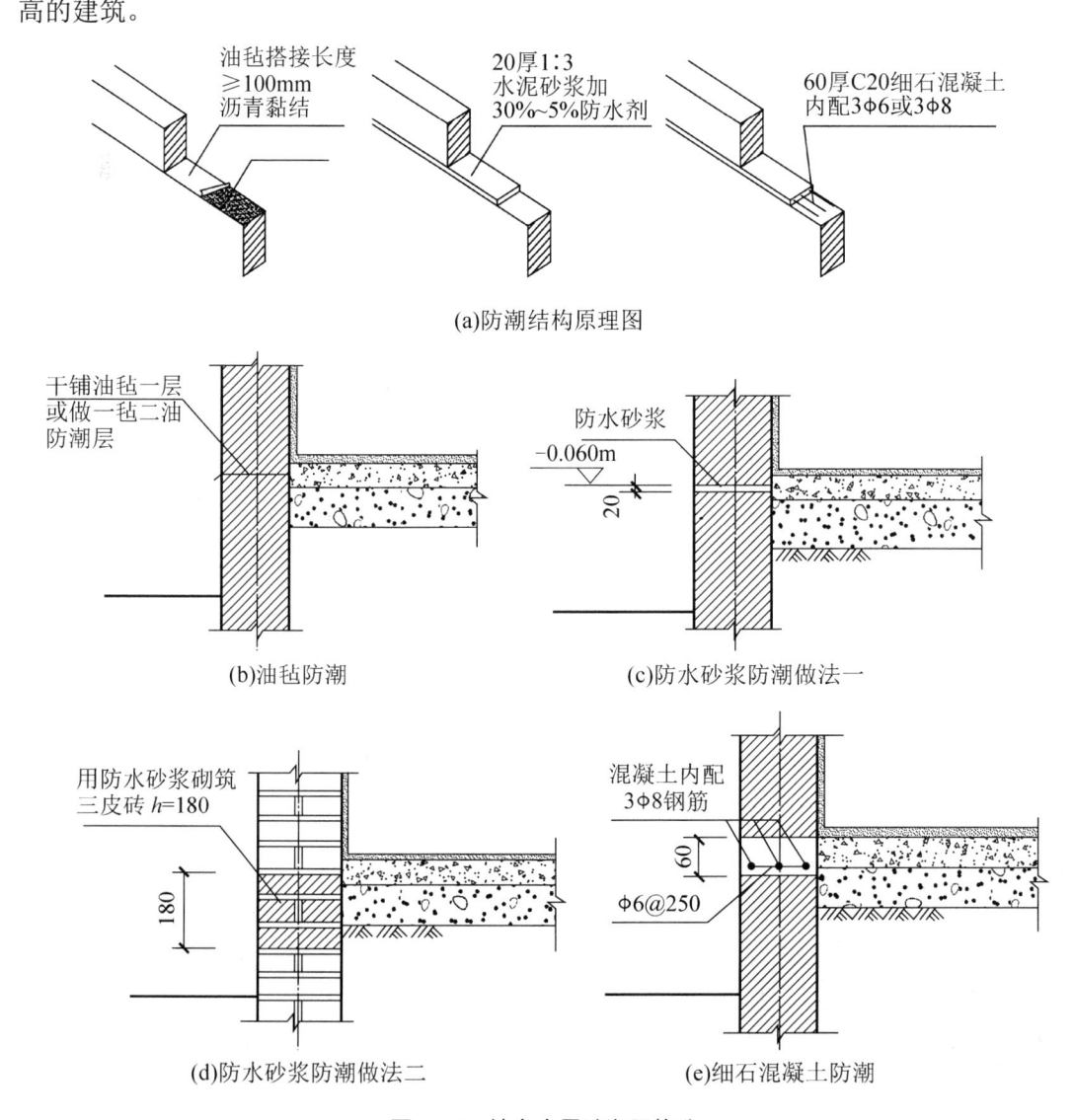

(a)防潮结构原理图

(b)油毡防潮

(c)防水砂浆防潮做法一

(d)防水砂浆防潮做法二

(e)细石混凝土防潮

图 4.14 墙身水平防潮层构造

④ 基础圈梁(地圈梁)代替防潮层。其构造如图4.15所示，省掉了防潮层工序，防潮效果好，适用于设有基础圈梁且其顶面标高低于室内地坪60mm处的工程。

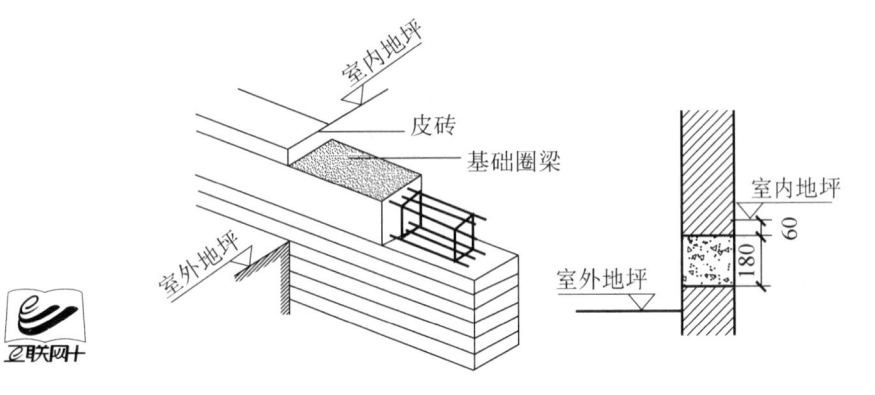

图4.15 地圈梁代替防潮层

2) 垂直防潮层

当室内地坪出现高差或者室内地坪低于室外地面时，墙身不仅要按地坪高差的不同设计两道水平防潮层，而且为了避免高地坪房间(或室外地面)填入土中的潮气侵入低地坪房间的墙面，有高差部分的垂直墙面也要采取防潮措施，如图4.16所示。具体做法是在高地坪房间填土前，在两道水平防潮层之间的垂直墙面上，先用水泥砂浆抹灰15~20mm厚，然后再涂热沥青两道(或做其他防潮处理)，而在低地坪一边的墙面上采用水泥砂浆打底的墙面抹灰。

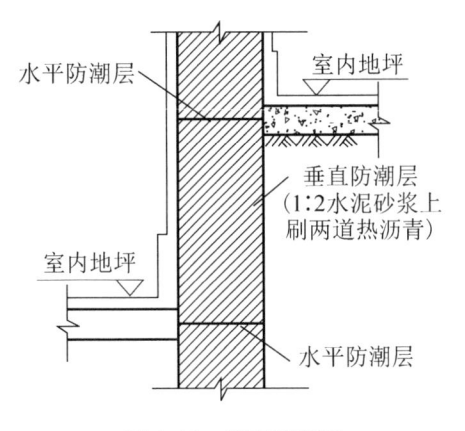

图4.16 垂直防潮层

4.3.3 散水和明沟

【参考图文】

建筑物外墙四周的地面水如果渗入地下，将使基础土中含水率增加，降低地基承载力。因而在房屋四周室外地面与勒脚接触处宜设置散水和明沟，迅速排出从屋檐滴下的雨水，防止因积水渗入地基造成建筑物下沉。

1. 散水(散水坡、护坡)

散水是沿建筑物外墙设置的排水倾斜面，又称散水坡或护坡，坡度一般为 3%～5%。散水可以用混凝土、水泥砂浆、砖、块石等材料做面层,如图 4.17 所示,宽度一般为 600～1000mm。当屋面为自由落水时,散水宽度应比屋檐挑出宽度大 200～300mm;在软弱土层、湿陷性黄土地区,散水宽度一般应不小于 1500mm。由于建筑物的沉降和勒脚与散水施工时间的差异,在勒脚与散水交接处应设分格缝,缝内用弹性材料(如沥青砂浆)填嵌,以防外墙下沉时勒脚部位的抹灰层被剪切破坏。整体面层为了防止因温度应力及材料干缩造成的裂缝,在散水长度方向每隔 20～30m 应设一道伸缩缝,并在缝中填嵌沥青砂浆。

散水通常适用于年降雨量较小的北方地区。对于季节性冰冻地区,散水还需在垫层下加设防冻胀层,可采用砂石、矿渣等非冻胀材料。

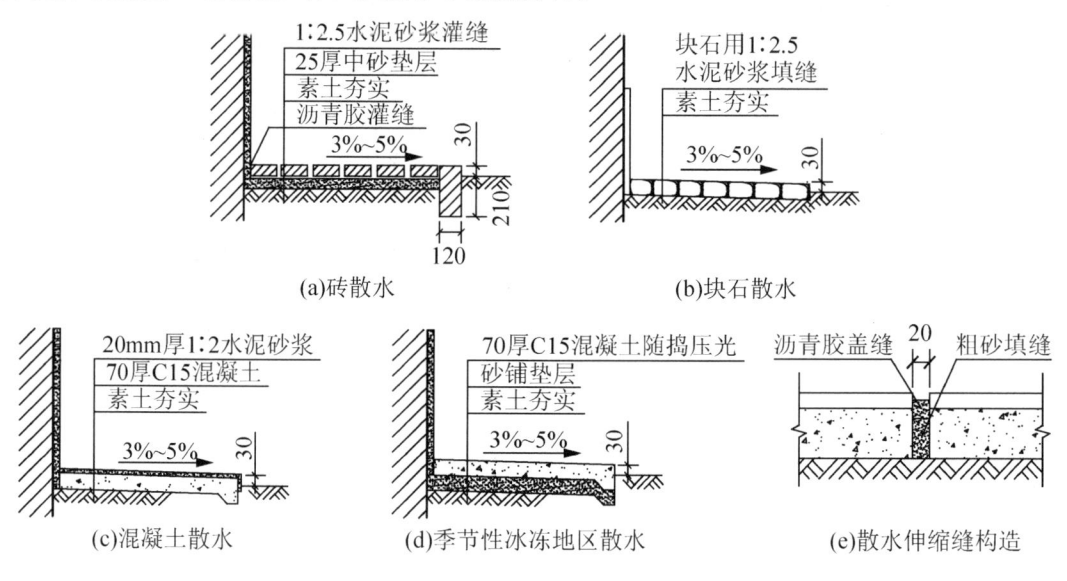

图 4.17 散水构造做法

2．明沟(阳沟,有盖板的称为暗沟或阴沟)

明沟是设置在外墙四周的排水沟,用于将水有组织地导向集水井,然后流入排水系统。一般用素混凝土现浇,也可用砖、石砌筑,其构造如图 4.18 所示。沟底应有不小于 1%的坡度,以保证排水通畅。

明沟适用于年降雨量大于 900mm 的地区,如降雨量大的南方地区。

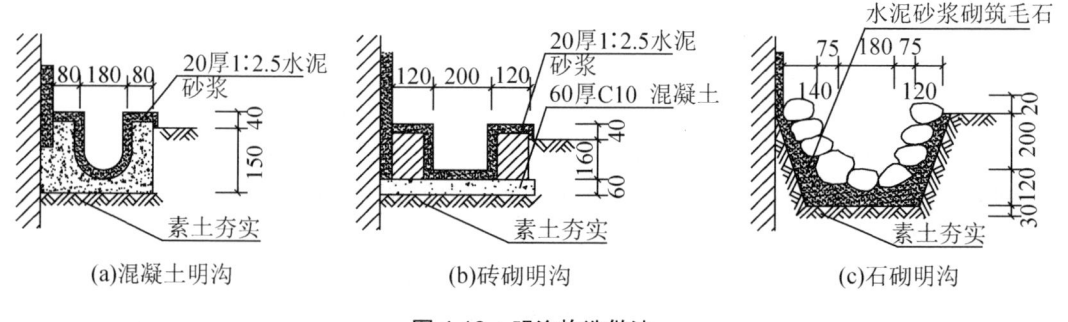

图 4.18 明沟构造做法

4.3.4 踢脚板

踢脚板又称脚踢板或地脚线,是楼地面和墙面相交处的一个重要构造节点,通常有两个作用:一是保护作用,遮盖楼地面与墙面的接缝,更好地使墙体和地面之间结合,减少墙体变形,避免外力碰撞造成破坏;二是装饰作用,在居室设计中,腰线、踢脚线(踢脚板)起着视觉的平衡作用。踢脚板的构造如图 4.19 所示。

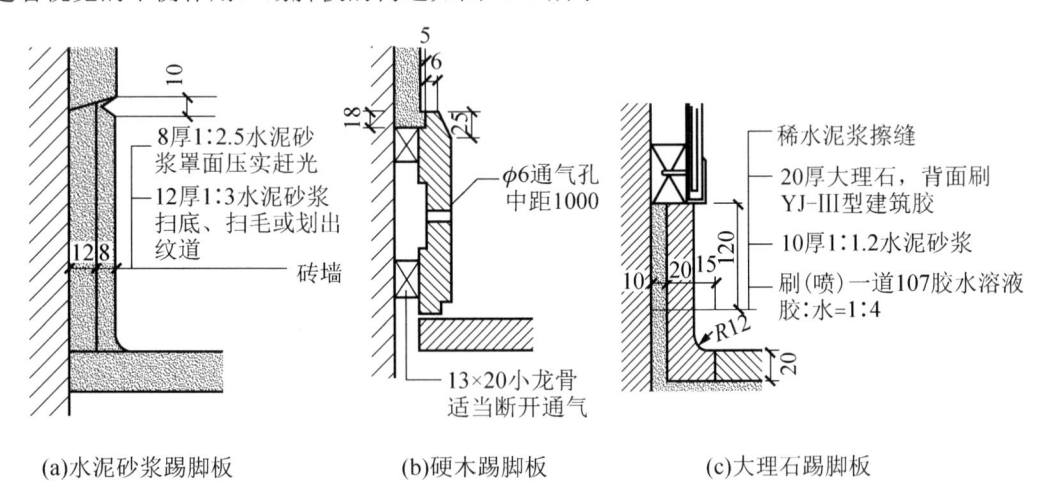

(a)水泥砂浆踢脚板   (b)硬木踢脚板   (c)大理石踢脚板

图 4.19 踢脚板的构造

4.3.5 窗台

为了避免室外雨水沿窗向下流淌,聚积在窗洞下部并沿下框向室内渗透而污染室内,常在窗洞下部靠室外一侧设置外形成一定坡度以利排水的泄水构件——窗台,如图 4.20 所示。

【参考图文】

窗台是窗洞下部的排水构造,设于室外的称外窗台,设于室内的称内窗台。外窗台的作用是排除窗外侧流下的雨水,防止雨水积聚在窗下,浸入墙身和渗入室内;内窗台的作用是排除窗上的凝结水,保护室内的墙面及存放东西、摆花盆等。

外窗台底面外缘处应做滴水,即做成锐角或半圆凹槽,以免排水时沿底面流至墙身。外窗台有两种做法。

(1) 砖窗台:有不悬挑的窗台和悬挑窗台,表面抹 1∶3 水泥砂浆,并应有 10%左右的坡度,挑出尺寸大多为 60mm。

(2) 混凝土窗台:一般是现场浇筑而成,向外形成一定的倾斜坡度。

内窗台一般水平放置。按所用材料不同,窗台有砖砌和预制钢筋混凝土两种,其构造如图 4.21 所示。

砖砌窗台价格低、砌筑方便,应用较多,具体有平齐和侧砌两种,窗台坡度可用砖斜砌或抹灰形成。对窗口较宽的情况,宜采用预制钢筋混凝土窗台,以减少或避免窗台的开裂,做法有如下两种。

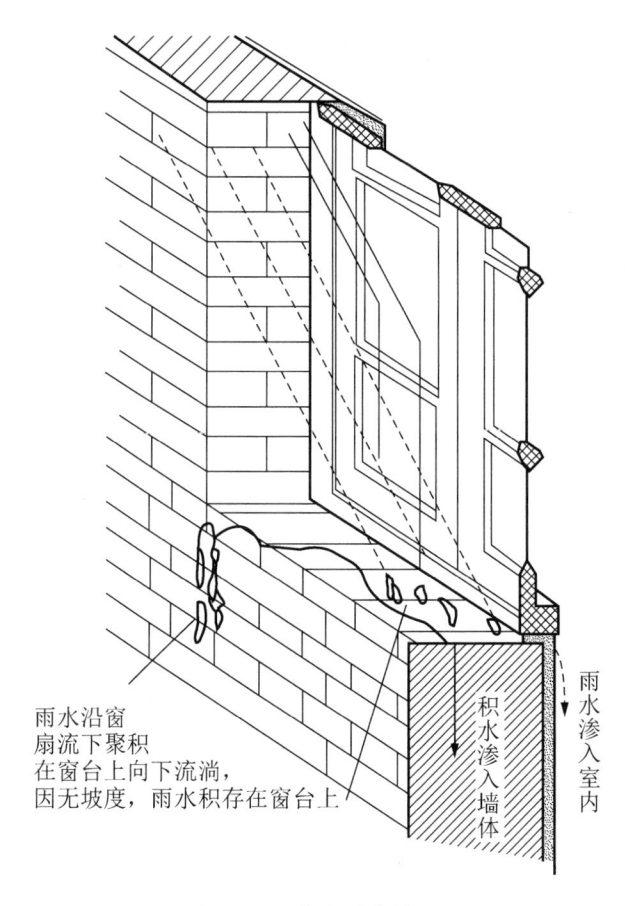

图 4.20　窗台泄水情况

（1）水泥砂浆抹窗台：在窗台上表面抹 20mm 厚的水泥砂浆，窗台前部则突出墙面 60mm。

（2）预制窗台板：对于装修较高而且窗台下设置暖气的房间，一般均采用预制窗台板。窗台板可用预制水磨石板或木窗台板。

悬挑窗台下部容易积灰，在风雨作用下容易污染窗台下的墙面，影响建筑物美观，因此大部分建筑物都设计为不悬挑窗台，以利用雨水的冲刷洗去积灰。

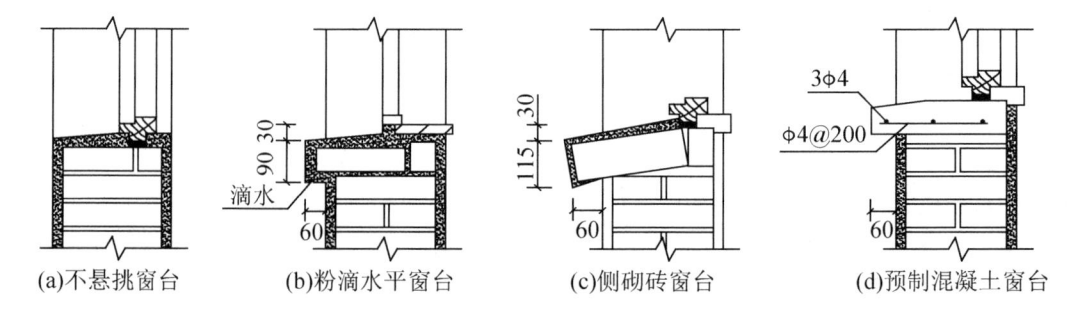

图 4.21　砖墙窗台构造

4.3.6 门窗构造

1.门窗的作用

(1) 门的作用如下。

① 通行。门是人们和家具设施进出室内外和各房间联系的通行口，它的大小、数量、位置、开启方向都要按有关规范来设计。

② 疏散。当有火灾、地震等紧急情况发生时，人们需要经门尽快离开危险地带，起到安全疏散的作用。不同耐火等级和不同地震设防烈度地区的建筑，均应设置相适宜的疏散口。

③ 围护。门是房间保温、隔声及防自然侵害的重要围护构件。

④ 采光通风。半玻璃门、全玻璃门或门上设小玻璃窗(亮子)，可用作房间的辅助采光，也是与窗组织房间自然通风的主要配件。门的位置布置合理，可与对应的门窗组织空气对流，利于通风。

⑤ 防盗、防火。对安全有特殊要求的房间，要安设由金属制成、经公安部门检查合格的专用防盗门，以确保安全。另外，建筑物需按其耐火等级划分若干个防火单元，单元之间应设置防火门。防火门能阻止火灾蔓延，用阻燃材料制成并用弹簧铰链安装，还可以随时疏散人员，作人员临时避难处。

⑥ 美观。门是建筑入口的重要组成部分，主要出入口处门的设计形态直接影响建筑物的立面效果。门可以让建筑物主次分明、重点突出，达到丰富建筑物立面装饰效果的目的。

门要发挥上述作用，其材料、构造和施工质量应满足坚固耐久、防盗、隔声、保温、防风沙、防雨雪等要求，同时门的设置位置、开启方式、开启方向等也应力求做到方便简捷、少占用空间、开关自如、减少交叉等要求。

(2) 窗的作用如下。

① 采光。各类房间都需要一定的照度，通过窗的自然采光有益于人的健康，同时也节约能源，所以要合理设置窗户来满足不同房间室内的采光要求。

房间一般应以自然采光为主，特殊情况下选用人工照明。房屋的采光标准与房间面积、使用功能有关，用房间开窗的洞口面积与房间的使用面积之比(窗地比)来衡量。如卧室、起居室的窗地比为 1/7，幼儿园活动室为 1/5，办公室为 1/6，阅览室为 1/5，教室为 1/6。

② 通风、调节温度。开启窗扇排除室内污浊空气、补充室内新鲜空气和降低室内温度，称为自然通风，用建筑引风机或排风机进行通风的称为机械通风。一般性建筑应尽量采用自然通风，以降低工程造价，且有利于人体健康。窗户中应设置足够可开启的窗扇以便通风。

除了组织自然通风、调换清新空气，窗户在炎热的夏季也可以起到调节室内温度的作用，使人舒适。外墙上的窗既可以吸收阳光的辐射热和紫外线，也是疏散热量的重要关口，一般通过外窗散失的热量相当于同面积墙体的 2～3 倍。设计人员在确定窗的数量、大小、材料、层数、朝向时，应结合实际情况进行选择。

③ 观察、传递。通过窗面，可观看室外的自然环境，用于房间过道或走廊两侧的橱窗还有观赏、陈设的功能，多以不开启的大面积玻璃窗为主。

窗还可以传递信息，有时可以传递小物品，如售票、售物、取药等。

④ 围护。窗不仅开启后可以通风、关闭时可以控制室内温度，避免风、雨、雪等自然侵袭，还可起防盗等围护作用。

⑤ 装饰。窗户可谓建筑的眼睛，包括窗户在内的建筑立面装饰能体现建筑物的性格，如庄重或活泼、开敞或封闭。各族地域风貌或时代特色，均可利用窗户表现。窗占整个建筑立面的比例较大，对建筑风格起到至关重要的作用，如窗的大小、形状、布局、疏密、色彩、材质等，直接传达了建筑的个性和档次。

但窗也是传播噪声和进入风沙的途径。在窗扇层数、缝隙处理上应采取可靠的措施，以提高房间的安静和洁净程度。

2．门窗的分类

1) 门的分类

(1) 按使用材料分类：按使用材料不同，门可以分为木门、钢门、塑钢门、铝合金窗门、玻璃钢门、无框玻璃门等类型。

木门轻便、手感好、封闭性好，较经济，应用广泛，但耗费木材。钢门多用于防盗功能。铝合金门目前应用也较多，一般在门洞口较大时使用。玻璃钢门、无框玻璃门多用于大型建筑物和商业建筑的出入口，美观、大方，但成本较高。

(2) 按开启方式分类：按开启方式不同，门可分为平开门、推拉门、弹簧门、旋转门、折叠门和翻板门等类型，如图 4.22 所示。

【参考图文】

(a)平开门　　(b)推拉门　　(c)弹簧门

(d)旋转门　　(e)折叠门

图 4.22　门的开启类型

① 平开门为水平开启的门，它的门扇铰链的一侧与门框相连，使门扇围绕铰链轴转

动。其门扇有单扇、双扇和多扇以及向内开和向外开之分。平开门构造简单，开启灵活，密封性能好，制作和安装较方便，易于维修，是建筑中最常见、使用最广泛的门，但开启时占用面积较大。

② 推拉门开启时，门扇沿轨道左右滑行，通常为单扇或双扇。根据轨道的位置，推拉门可分为上挂式和下滑式。当门扇高度小于 4m 时，一般采用上挂式，即在门扇的上部装置滑轮，滑轮挂在门过梁的预埋轨道上；当门扇高度大于 4m 时，一般采用下滑式，即在门扇下部装滑轮，将滑轮置于预埋在地面的轨道上。为使门保持垂直状态下稳定运行，导轨必须平直，并有一定刚度。推拉门开启时不占空间，受力合理，不易变形，但在关闭时较难以严密，构造亦较复杂。此外，还有自动和手动之分。自动推拉门多用于办公、商业等公共建筑大厅入口处和工业厂房的大门，一般采用光电控制；手动推拉门多用于民用建筑的厨房、卫生间和阳台等。

③ 弹簧门与普通平开门的开启方式相同，不同的是以弹簧铰链代替普通铰链，借助弹簧的力量使门扇能向内、外开启并可经常保持关闭，但密封性能较差。它使用方便，美观大方，广泛用于商场、学校、医院、办公楼的出入口等。

④ 旋转门由两个固定的弧形门套和垂直旋转的门扇构成。门扇常为三扇和四扇，绕中竖轴旋转。旋转门对隔绝室外空气流向室内有一定作用，可作为寒冷地区公共建筑的外门，但不能作为疏散门，需在旋转门旁边另设疏散门。旋转门构造复杂，密封性能好，保温隔热性好，卫生方便，但造价高。旋转门通常用作人流不多、房间洁净程度要求较高和寒冷地区公共建筑的外门，如宾馆、酒店、公寓等。

⑤ 折叠门是将较大的门洞设置多扇门并用铰链相连，开启后门扇折叠在一起，可分为侧挂式和推拉式两种。推拉式折叠门与推拉门构造相似，在门顶或门底装滑轮即导向装置，每扇门之间用铰链相连，开启时门扇通过滑轮沿着导向装置移动。折叠门开启时占用空间少，但构造较复杂，一般用作学校、医院、企事业单位入口处的大门。

⑥ 卷帘门主要由帘板、导轨即转动装置组成。帘板常采用页板式，页板可用镀锌钢板或合金铝板轧制而成，页板之间用铆钉连接。页板的下部采用钢板和角钢，用以增强卷帘门的刚度，并便于安装门钮。页板的上部与卷筒连接，开启时，页板沿着门洞两侧的导轨上升，裹在卷筒上。门洞的上部安装传动装置，分手动和电动两种形式，也有正卷和反卷之分，开启时不占用空间。卷帘门主要适用于商场、车库、厂房车间等需大门洞尺寸的场合。

⑦ 翻板门外表平整、不占空间，多用于仓库、车库等。

此外，门按照所在位置，又可分为内门和外门。

2) 窗的分类

(1) 按使用材料分类：按使用材料不同，窗可分为木窗、钢窗、塑钢窗、铝合金窗、玻璃钢窗等类型。

① 木窗是用经过干燥的含水率在 18% 左右的不易变形的木材做成的窗。其优点是手工制作方便，构造简单、经济，密封性能及保温效果好；其缺点是相对窗料截面较大，透光面积小，遮挡光线较多，易变形损坏，防火性能、耐久性能及防水防潮性能均较差，且维修费用较高。目前，木窗已较少使用。

② 钢窗是用热轧特殊断面的型钢制成的窗。其优点是强度高，挡光少，防火性能较

好；其缺点是易生锈，耐久性差，密封性和热工性能较差。目前，钢窗已较少使用。

③ 塑钢窗是用硬质塑料制成窗框和窗扇，并用型钢加强而制成的窗。其密封和热工性能好，耐腐蚀，不变形，色彩丰富，是我国目前应用最广泛的窗型。

④ 铝合金窗系用铝镁硅系列合金制成的窗。其质量轻，密闭性能较好，但强度低，易变形。

(2) 按开启方式分类：按开启方式不同，窗可分为平开窗、推拉窗、固定窗、悬窗、立转窗、百叶窗等类型，如图 4.23 所示。

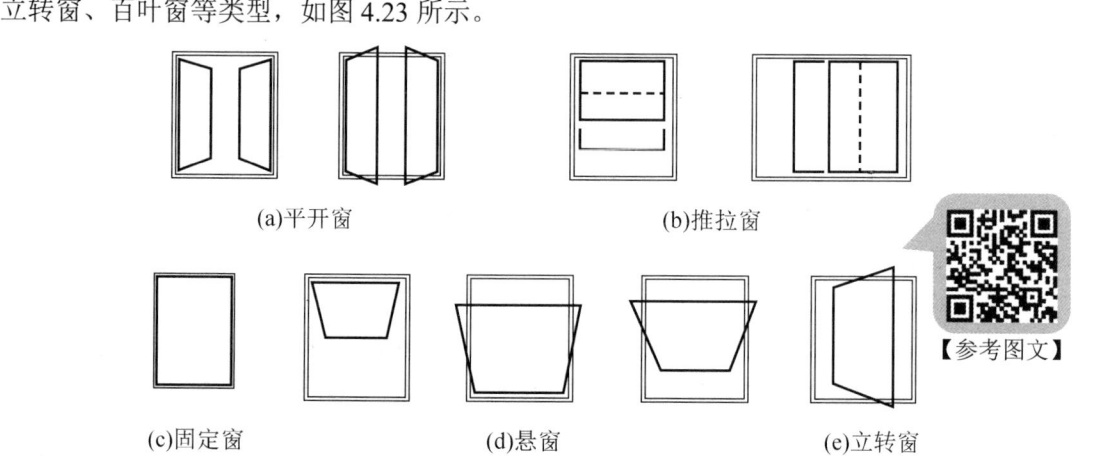

(a)平开窗　　　　　　　　　　　　　　　　(b)推拉窗

【参考图文】

(c)固定窗　　　　　　　(d)悬窗　　　　　　　(e)立转窗

图 4.23　窗的开启类型

① 平开窗是常用的一种，窗扇一侧的铰链与窗框相连，开启关闭十分方便，有单扇、双扇、多扇以及向外或向内开启的差异。其构造简单，开闭灵活，制作维修方便。

② 推拉窗在目前建筑中常用水平推拉方式，其窗扇可以左右推拉，有些也可以上下推拉。其不占用空间，窗扇在导槽内滑动，开启后双层窗扇重叠，通风面积受到限制。

③ 固定窗是不能开启的窗。其玻璃直接嵌固在窗框上，可采光但不能通风。其构造简单，密闭性好，多用作门窗亮子。

④ 悬窗是窗扇绕水平轴转动的窗。按铰链和转轴的位置不同，可分为上悬窗、中悬窗和下悬窗。上悬窗铰链安装在窗扇的上部，一般向外开，防雨好，多用作外门窗上的亮子；中悬窗是在窗扇两边中部安装水平转轴，窗扇可绕水平轴旋转，开启时窗扇上部向内、下部向外，挡雨、通风效果较好，常用作单层工业厂房的高侧窗；下悬窗铰链安装在窗扇的下部，一般向内开，通风较好，但不防雨，一般用作内门上的亮子。

⑤ 立转窗是窗扇绕垂直轴转动的窗。其引风进入室内效果较好，防雨及密封性较差，多用作单层工业厂房的低侧窗。

⑥ 百叶窗有固定式和活动式两种，主要用于遮阳、防雨及通风，但采光性差。

3．门窗的尺寸

1) 门的尺寸

门的宽度和高度尺寸是由人体平均高度、需搬运物体(如家具、设备)、人流股数、人流量以及建筑造型艺术和立面等要求来确定的。

门的高度一般以 300mm 为模数，特殊情况下可以 100mm 为模数。常见的高度为

2000mm、2100mm、2200mm、2400mm、2700mm、3000mm、3300mm 等。当高超过 2200mm 时，门上加设亮子。亮子高度常用 400～900mm，可根据门洞高度进行调节。在部分公共建筑和工业建筑中，按使用要求，门洞高度可适当增加。

门的宽度一般以 100mm 为模数，当大于 1200mm 时以 300mm 为模数。辅助用门宽 700～800mm 时常做单扇门，宽 1200～1800mm 时做双扇门，宽 2400mm 以上时做四扇门。平开门为了避免门扇面积过大导致门扇及五金连接件等变形而影响使用，单扇宽度不宜超过 1000mm。一般供日常活动进出的门，其单扇宽度为 800～1000mm。

2) 窗的尺寸

按照门窗工业化生产及建筑模数的要求，窗洞口尺寸应符合 $3M$ 模数系列尺寸，其高度和宽度主要有 600mm、900mm、1200mm、1500mm、1800mm、2100mm、2400mm 等尺寸。当洞口尺寸较大时，可进行窗扇的组合。平开窗的窗扇宽度一般为 400～600mm，高度为 800～1500mm。

4．门窗的构造组成

1) 门的构造组成

一般门的构造主要由门樘和门扇两部分组成，如图 4.24 所示。门樘又称门框，由上槛、中槛和边框等组成，多扇门还有中竖框；门扇由上冒头、中冒头、下冒头和边梃等组成。为了通风采光，可在门的上部设腰窗(俗称上亮子)，有固定、平开及上、中、下悬等形式，其构造同窗扇。门框与墙间常用木条盖缝，形成门头线，俗称贴脸。门上还有五金件，常见的有铰链、门锁、插销、拉手、停门器、风钩等。

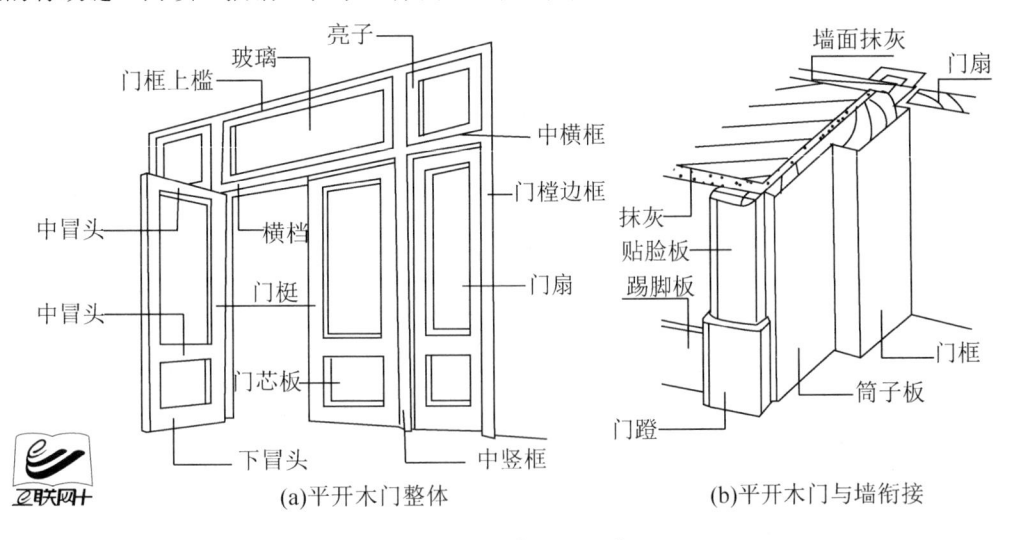

图 4.24　木门的组成

(1) 门框：一般由两根竖直的边框和上框组成。当门带有亮子时，还有中横框，多扇门时还有中竖框。

① 门框断面。门框的断面形式与门的类型、层数有关，同时应利于门的安装，并应具有一定的密闭性。门框的断面形式与尺寸如图 4.25 所示。

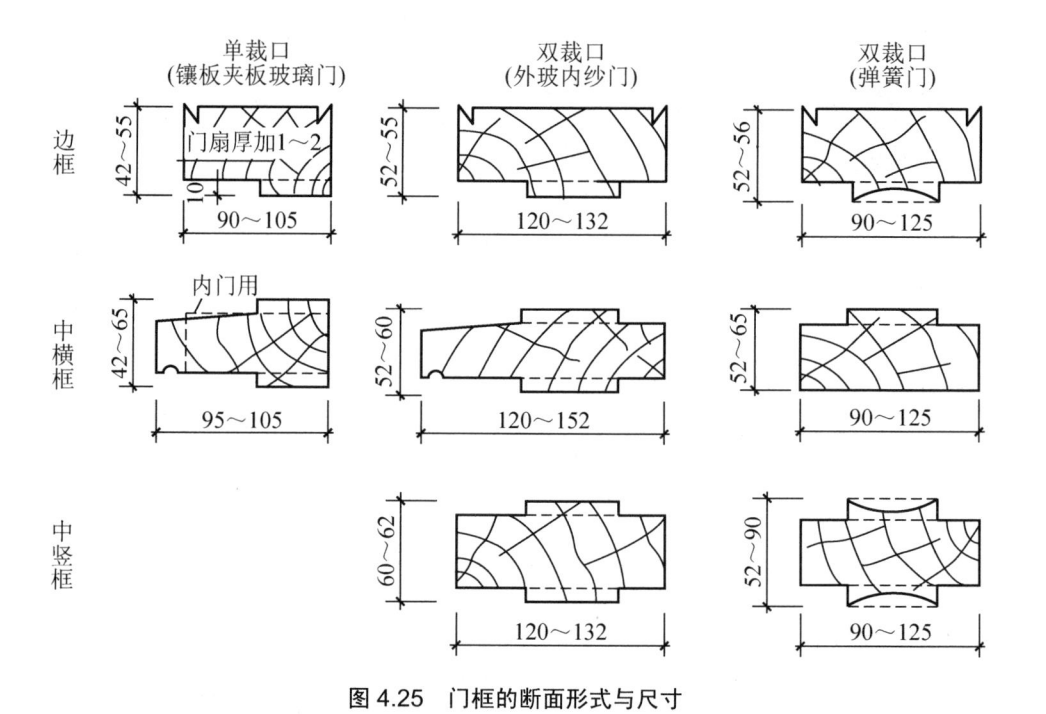

图4.25 门框的断面形式与尺寸

② 门框安装。门框的安装根据施工方式，分后塞口和先立口两种，如图 4.26 所示。工厂化生产的成品门，安装多采用塞口法施工。

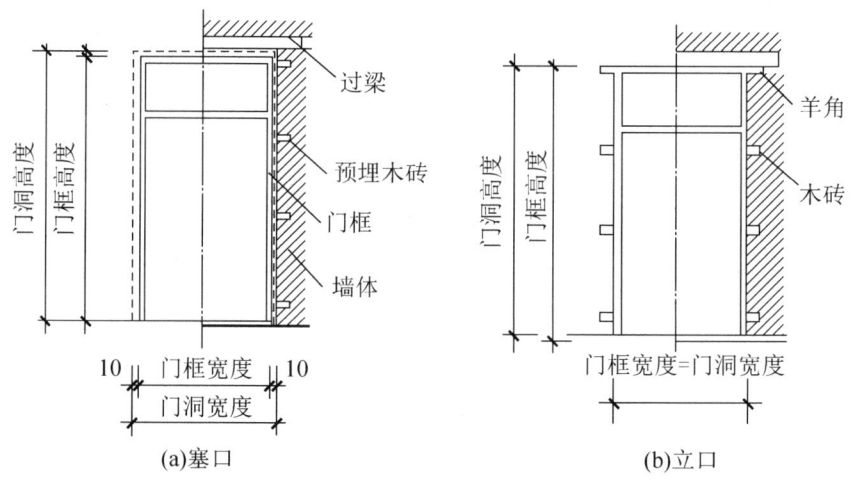

图4.26 门框的安装方式

③ 门框在墙中的位置。门框可在墙的中间或与墙的一边平齐。一般多与开启方向一侧平齐，尽可能使门扇开启时贴近墙面。门框位置、门贴脸板及筒子板如图4.27所示，有门框内平、门框居中和门框外平三种情况，一般情况下多做在开门方向以便与抹灰面平齐，使门的开启角度较大。对较大尺寸的门，为安装得牢固，多居中设置。

门框和墙缝处理应更加牢固，门框靠墙一边应开防止因受潮而变形的背槽，并做防潮处理；门框外侧的内外角做灰口，缝内填弹性密封材料。

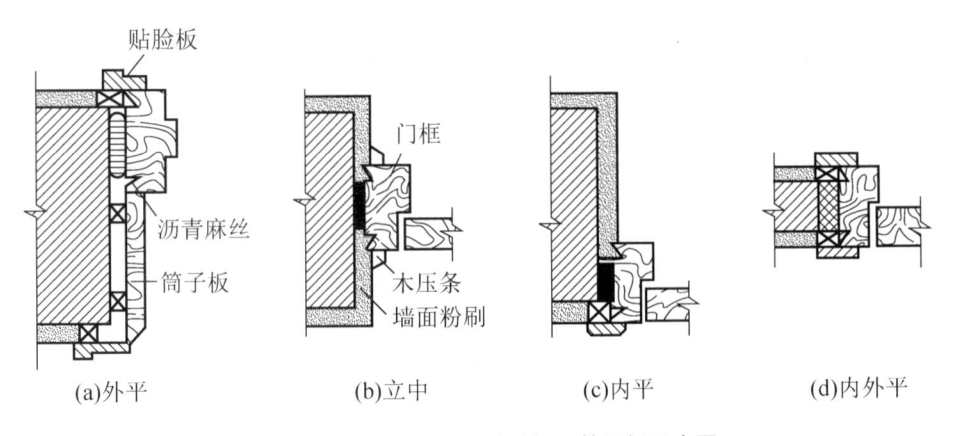

(a)外平　　　　(b)立中　　　　(c)内平　　　　(d)内外平

图 4.27　门框位置、门贴脸板及筒子板示意图

(2) 门扇：常用的木门门扇，有镶板门(包括玻璃门、纱门)、夹板门和拼板门等。

① 镶板门是广泛使用的一种门，门扇由边梃、上冒头、中冒头(可做数根)和下冒头组成骨架，内装门芯板而构成。其构造简单，加工制作方便，适于一般民用建筑作内门和外门，如图 4.28 所示。

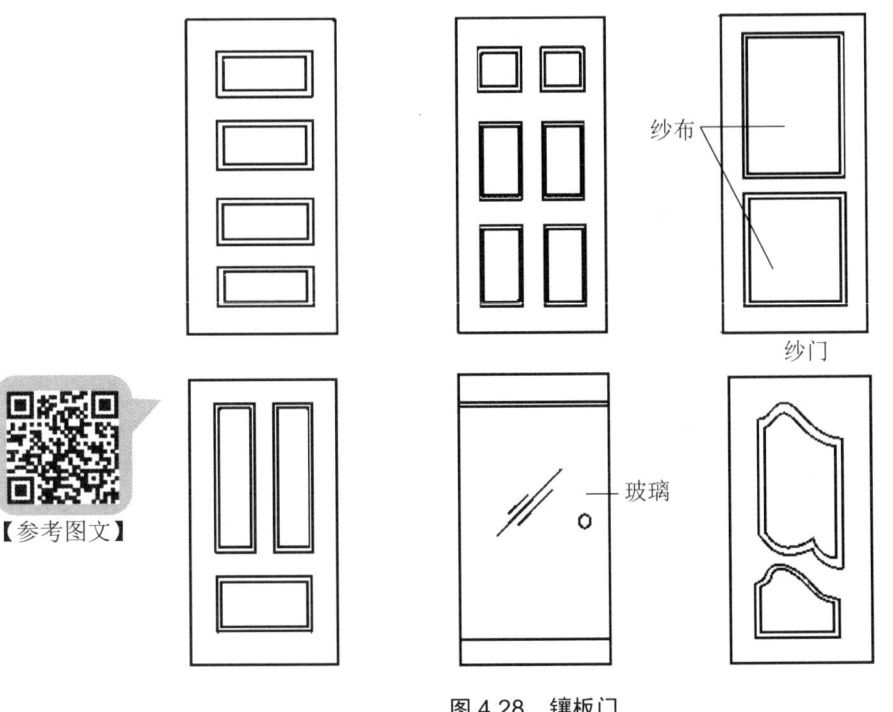

纱布

纱门

玻璃

【参考图文】

图 4.28　镶板门

镶板门门扇由骨架和门芯板组成。骨架一般由上冒头、下冒头和边梃组成，有时中间还有一道或数道冒头或一条竖向中梃；门芯板可采用木板、胶合板、硬质纤维板即塑料板等，有时部分或全部采用玻璃，相应称为半玻璃(镶板)门或全玻璃(镶板)门。构造上与镶板门基本相似的还有纱门、百叶门等。

② 夹板门是用断面较小的方木做成骨架，两面粘贴面板制成。门扇面板可用胶合板、

塑料面板和硬质纤维板，面板不再是骨架的负担，而是和骨架形成一个整体，共同抵抗变形。夹板门的形式可以是全夹板门、带玻璃或带百叶夹板门，如图 4.29 所示。

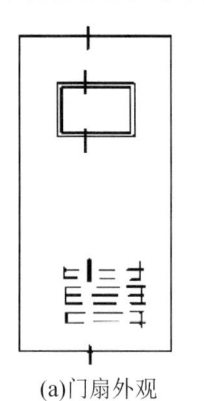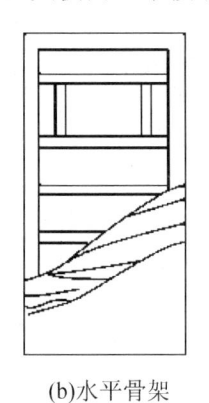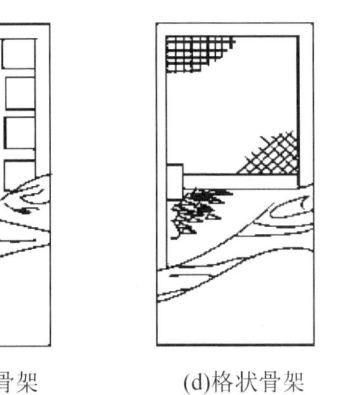

(a)门扇外观   (b)水平骨架   (c)双向骨架   (d)格状骨架

图 4.29　夹板门

夹板门门扇由骨架和面板组成，骨架通常用$(32\sim35)\text{mm}\times(33\sim60)\text{mm}$ 的木料做框子，内部用$(10\sim25)\text{mm}\times(33\sim60)\text{mm}$ 的小木料做成格形纵横肋条，肋距视木料尺寸而定，一般为 $200\sim400\text{mm}$，为节约木材，也可以用浸塑蜂窝纸板代替木骨架。为了使夹板内的湿气易于排出，减少面板变形，骨架内的空气应贯通，并在上部设小通气孔。面板可用胶合板、硬质纤维板或塑料板等，用胶结材料双面胶结在骨架上。胶合板有天然木纹，有一定的装饰效果，表面可涂刷聚氨酯漆、蜡克漆或清漆；纤维板的表面一般先涂底色漆，然后刷聚氨酯漆或清漆；塑料板面有各种装饰性图案和色彩，可根据室内设计要求选用，另外门的四周用 $15\sim20\text{mm}$ 厚的木条镶边，以取得整齐美观的效果。

根据功能的需要，夹板门上也可以局部加玻璃或百叶，一般在装玻璃或百叶处做一个木框，用压条镶嵌。

由于夹板门构造简单，可利用小料、短料，自重轻，外形简洁，便于工业化生产，故在一般民用建筑中广泛应用。

③ 拼板门的门扇由骨架和条板组成，如图 4.30 所示。一般有骨架的拼板门称为拼板门，而无骨架的称为实拼门；有骨架的拼板门又分单面直拼门、单面横拼门和双面保温拼板门三种。

2) 窗的构造组成(图 4.31)

窗主要由窗樘和窗扇两部分组成。窗樘又称窗框，一般由上框、下框、中横框、中竖框及边框等组成；窗扇由上冒头、中冒头(窗芯)、下冒头及

【参考图文】

边梃组成。按镶嵌材料的不同，有玻璃窗扇、纱窗扇和百叶窗扇等。平开窗中窗扇与窗框用五金件连接，常用的五金件有铰链、风钩、插销、拉手及导轨、滑轮等。窗框与墙的连接处，为满足不同要求，有时加贴脸、窗台板、窗帘盒等。

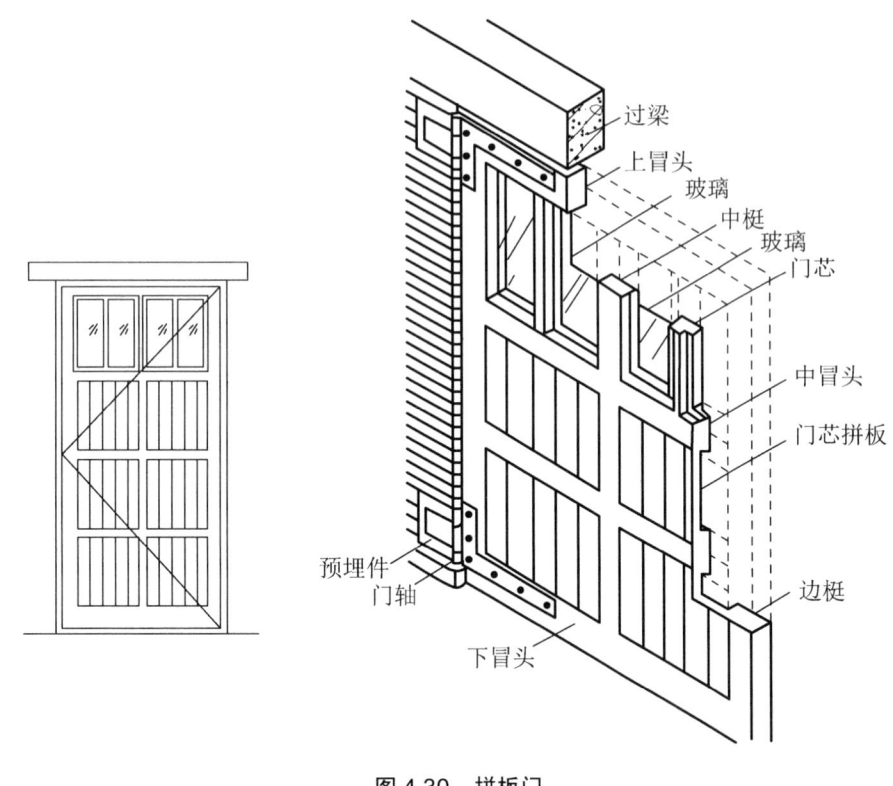

图 4.30　拼板门

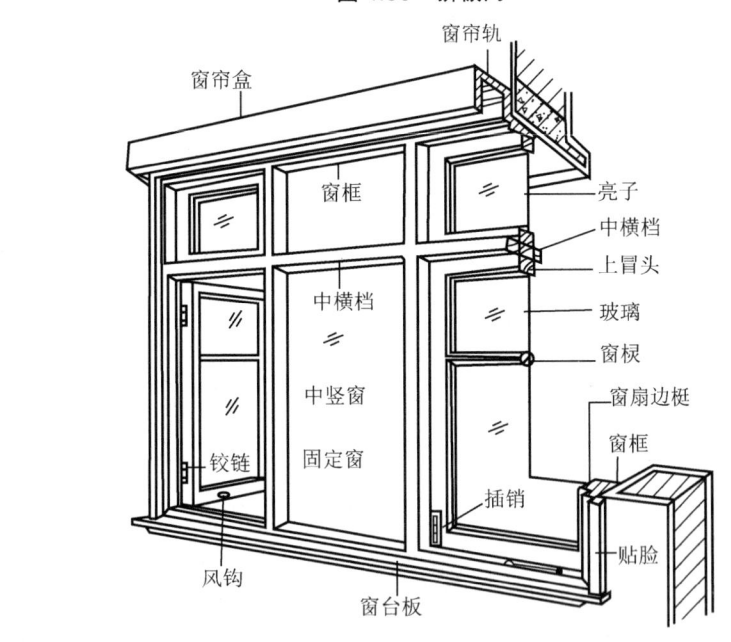

图 4.31　窗的构造组成

（1）窗框断面：窗框断面尺寸应考虑接榫牢固，常见断面形式及尺寸如图 4.32 所示。断面形状与尺寸主要按材料的强度和接榫的需要确定，一般多为经验尺寸。图中虚线为毛料尺寸，粗实线为刨光后的设计尺寸(净尺寸)，中横框若加披水，其宽度还需增加20mm 左右。

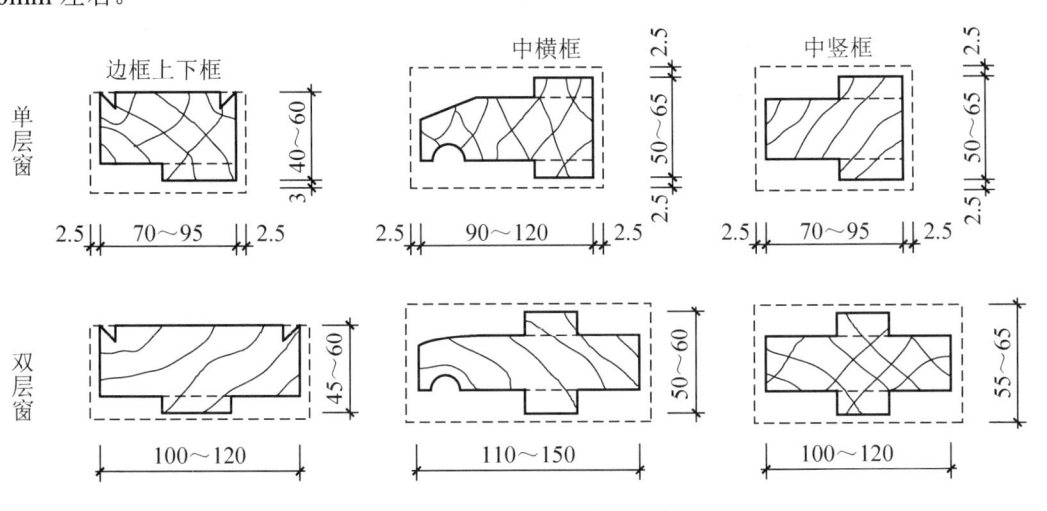

图 4.32 窗框断面形式及尺寸

(2) 窗框安装：窗框的安装方式，有立口和塞口两种。施工时先将窗框立好，后砌窗间墙，称为立口。其优点是窗框与墙体结合紧密、牢固，缺点是施工中安窗和砌墙相互影响，若施工组织不当，会影响施工进度。

塞口则是在砌墙时先留出洞口，以后再安装窗框，为便于安装，预留洞口应比窗框外缘尺寸多出 20～30mm。塞口法施工方便，但框与墙之间的缝隙较大，为加强窗框与墙的联系，安装时应用长钉将窗框固定于砌墙时预埋的木砖上，也可用铁脚或膨胀螺栓将窗框直接固定到墙上，每边的固定点不少于两个，其间距不应大于 1.2m。

① 窗框在墙洞中的位置：要根据房间的使用要求、墙身的材料及墙体的厚度确定。有窗框内平、窗框居中和窗框外平三种形态。窗框内平时，对内开的窗扇可贴在内墙面，少占室内空间；当墙体较厚时，窗框居中布置，外侧可设窗台，内侧可做窗台板；窗框外平多用于板材墙或厚度较薄的外墙。

② 窗框的墙缝处理：窗框与墙之间的缝隙应填塞密实，满足防风、挡雨、保温、隔声等要求。一般情况下，洞口边缘可采用平口，用砂浆或油膏嵌缝。为保证嵌缝牢固，常在窗框靠墙一侧内外两角做灰口。寒冷地区在洞口两侧外缘做高低口为宜，缝内填弹性密封材料，以增强密闭效果。标准较高的常做贴脸或筒子板。木窗框靠墙一面易受潮变形，通常当窗框的宽度大于 120mm 时，在窗框外侧开槽，俗称背槽，并做防腐处理。

③ 窗框与窗扇的关系：窗扇既要开启方便，又要关闭紧密。为此通常在窗框上做裁口，深度为 10～12mm，也可以钉小木条形成裁口，以节约木料。为了提高防风挡雨能力，可在裁口处设回风槽，以减小风压和渗透量，或在裁口处装密封条。在窗框接触面处窗扇一侧做斜面，可以保证扇、框外表接口处缝隙最小。

在内开窗的下口和外开窗的中横框处，都是防水的薄弱环节，仅设裁口条还不能防水，一般需做披水条和滴水槽，以防雨水内渗；在近窗台处做积水槽和泄水孔，以利将渗入之雨水排出窗外。如图 4.33 所示为窗框位置及防水处理。

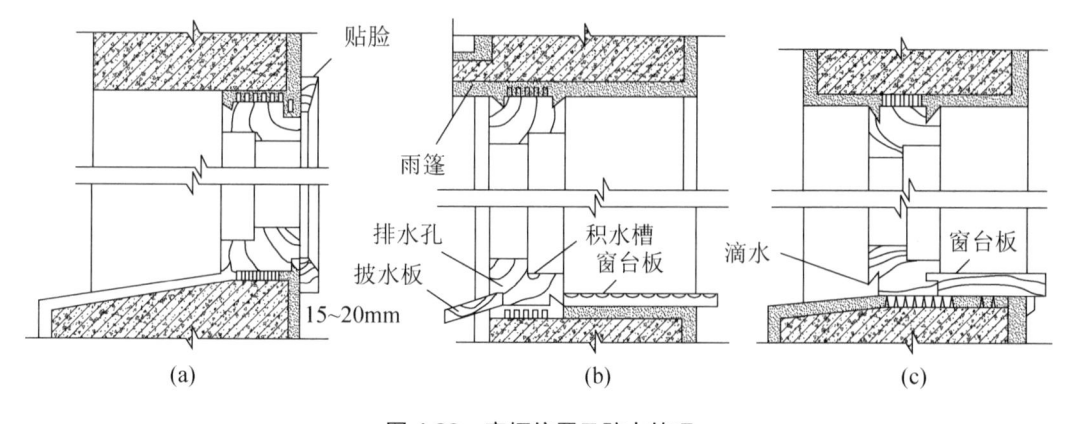

图 4.33 窗框位置及防水处理

(3) 窗扇：常见的木窗扇有玻璃扇和纱窗扇。窗扇由上下冒头和边梃榫接而成，有的还用窗芯(又称窗棂)分格，如图 4.34 所示。

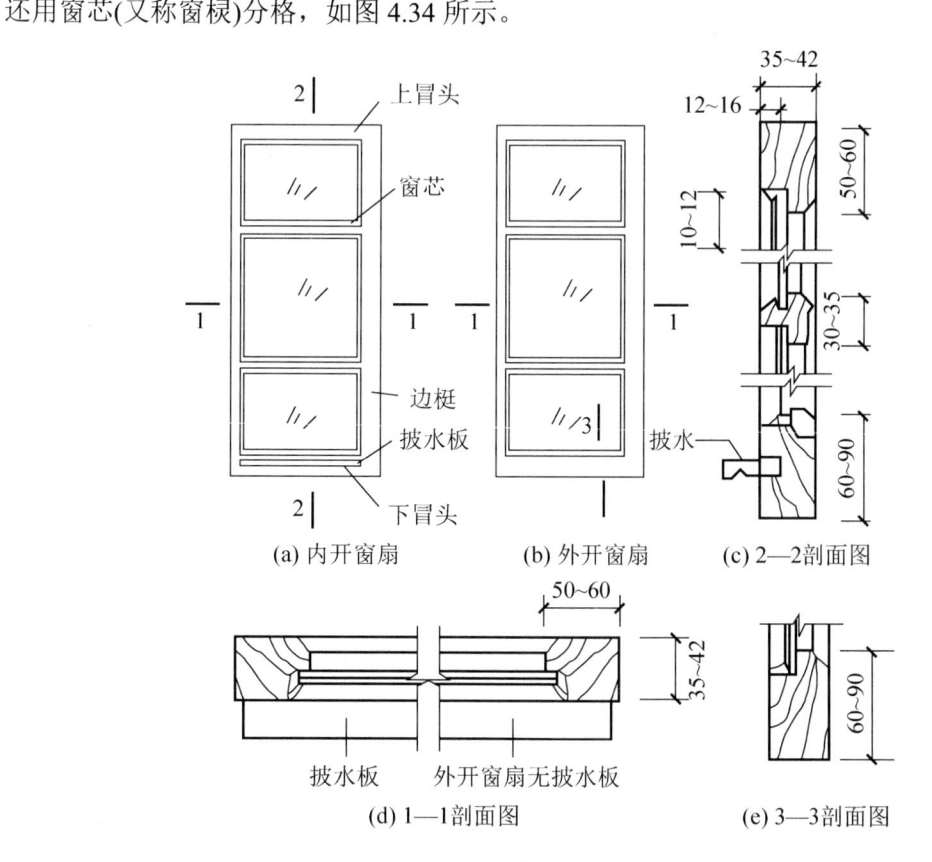

图 4.34 玻璃窗扇的构造

① 窗扇厚度：窗扇厚度一般取 35～42mm，以采用 40mm 者较多。纱窗扇的框料厚度可小些，一般为 30mm 左右。

② 玻璃的选择与安装：选择玻璃应兼顾窗的使用及美观要求。玻璃厚度的选用与窗扇分格的大小有关，单块面积小的，一般选 2mm 或 3mm 厚，单块面积较大时可选用 5mm 或 6mm 厚的玻璃。玻璃一般用油灰嵌固安装。对不会受雨水侵蚀的窗扇玻璃，也可用小木条镶钉。

5．金属门窗的构造

1）铝合金门窗

铝合金门窗框料是利用转角件、插接件、紧固件来组装成扇和框。窗框的组装多采用直插，很少采用 45° 斜接，直插较斜接牢固简便、加工简单。门窗的附件有导向轮、门轴、密封条、密封垫、橡胶密封条、开闭锁、拉手、把手等。门扇均不采用合页开启。铝合金门多为半截玻璃门，采用平开的开启方式，门扇边框的上下端用地弹簧连接，如图 4.35 所示。

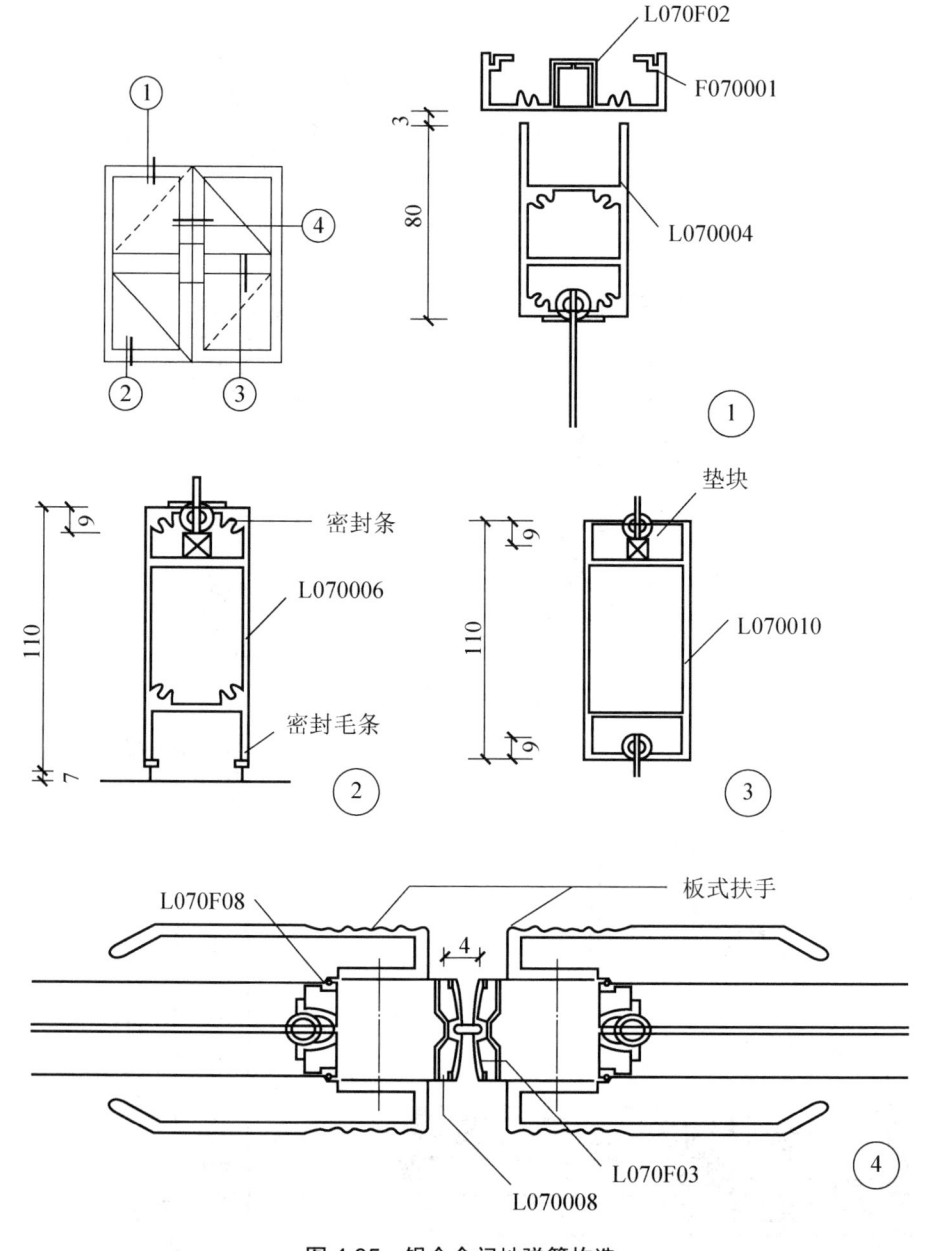

图 4.35　铝合金门地弹簧构造

① 铝合金推拉门窗的构造：如图 4.36 和图 4.37 所示，推拉门由门扇、门轨、地槽、

滑轮及门框组成。门扇可采用钢木门、钢板门、空腹薄壁钢门等，每个门扇宽度不大于1.8m。推拉门的支承方式分为上挂式和下滑式两种，当门扇高度小于 4m 时用上挂式，即门扇通过滑轮挂在门洞上方的导轨上；当门扇高度大于 4m 时多用下滑式，在门洞上下均设导轨，门扇沿上下导轨推拉，下面的导轨承受门扇的重量。推拉门位于墙外时，门上方需设雨篷。铝合金推拉窗的构造特点是其由不同断面型材组合而成，上框为槽形断面，下框为带导轨的凸形断面，两侧竖框为另一种槽形断面，共四种型材组合成窗框与洞口固定。塑料垫块是在闭合时作窗扇的定位装置。

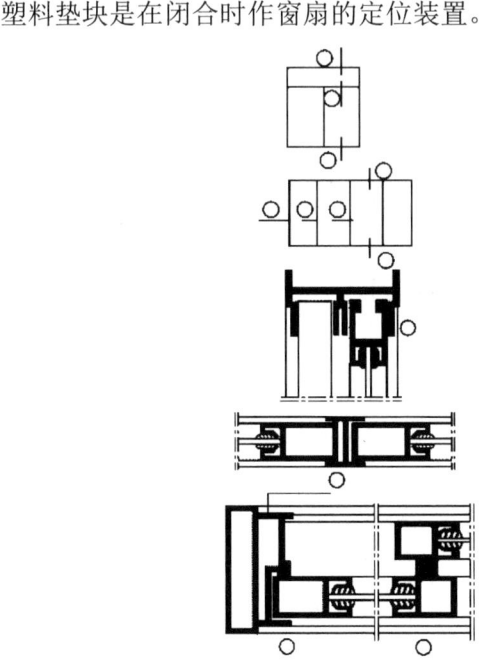
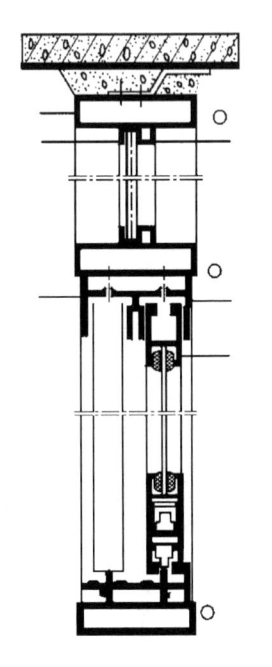

图 4.36　铝合金推拉门构造

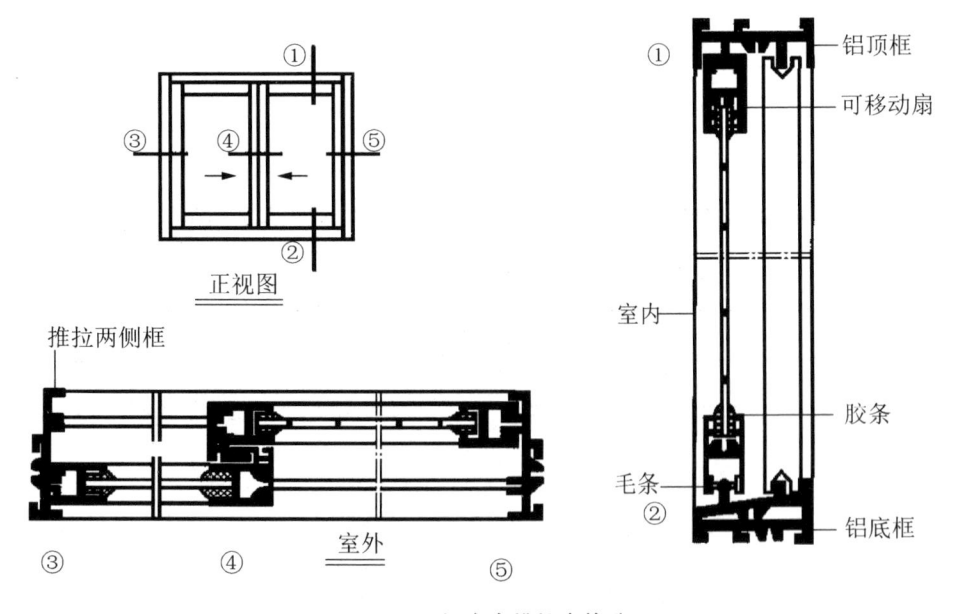

图 4.37　铝合金推拉窗构造

② 铝合金平开门的开启：均采用地弹簧装置，门与窗的构造做法如图 4.38 和图 4.39 所示。平开窗的构造与一般窗相近，四角连接为直插或 45° 斜接，其合页必须用铝合金、不锈钢，螺钉为不锈钢螺钉，也可以用上下转轴开启。铝合金弹簧门构造如图 4.40 所示。

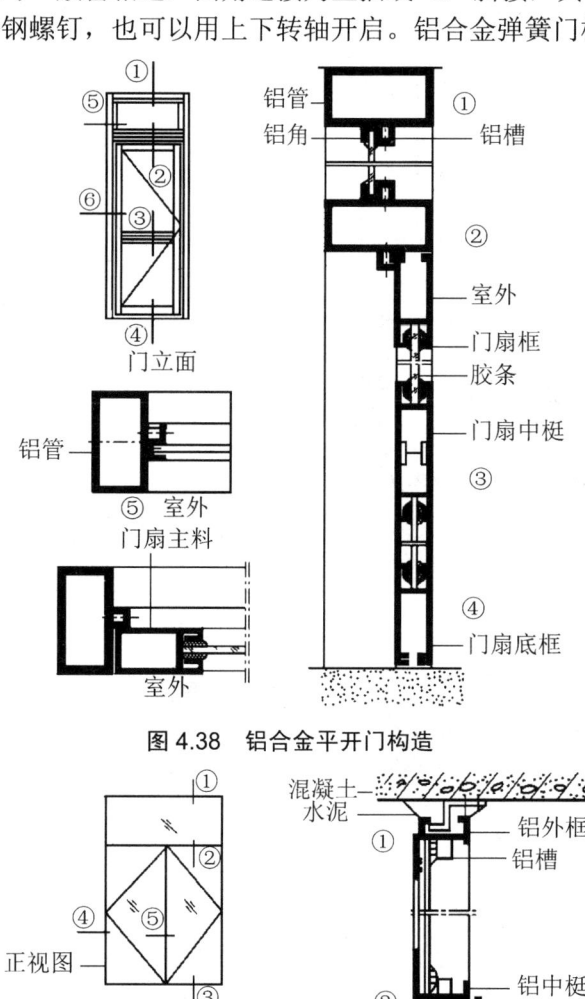

图 4.38　铝合金平开门构造

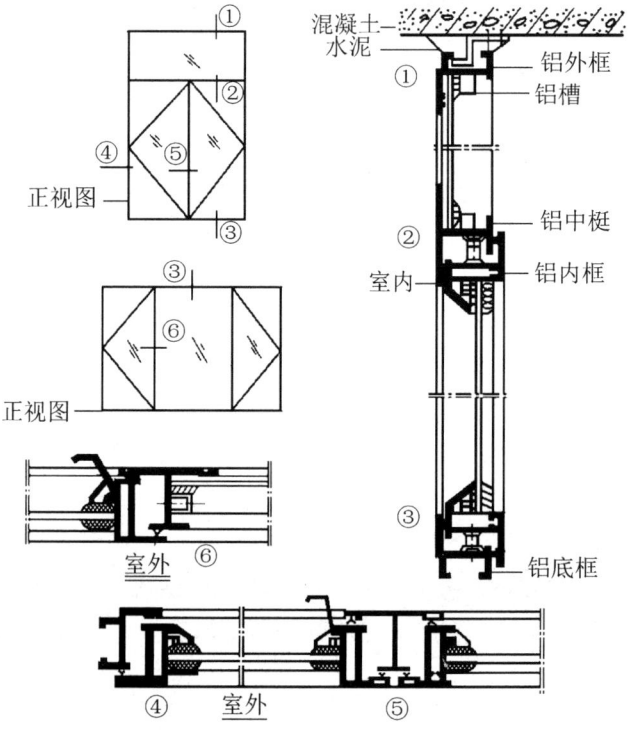

图 4.39　铝合金平开窗构造

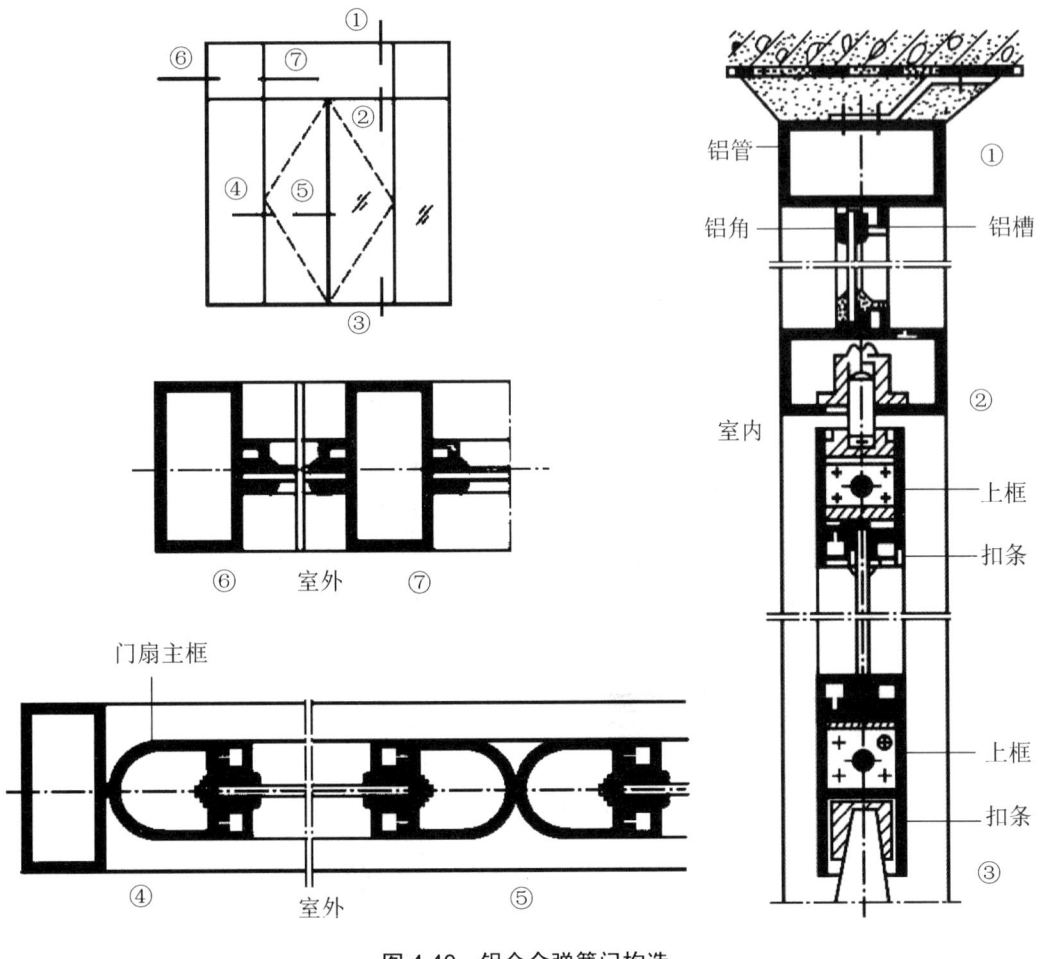

图 4.40　铝合金弹簧门构造

③ 铝合金门窗的安装：铝合金门窗框与洞口的连接采用柔性连接，门窗框的外侧用螺钉固定不锈钢锚板，当外框与洞口安装时，经校正定位后锚板即与墙体埋件焊牢使窗固定，或用射钉将锚板钉入墙体，框的外侧与墙体之间的缝隙内填沥青麻丝，外抹水泥砂浆填缝，表面用密封膏嵌缝。铝合金门窗玻璃的安装采用特制嵌缝条和橡胶密封条，如图 4.41 所示。

2) 钢制门窗

钢制的门窗与木门窗相比，在坚固、耐久、耐火和密闭等性能上都较优越，而且节约木材，透光面积较大，作为建筑的外围护构件应用已较普遍。

(1) 钢门：平开实腹钢门有一般门和防风沙门两种，门扇骨架由型钢构成实腹钢门也可做成带侧挂的。平开空腹钢门分有框钢门和无框钢门两种，骨料是由普通碳素钢经轧制后高频焊接而成，门扇可为全板(1mm 厚冷轧冲压槽形钢板)、板上镶玻璃与通风百叶或全百叶等。

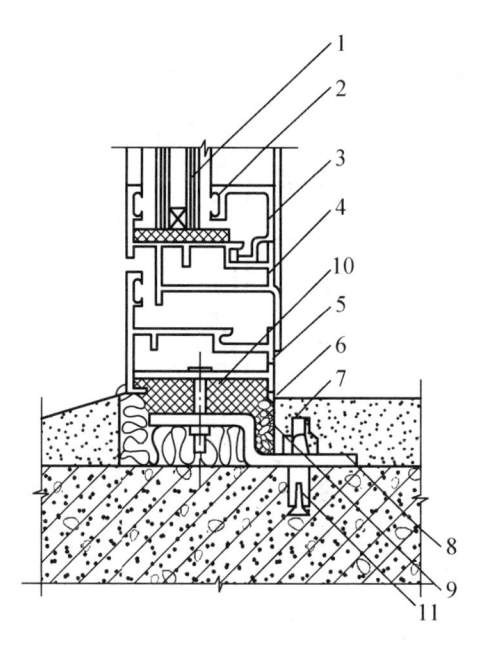

图 4.41 铝合金门窗安装节点构造

1—玻璃；2—橡胶条；3—压条；4—内扇；5—外框；6—密封膏；
7—砂浆；8—地脚；9—软填料；10—塑料垫；11—膨胀螺栓

(2) 钢窗：平开钢窗与平开木窗在构造组成上基本相同，不同的是在两扇钢窗闭合处设有中竖框，作为关闭窗扇时固定执手之用。实腹钢窗一般选用断面高度为 25mm 及 32mm 的窗料，如图 4.42 所示。空腹钢窗料是用 1.5～2.5mm 厚的普通低碳钢经冷轧的薄壁型的钢材，断面高度有 25mm 和 30mm 等规格。

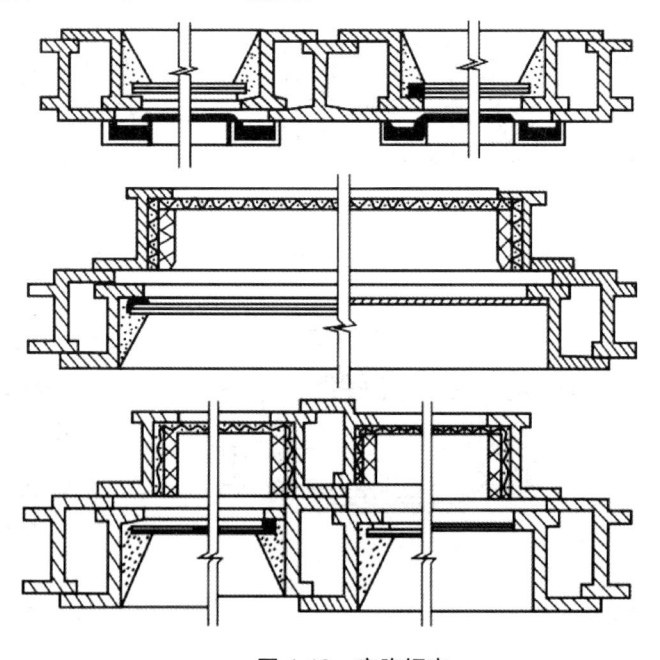

图 4.42 实腹钢窗

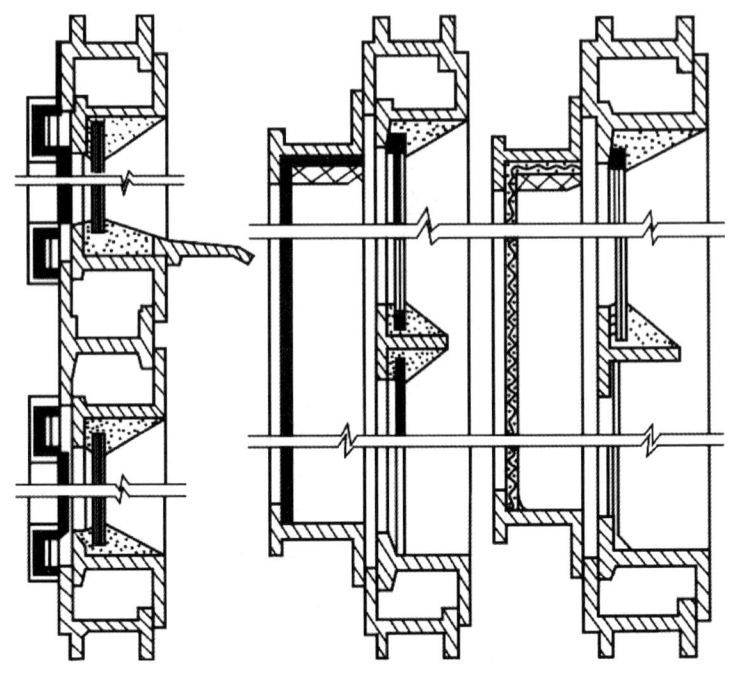

图 4.42　实腹钢窗(续)

(3) 钢门窗的组合及其连接构造：大面积的钢门窗可用基本单元进行组合。组合时，各基本单元之间须插入 T 形钢、钢管、角钢或槽钢等作为支承构件，这些支承构件须与墙、柱、过梁等牢固连接，然后各门窗基本单元再与它们用螺钉拧紧，缝隙用油灰嵌实，如图 4.43 所示。

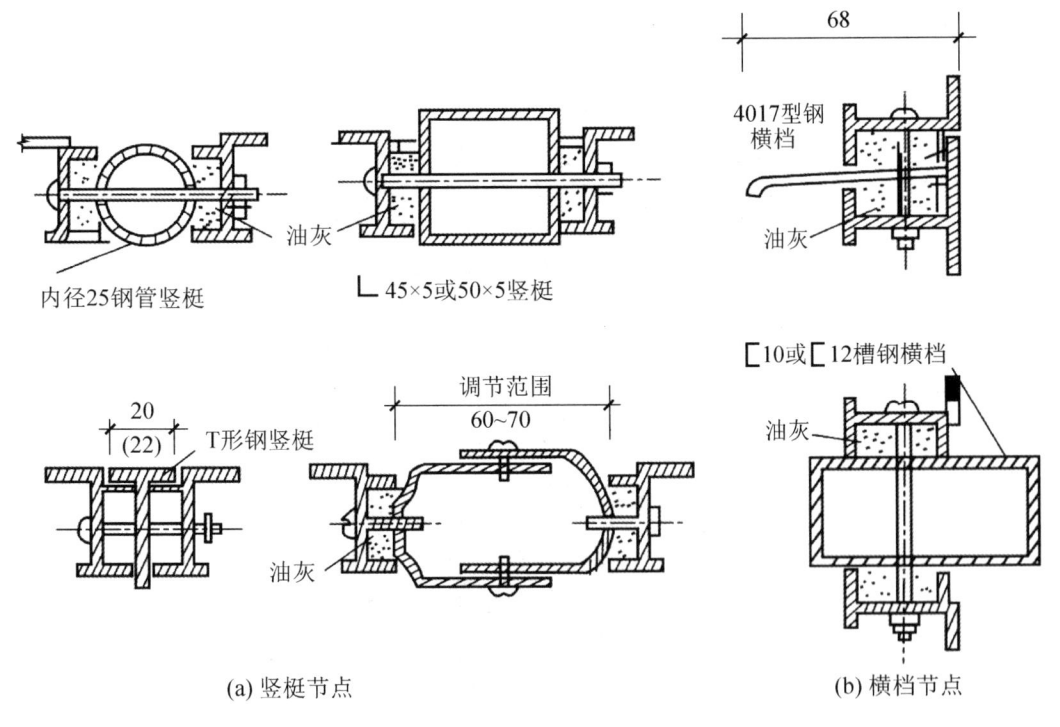

图 4.43　钢门窗组合节点构造

(4) 钢门窗的安装：标准钢门窗的尺寸一般以洞口尺寸为标志尺寸，构件与洞口之间留有 10～20mm 灰缝宽度，须用砂浆填塞，如图 4.44 所示。

另一种钢窗框与墙连接方法是在窗洞四周钻孔，用膨胀螺栓固定，窗框与墙之间的缝隙用水泥砂浆堵实。

门扇与门框是用五金件连接的，这些配件有铰链、拉手、插销、铁三角等。

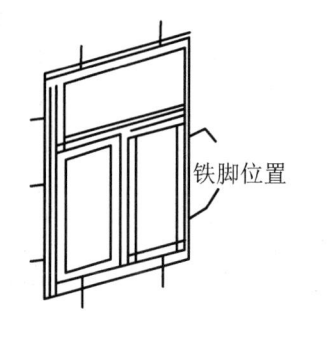

(a) 钢窗铁脚位置

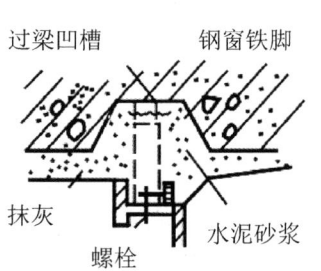

(b) 过梁凹槽内安铁脚

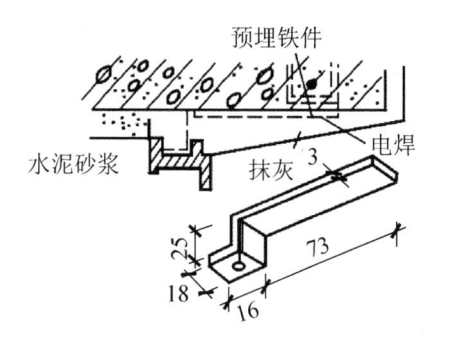

(c) 过梁预埋铁件电焊铁脚

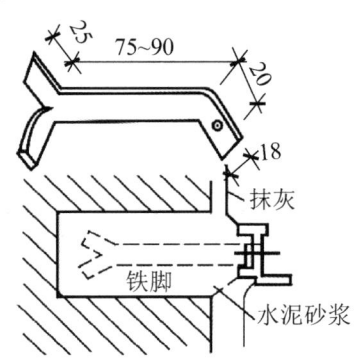

(d) 砖墙预留孔水泥砂浆安铁脚

图 4.44　铁窗铁脚安装节点构造

3) 彩板钢门窗

彩板钢门窗型材的断面是由开口或咬口的管材挤压成型的。型材分为框料、扇料、中梃、横梃、门芯板等，各类型材按系列进行组合，如 SP 系列、SG 系列等。每种断面均应编号，并按系列编号进行组装。

彩板钢门窗的开启形式，有平开、固定、中悬、推拉及组合式等，其细部构造如图 4.45 和图 4.46 所示。

彩板钢门窗框的拼装，采用直插式或 45° 斜接式连接；门窗扇的四框拼装，采用 45° 斜接式连接。插接件为硬质 PVC 塑料，两端有倒刺，其断面和彩板异型材内腔断面相配套。另一种插接件为角钢连接件，紧固件为自攻螺钉和拉铆钉。门窗用五金配件为硬质 PVC 塑料制品或不锈钢制品。

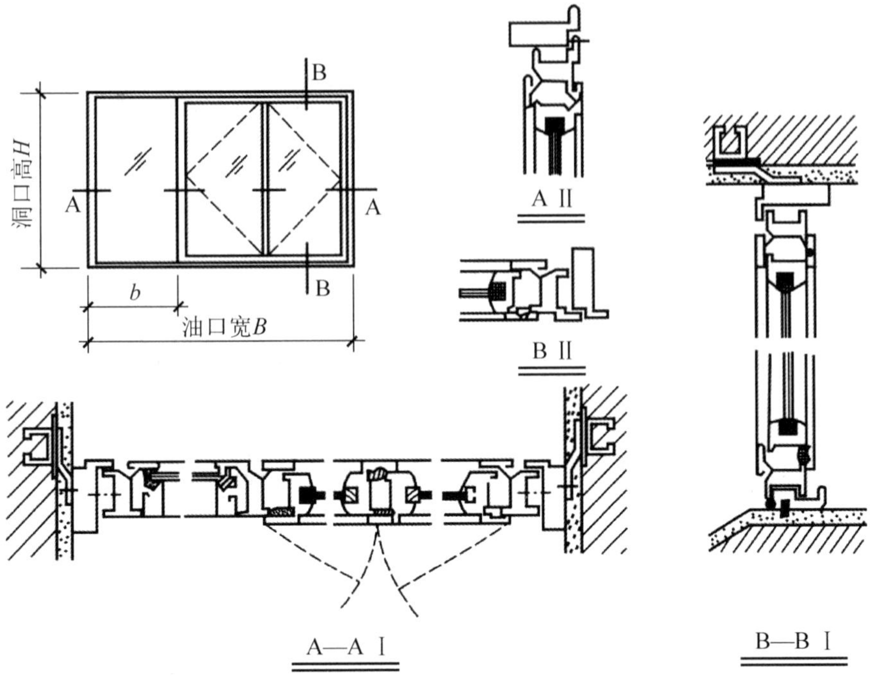

图 4.45　彩板钢窗(平开)构造节点

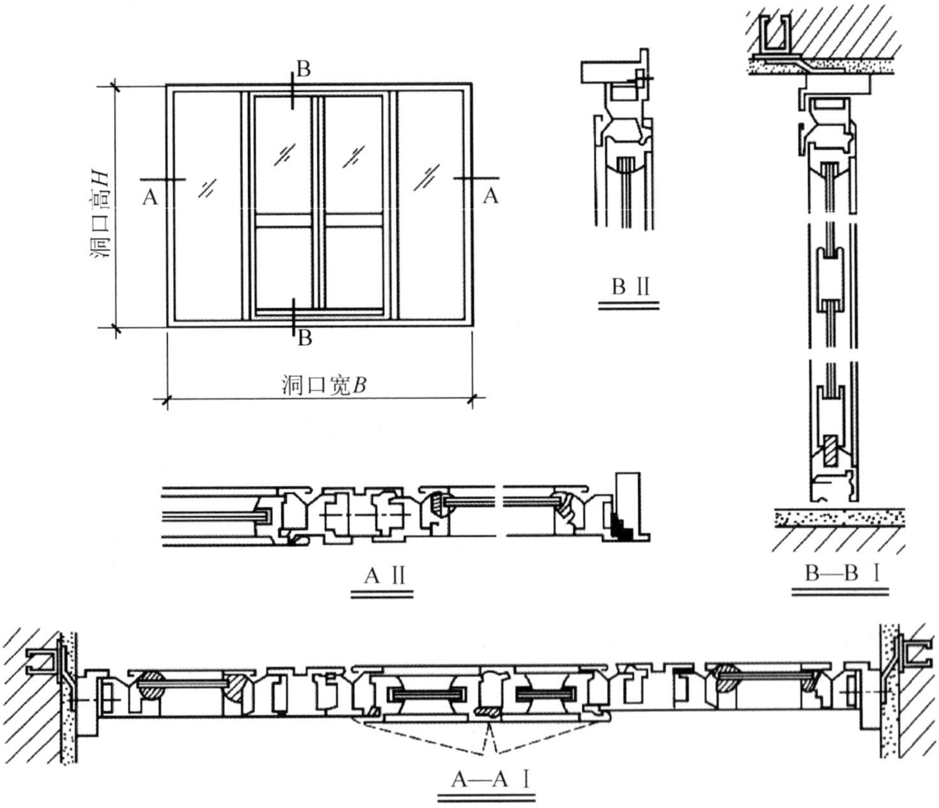

图 4.46　彩板钢门(平开、固定组合门)构造节点

门窗的安装分为带副框和不带副框两种方法，如图 4.47 和图 4.48 所示。

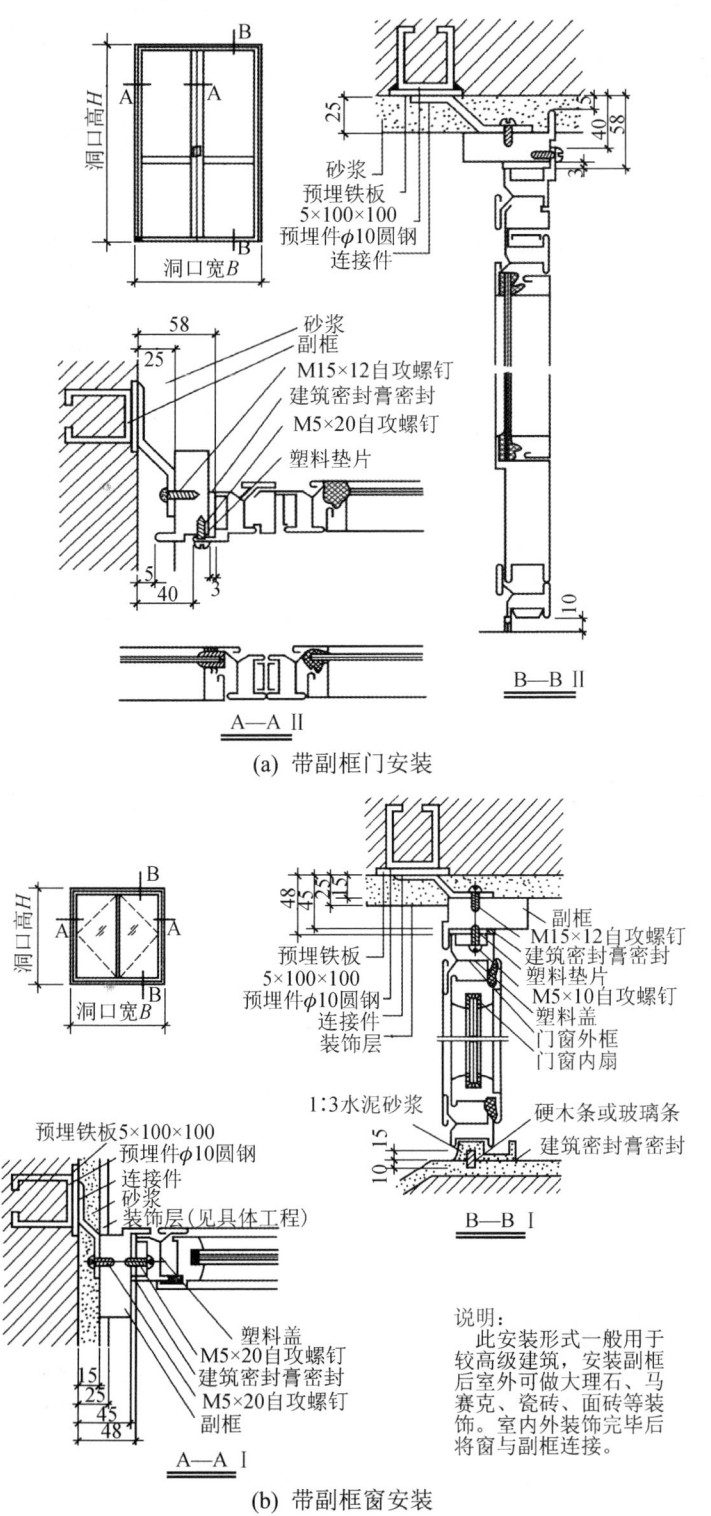

(a) 带副框门安装

(b) 带副框窗安装

图 4.47 带副框彩板钢门窗安装节点

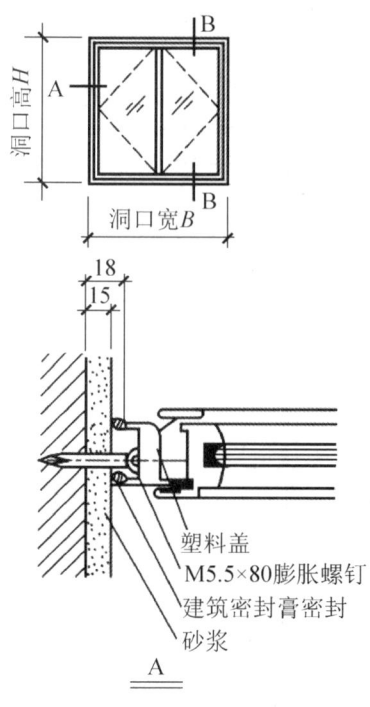

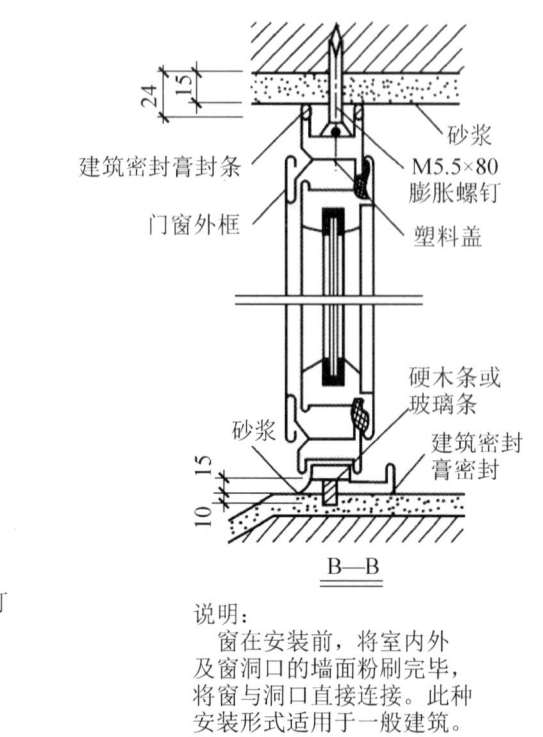

说明:

窗在安装前,将室内外及窗洞口的墙面粉刷完毕,将窗与洞口直接连接。此种安装形式适用于一般建筑。

图 4.48 不带副框彩板钢门窗安装节点

4.3.7 门窗过梁

当墙体上开设门窗洞口时,为了承受洞口上部砌体传来的各种荷载,并把这些荷载传给洞口两侧的墙体,常在门窗洞口上设置横梁,即门窗过梁。过梁的形式较多,常见的有砖拱过梁、钢筋砖过梁和钢筋混凝土过梁三种,如图 4.49 所示。

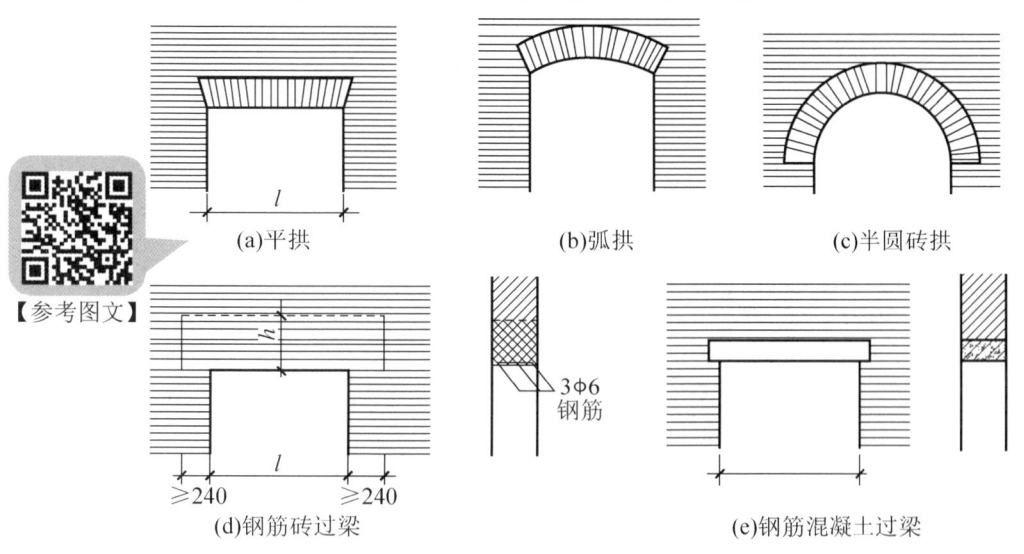

图 4.49 过梁的构造形式

1．砖拱过梁

砖拱过梁分为平拱和弧拱。如图 4.50 所示为由竖砌的砖作拱圈的平拱过梁，一般将砂浆灰缝做成上宽下窄，上宽不大于 20mm，下宽不小于 5mm。砖强度等级不低于 MU10，砂浆不能低于 M5.0，砖砌平拱过梁净跨 L 宜小于 1.2m，不应超过 1.8m，中部起拱高约为 $L/50$。

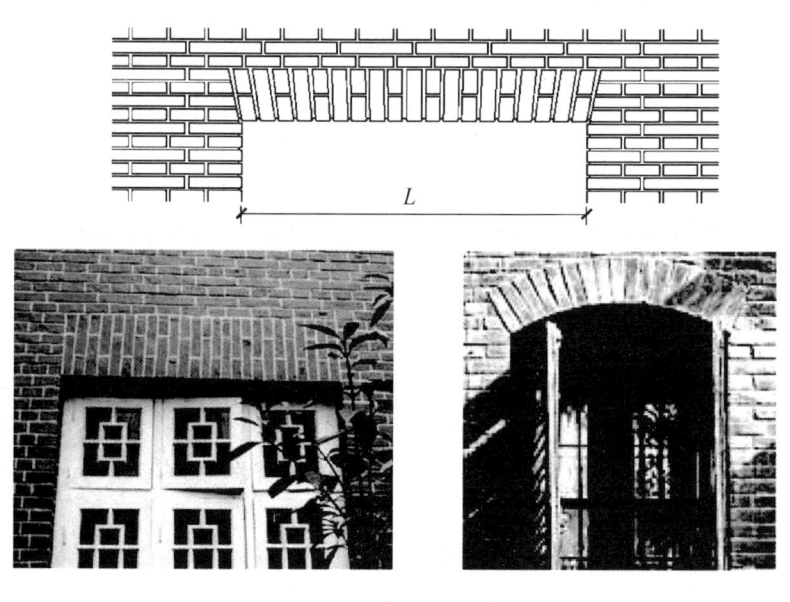

图 4.50　砖砌平拱过梁

2．钢筋砖过梁

钢筋砖过梁用砖不低于 MU10，砌筑砂浆不低于 M5.0。一般在洞口上方先支木模，砖平砌，下设 3～4 根 φ6 钢筋，要求伸入两端墙内不少于 240mm，钢筋放置在第一、二皮砖之间。梁高砌 5～7 皮砖或不小于 $L/5$，钢筋砖过梁净跨宜为 1.5～2m。如图 4.51 所示为钢筋砖过梁。

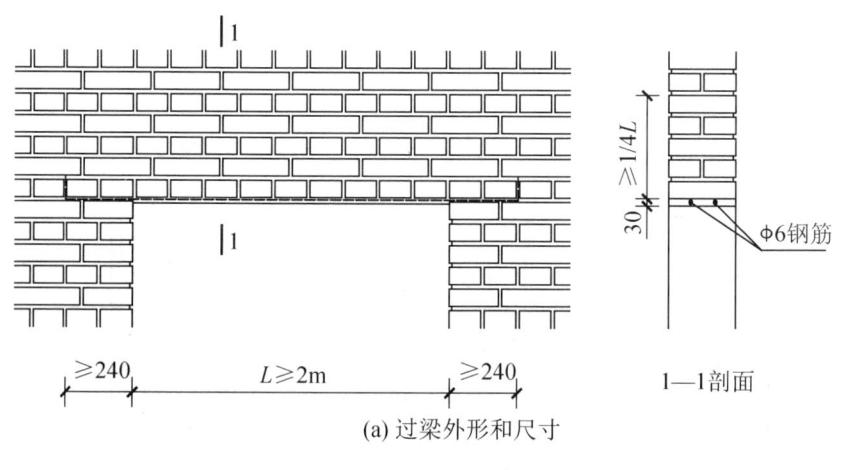

(a) 过梁外形和尺寸

图 4.51　钢筋砖过梁

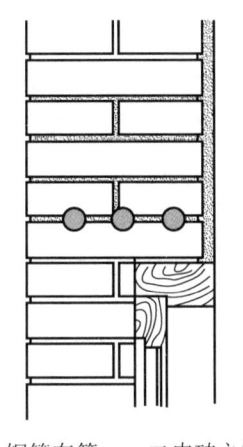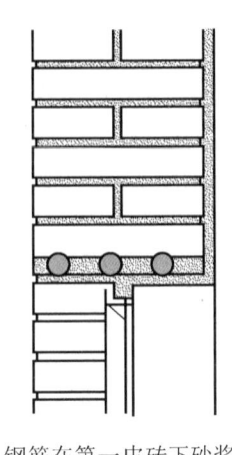

(b) 钢筋在第一、二皮砖之间 　　　(c) 钢筋在第一皮砖下砂浆内

图 4.51　钢筋砖过梁(续)

3．钢筋混凝土过梁

钢筋混凝土过梁有现浇和预制两种，梁高及配筋由计算确定。为了施工方便，梁高应与砖的皮数相适应，以方便墙体连续砌筑，故常见梁高为 60mm、120mm、180mm、240mm，即 60mm 的整倍数。梁宽一般同墙厚，梁两端支承在墙上的长度不少于 240mm，以保证足够的承压面积。

过梁断面形式有矩形和 L 形。为简化构造、节约材料，可将过梁与圈梁、悬挑雨篷、窗楣板或遮阳板等结合起来设计。如在南方炎热多雨地区，常从过梁上挑出 300～500mm 宽的窗楣板，既保护窗户不淋雨，又可遮挡部分直射太阳光，如图 4.52 所示。

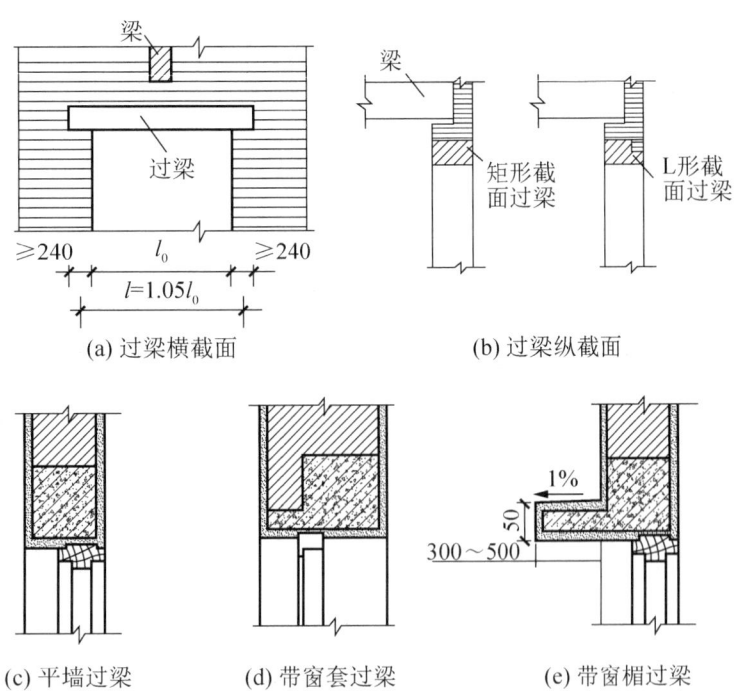

(a) 过梁横截面 　　　　　　　　(b) 过梁纵截面

(c) 平墙过梁 　　　　(d) 带窗套过梁 　　　　(e) 带窗楣过梁

图 4.52　钢筋混凝土过梁

4.4 墙体加固

4.4.1 壁柱和门垛

当建筑物窗间墙上有集中荷载，而墙厚又不足以承担起荷载，或墙体的长度、高度超过一定的限度时，常在墙身适当的位置架设凸出墙面的壁柱，凸出尺寸一般为 120mm×370mm、240mm×370mm、240mm×490mm 等。此外，当墙上开设的门洞口处在两墙转角处或十字墙交接处时，为了保证墙体的承载能力及稳定性和可贴标语门框的安装，应设门垛，门垛尺寸不应小于 120mm。如图 4.53 所示为壁柱和门垛。

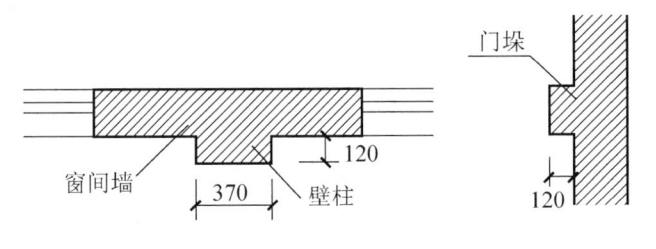

图 4.53　壁柱和门垛

4.4.2 圈梁

圈梁是沿建筑物外墙四周及部分内墙设置的连续闭合的梁。由于圈梁将楼板箍在一起，可大大提高建筑物的空间刚度和整体性，增强墙体的稳定性，提高建筑物的抗震能力，同时也可减少因地基不均匀沉降而引起的墙身开裂。圈梁有钢筋砖圈梁和钢筋混凝土圈梁两种。

钢筋砖圈梁多用于非抗震区，结合钢筋砖过梁沿外墙形成。

钢筋混凝土圈梁的宽度一般同墙厚，对墙厚较大的墙体可为墙厚的 2/3，高度不小于 120mm，常见的有 180mm 和 240mm。圈梁的数量与抗震设防等级和墙体的布置有关，一般情况下在檐口的基础处必须设置，其余楼层可隔层设置，防震等级高的则需层层设置。圈梁构造如图 4.54 所示。

圈梁当遇到洞口，不能封闭的，应在洞口上部或下部设置不小于圈梁截面的附加圈梁，其搭接长度不小于 1m，且应大于两梁高差的 2 倍，如图 4.55 所示。但有抗震要求的建筑物，其圈梁不宜被洞口截断。

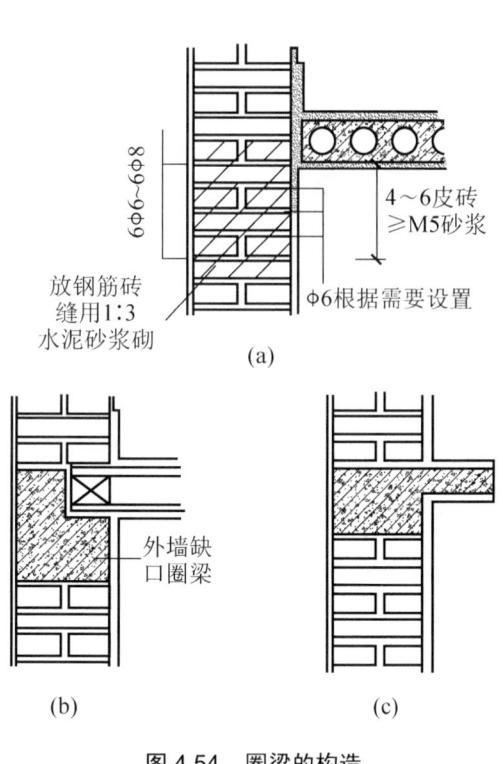

图 4.54　圈梁的构造

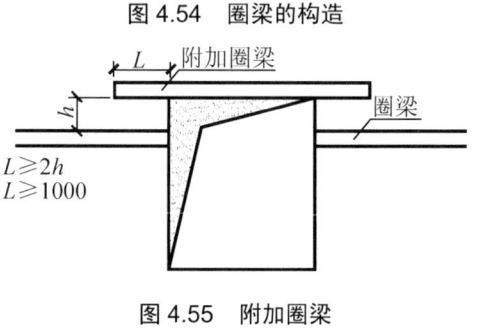

图 4.55　附加圈梁

4.4.3 构造柱

　　为了提高砖混结构的整体高度和稳定性，增加建筑物的抗震能力，除了保障砌体强度和设置圈梁外，必要时还应加设钢筋混凝土构造柱。

　　钢筋混凝土构造柱是从构造角度考虑设置的，结合建筑物的防震等级，一般在建筑物的四角、内外墙交接处，以及楼梯间、电梯间的四个角等位置处设置构造柱。构造柱应与圈梁紧密连接，使建筑物形成一个空间骨架，从而提高建筑物的整体刚度，提高墙体的应变能力，使建筑物做到裂而不倒。

　　构造柱的界面应不小于 180mm×240mm，主筋不小于 4Φ12，墙与柱之间沿墙高每500mm 设 2Φ6 拉结钢筋，每边伸入墙内不小于1m，如图 4.56 所示。纵向钢筋宜用 4Φ12，箍筋间距不大于 250mm，且在柱上下端宜适当加密；抗震设防烈度为 7 度时超过六层、8度时超过五层和 9 度时，纵向钢筋宜用 4Φ14，箍筋间距不大于 200mm；房屋角的构造柱可适当加大截面及配筋。

构造柱在施工时，应先砌墙，并留马牙槎，随着墙体的上升，逐段浇筑钢筋混凝土构造柱，构造柱的混凝土标号一般为C20。

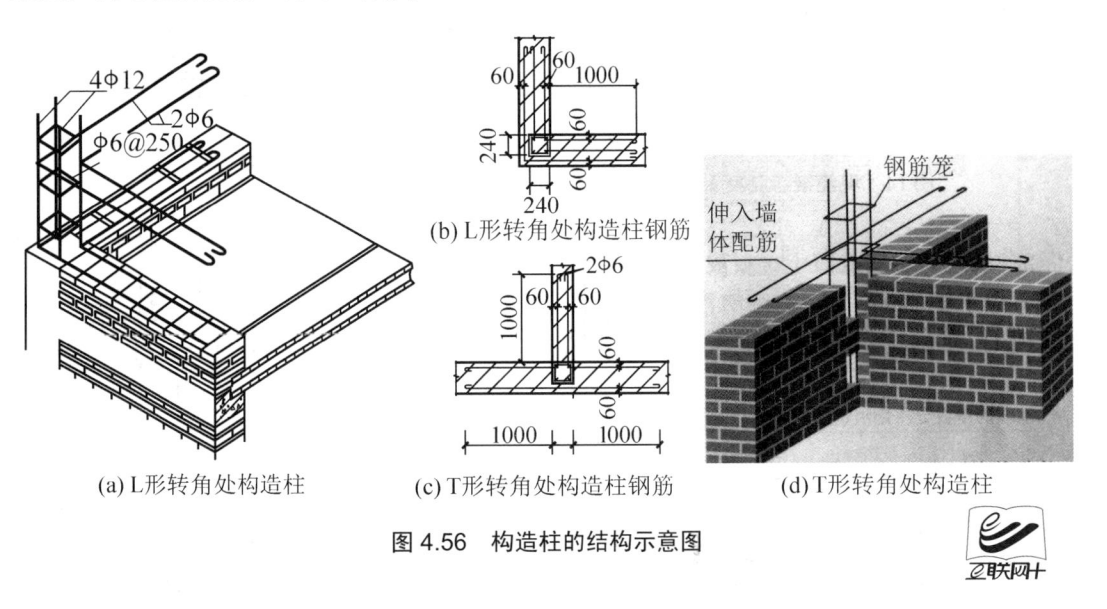

(a) L形转角处构造柱　　　　(c) T形转角处构造柱钢筋　　　　(d) T形转角处构造柱

图 4.56　构造柱的结构示意图

4.5　隔墙构造

4.5.1　块材隔墙

块材隔墙是指用普通黏土砖和各种轻质砌块砌筑的隔墙。

1. 普通砖隔墙

普通砖隔墙有 1/2 砖厚、1/4 砖厚两种。半砖墙是用普通黏土砖顺砌而成；当采用 M5 砂浆砌筑时，高度不宜超过 4m，长度不宜超过 6m；顶部楼板相接处用立砖斜砌，填塞墙与楼板间的空隙。在构造上，为保证墙体的稳定性，隔墙两端应与承重墙牢固连接，并沿墙身高度每隔 1.2m 设一道 30mm 厚水泥砂浆层，内放 2Φ6 钢筋。隔墙上有门时，需预埋木砖、铁件或带有木楔的混凝土预制块，以便固定门框。如图 4.57 所示为半砖隔墙构造。

1/4 砖墙是用普通黏土砖侧砌而成，砌筑砂浆不宜低于 M5。由于 1/4 砖墙厚度薄、稳定性差，其高度和长度都不宜过大，常用于面积不大且无门窗的部位。

砖隔墙坚固耐久，有一定的隔声能力，但自重大、湿作业量多，且不易拆装。

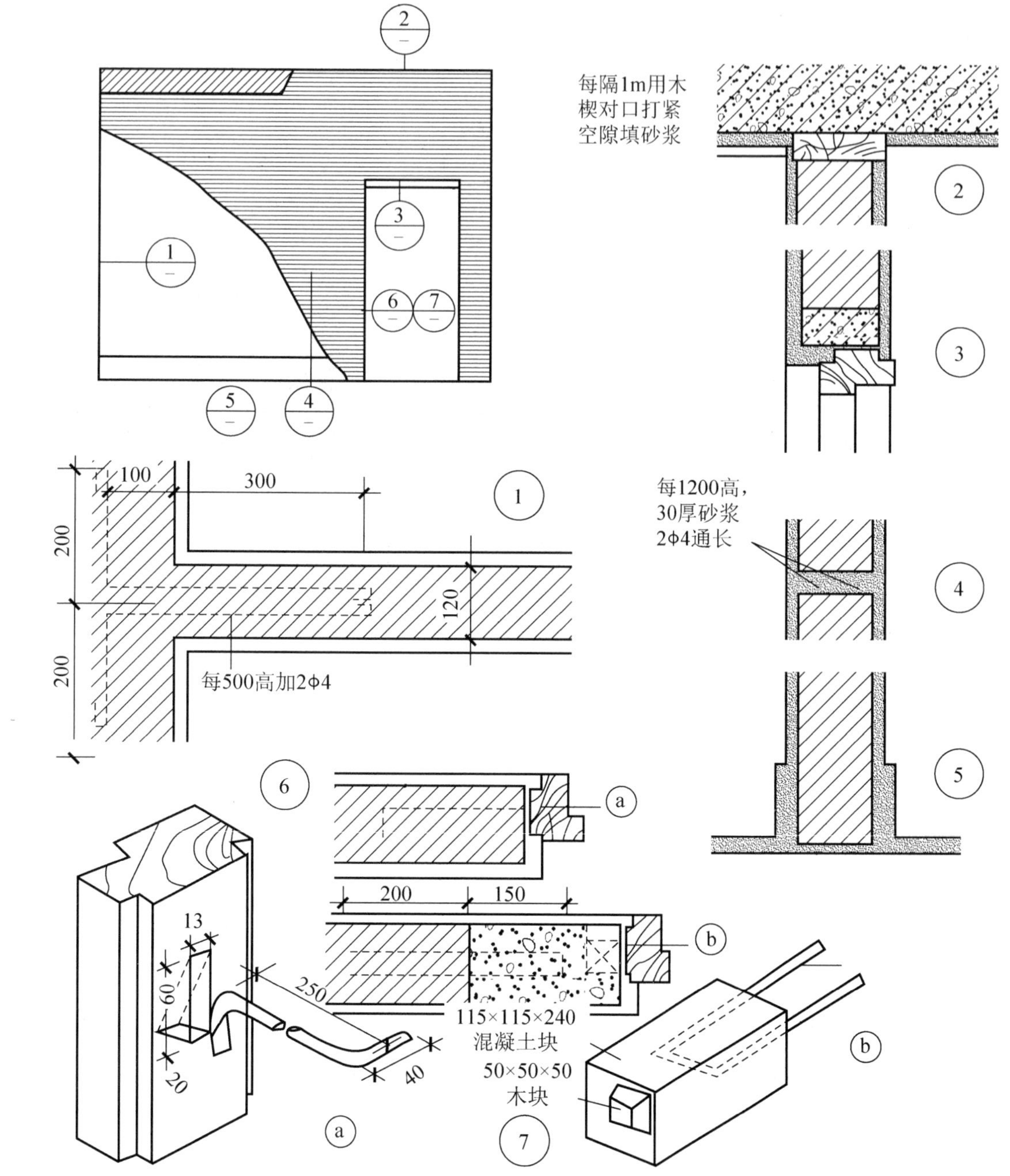

每隔1m用木楔对口打紧空隙填砂浆

每1200高，30厚砂浆2φ4通长

100
300
200
120
200

每500高加2φ4

13
60
250
20
40

200
150

115×115×240
混凝土块
50×50×50
木块

图 4.57　半砖隔墙构造

2．砌块隔墙

为了减轻隔墙的自重和节约用砖，常采用加气混凝土砌块、粉煤灰硅酸盐砌块、水泥炉渣空心砖等砌筑隔墙。隔墙的厚度随砌块尺寸而定，一般为 90～120mm。砌块墙自重轻、孔隙率大、隔热性能好，但吸水性差，因此砌筑时应在墙下砌 3～5 皮黏土砖。砌块墙厚度较薄，也需采取措施加

【参考图文】

强其稳定性。砌块隔墙构造如图 4.58 所示。

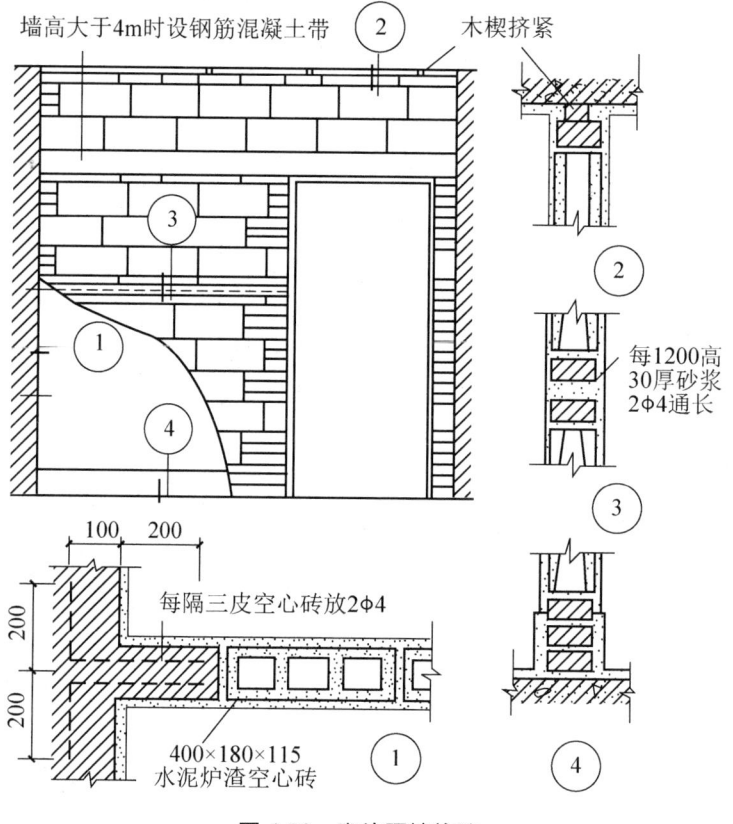

图 4.58 砌块隔墙构造

4.5.2 立筋式隔墙

立筋式隔墙也称立柱式、骨架式隔墙,是以木材、钢材或其他材料构成骨架,把面层钉结、涂抹或粘贴在骨架上而形成的隔墙,所以隔墙由骨架和面层两部分组成,如图 4.59 所示。

【参考图文】

1. 骨架

立筋式隔墙一般有木骨架、轻钢骨架、石膏骨架、石棉水泥骨架和铝合金骨架等。近年来为了节约木材和钢材,各地出现了不少利用地方材料、工业废料及轻金属制成的骨架,如石膏骨架、石棉水泥骨架、菱苦土骨架、轻钢和铝合金骨架等。骨架由上槛、下槛、墙筋、横撑或斜撑组成。

(1) 木骨架由上槛、下槛、墙筋或斜撑组成,上下槛截面尺寸一般为(40~50)mm×(70~100)mm,墙筋间距为 400~600mm,当饰面为抹灰时取 400mm,饰面为板材时取 500mm 或 600mm。木骨架具有自重轻、构造简单、便于拆装等优点,但防水、防潮、防火、隔声等性能差,并且耗费大量木材,如在 3m 左右高的隔墙内要设四道。立柱与横档可以用榫接或钉接,表面应尽可能平整,木材应是干燥和不带节疤的。

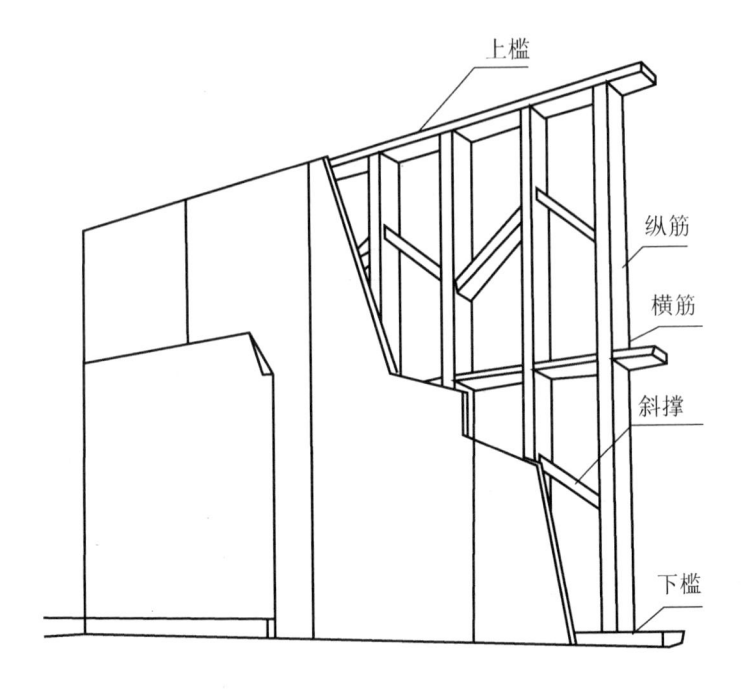

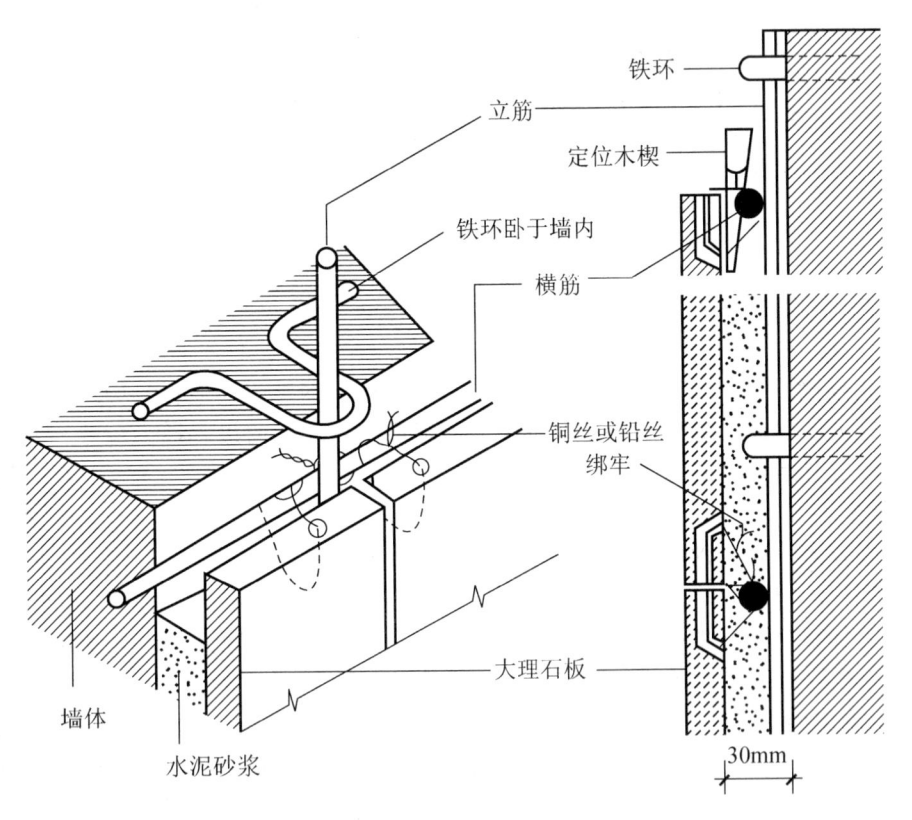

图 4.59　立筋隔墙构造

(2) 钢骨架是由各种形式的薄壁型钢制成的，其主要优点是自重小、强度高、刚度大、结构整体性好，易于加工和大批量生产，还便于根据需要拆卸和组装。常用的薄壁型钢是

0.8mm 厚的槽钢或工字钢。大规模生产的都是冷轧件，小批量生产时，也可用 1mm 厚的钢板在板边机上成型。在日本，多用厚 0.8mm、宽 65mm 的薄壁型钢做骨架，在俄罗斯，多用 100mm×50mm×0.6mm 的薄壁槽钢做骨架。立柱可用单槽钢，也可将两个槽钢铆接成方管形。型钢接长时一般用气焊，与楼板、墙、柱等构件相连时，多用膨胀螺栓来连接。型钢上的螺栓孔，冲钻皆可。

(3) 石膏骨架多用于石膏板墙，其立柱和横档的断面为矩形、门形或工字形。我国采用的石膏骨架有两种：一种是浇注的，另一种是用纸面石膏板粘接的。采用后一种骨架时，先用无机黏结剂将 800mm×3000mm×12mm 的石膏板粘接在一起，再将粘接好的石膏板切割成 63mm 宽的石膏骨架杆件。

(4) 石棉水泥骨架常用的是由三层 6mm 厚、80mm 宽的石棉水泥板条粘接而成的，断面尺寸为 20mm×80mm，长度按工程需要来决定。采用石棉水泥骨架的复合隔墙板、三胺板材系列，外形尺寸可达 3200mm×900mm×120mm。由于我国目前生产的石棉水泥板多为 1200mm×800mm×6mm，因此在工程实践中，往住要用短料拼成长骨架，这种骨架制作麻烦，而且易在搭接处断裂，据试验，其抗折强度比无缝的骨架约低 30%。

(5) 水泥刨花骨架可钉、可锯，不燃、不腐，便于制作，可用于立筋式隔墙，也可用于复合板。

2．面层

骨架的面层有抹灰面层和人造板面层。抹灰面层常用木骨架，即形成传统的板条抹灰隔墙；人造板材可用木骨架或轻钢骨架。隔墙的名称就是依据不同的面层材料而定的。

(1) 板条抹灰隔墙：是先在木骨架的两侧钉灰板条，然后抹灰。灰板条的尺寸一般为 1200mm×24mm×6mm，板条间留缝 7～10mm，以便让底灰挤入板条间缝的背面咬住板条，有时为了使抹灰与板条更好地连接，常将板条间距加大，然后钉上钢丝网，再做抹灰面层，形成钢丝网板条抹灰隔墙，如图 4.60 所示。由于钢丝网变形小、强度高，与砂浆的黏结力大，因而抹灰层不易开裂和脱落，有利于防潮和防火。

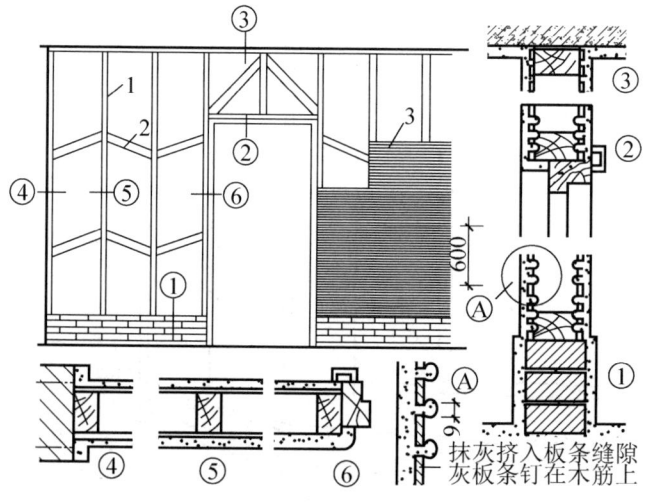

图 4.60　灰板条抹灰隔墙

1—墙筋；2—斜撑；3—板条

(2) 人造板材面层骨架隔墙：是骨架两侧镶钉胶合板、纤维板、石膏板或其他轻质薄板构成的隔墙，面板可用镀锌螺钉、自攻螺钉或金属夹子固定在骨架上，如图 4.61 所示。为提高隔墙的隔声能力，可在面板间填岩棉等轻质有弹性的材料。

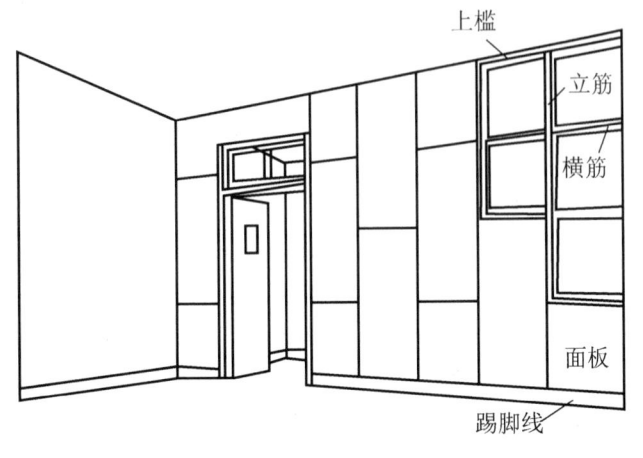

图 4.61　人造板材面层骨架隔墙

4.5.3　板材隔墙

【参考图文】

板材隔墙常采用的预制条板有加气混凝土条板、碳化石灰板、石膏珍珠岩板以及各种复合板等，为减轻自重常做成空心板。条板厚度大多为 60～1000mm，长度略小于房间净高。安装时，条板下部先用小木楔顶紧，然后用细石混凝土堵严，板缝用胶粘剂黏结，并用胶泥刮缝，平整后再做表面装修，如图 4.62 所示。

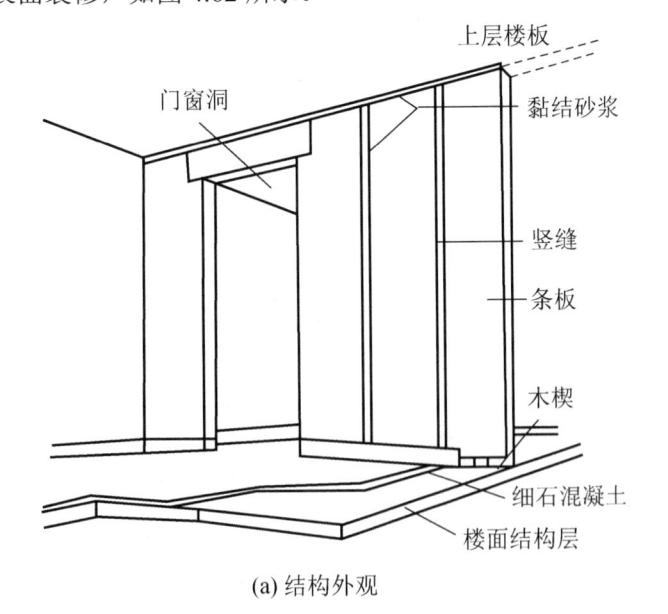

(a) 结构外观

图 4.62　板材隔墙

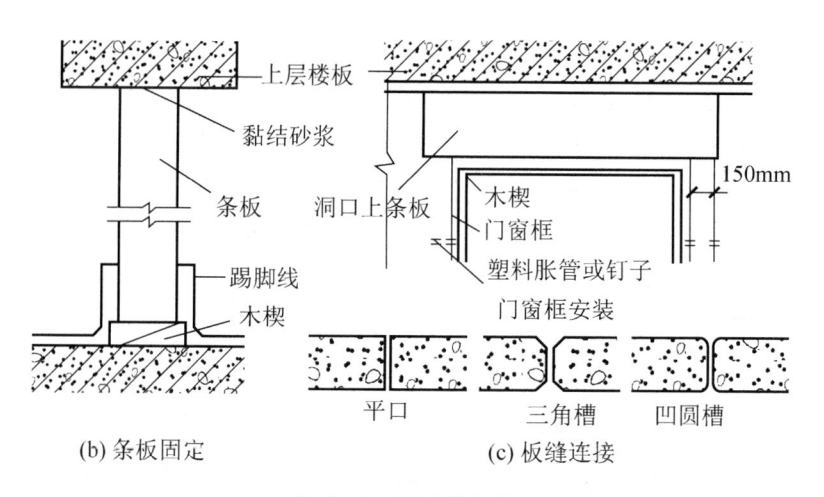

(b) 条板固定　　　　　　　　(c) 板缝连接

图 4.62　板材隔墙(续)

由于板材隔墙采用的是轻质大型板材，施工中直接拼装而不依赖骨架，因此具有自重轻、安装方便、施工速度快、工业化程度高的特点。

变形缝有伸缩缝、沉降缝、防震缝三种，分别是为防止温度变化、地基不均匀沉降及地震引起的建筑物裂缝或破坏而设置的。变形缝固然因其功能不同，缝的宽度有所不同，但其构造设计的要点基本相同，即要求在产生位移和变形时不受阻、不被破坏，并且不破坏建筑物的建筑饰面层，同时应根据其部位和需要，分别采取防火、防水、保温、防病虫害等措施。

【参考图文】

4.6.1　伸缩缝

伸缩缝又称温度缝，是为了避免由于温度变化引起材料热胀冷缩导致结构开裂，而沿建筑物竖向位置设置的缝隙。如图 4.63 所示为砖混结构伸缩缝的设置。伸缩缝要求建筑物的墙体、楼板层、屋顶等地面以上构件全部分开。基础埋在地下，温度变化大，可不分开。

伸缩缝的构造样式常采用平缝、错口缝及凸口缝，主要根据墙体厚度、材料、功能要求和施工条件来确定，如图 4.64 所示。为了防止透风和雨水渗入，在外墙两侧缝口采用有弹性而又不渗水的材料，如沥青麻丝填塞，当伸缩缝较宽时，缝口可采用镀锌铁皮或铝皮进行盖封调节，外墙伸缩缝构造如图 4.65 所示。

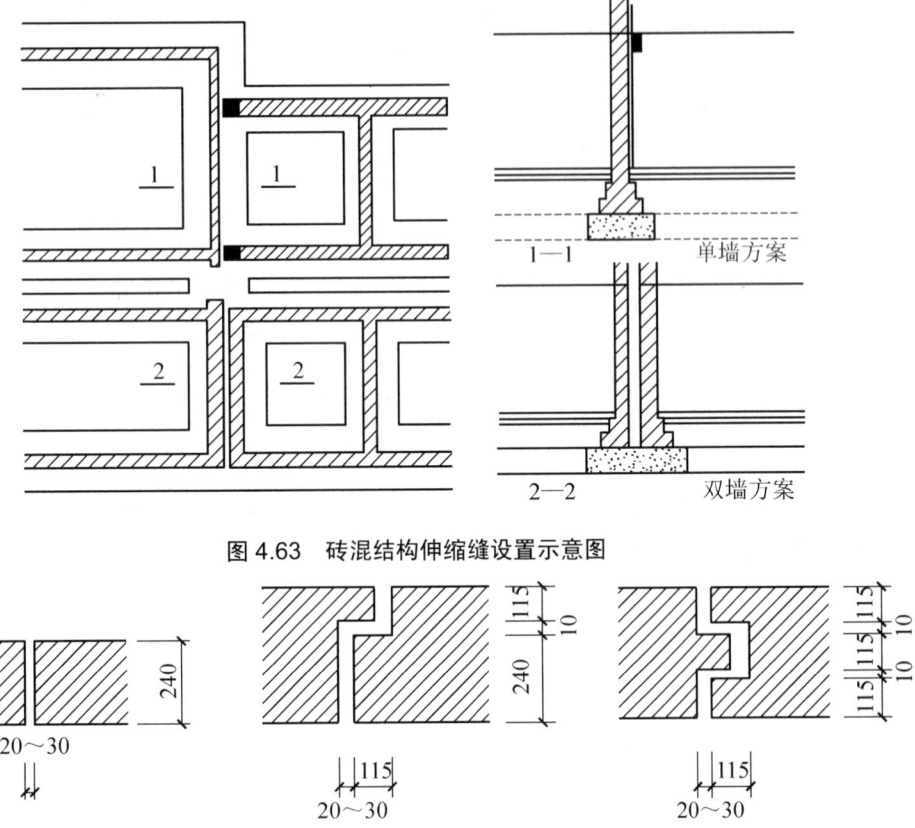

图 4.63　砖混结构伸缩缝设置示意图

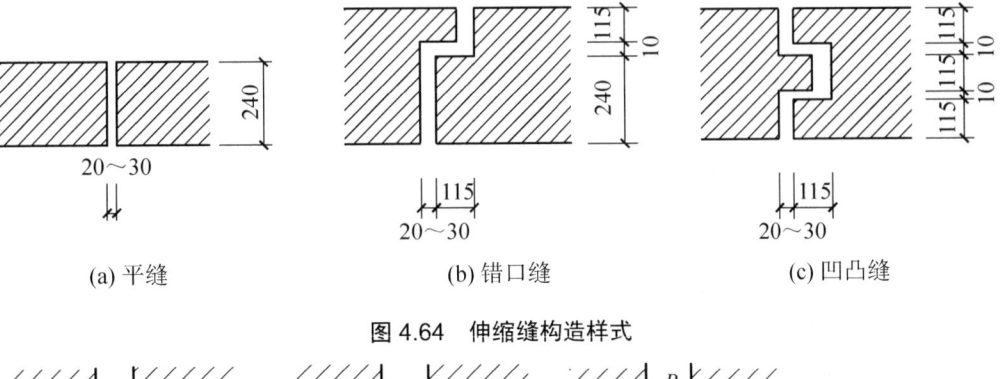

(a) 平缝　　　　　　　　(b) 错口缝　　　　　　　　(c) 凹凸缝

图 4.64　伸缩缝构造样式

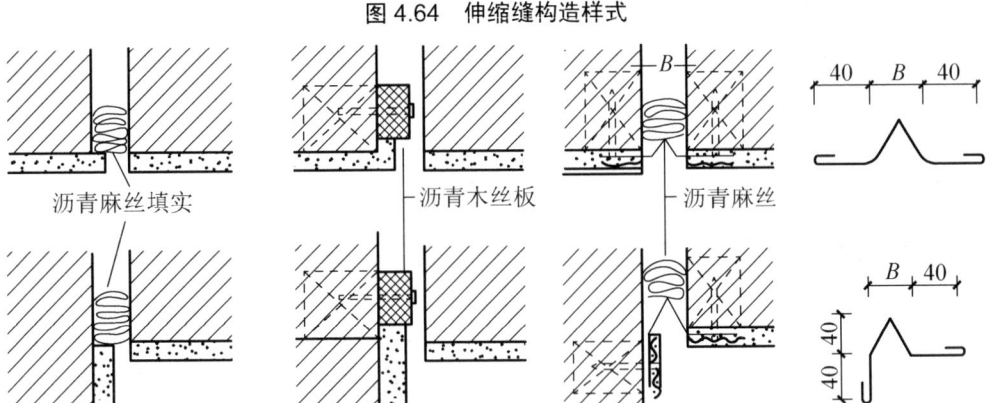

图 4.65　外墙伸缩缝构造

4.6.2　沉降缝

　　沉降缝是为了防止建筑物各部分由于不均匀沉降引起破坏而设置的缝隙。凡遇到下列情况时，均应考虑设置沉降缝(图 4.66)。

(1) 当建筑物建造在不同的地基上，又难以保证不出现不均匀沉降时。

(2) 同一建筑物相邻部分高度相差很大，或荷载相差悬殊，或结构形式不同时。

(3) 相邻基础的结构形式、基础宽度和埋深相差较大时。

(4) 新建建筑物和原有建筑物相连时。

(5) 建筑物平面复杂，高度变化较多，有可能产生不均匀沉降时。

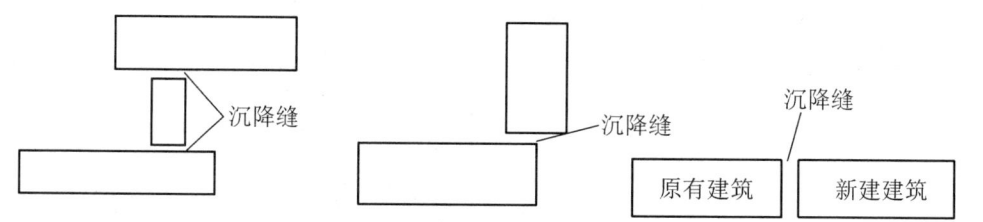

图 4.66　沉降缝位置设置示意图

沉降缝用于满足建筑物各部分不均匀沉降在竖直方向上的自由变形。因此，建筑物从基础到屋顶都要断开，沉降缝的宽度与地基情况和建筑物的高度有关，如图 4.67 所示。沉降缝可兼有伸缩缝的作用，其构造与伸缩缝基本相同，但外墙沉降缝通常用金属调节板盖缝，并允许建筑物两个独立单元在竖向能自由变形，而不致破坏，如图 4.68 所示。

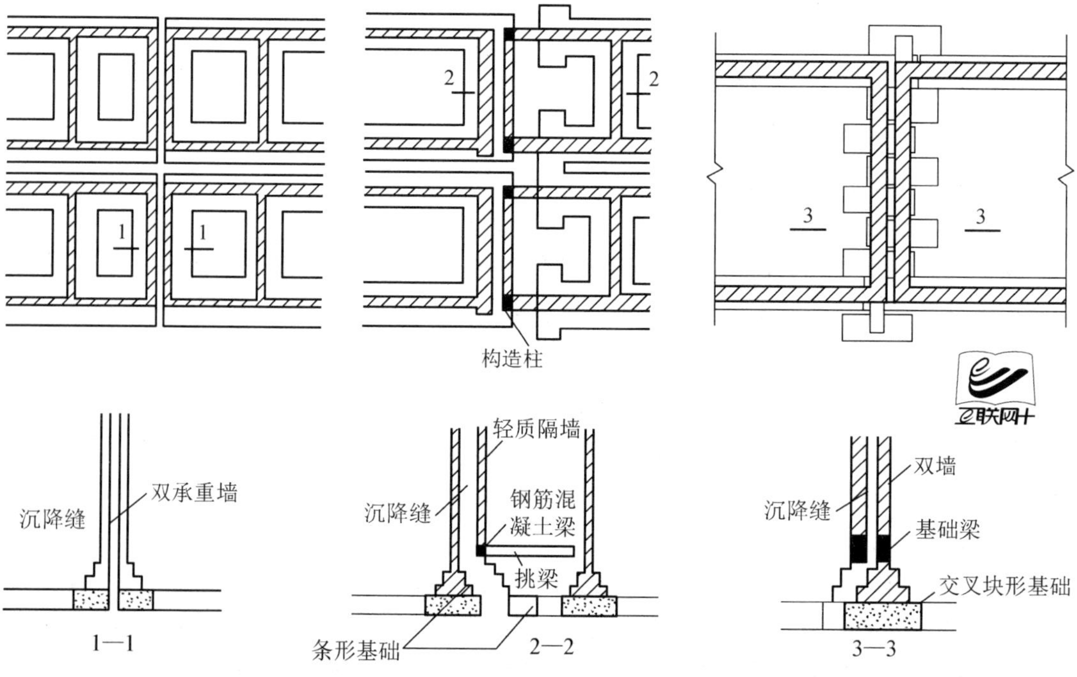

(a) 双墙方案沉降缝　　　　(b) 悬挑基础方案沉降缝　　　(c) 双墙基础交叉排列方案沉降缝

图 4.67　基础沉降缝设置

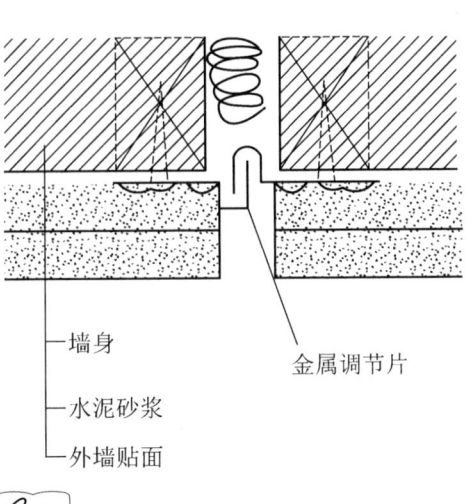
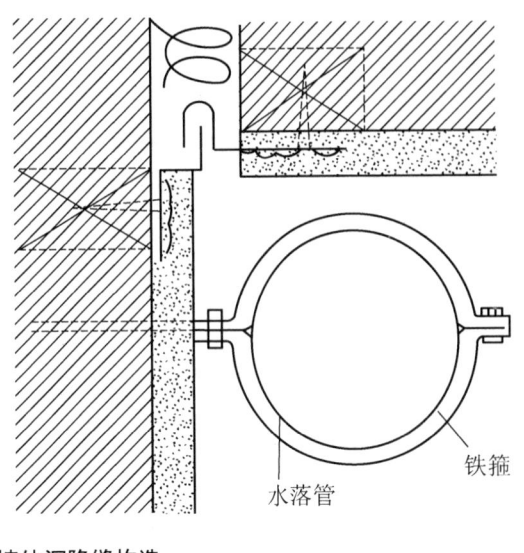

墙身

水泥砂浆

外墙贴面

金属调节片

铁箍

水落管

图 4.68　外墙墙体沉降缝构造

4.6.3　防震缝

防震缝是为了防止建筑物各部分在地震时相互撞击引起破坏而设置的缝隙。通过防震缝将建筑物划分成若干体型简单、结构刚度均匀的独立单元。对以下情况，需考虑设置防震缝。

(1) 建筑平面复杂，有较大突出部分时。

(2) 建筑物立面高差在 6m 以上时。

(3) 建筑物有错层，且错开距离较大时。

(4) 建筑物相邻部分结构刚度、质量相差较大时。

防震缝应沿建筑物全高设置，并用双墙使各部分结构封闭。通常基础可不分开，但对于平面复杂的建筑，或与沉降缝合并考虑时，基础也应分开。

防震缝的宽度应根据建筑物的高度和抗震设计烈度来确定。在多层砖混结构中，一般取 70～100mm，在多层钢筋混凝土框架结构中，建筑物高度在 15m 及 15m 以下时取 100mm，当超过 15m 时：设计烈度 7 度，建筑物每增高 4m，缝宽在 100mm 的基础上增加 20mm；设计烈度 8 度，建筑物每增高 3m，缝宽在 100mm 的基础上增加 20mm；设计烈度 9 度，建筑物每增高 2m，缝宽在 100mm 的基础上增加 20mm。

对高层建筑，由于建筑物高度大，震害也更加严重。总的原则是尽量避免设缝。当必须设缝时，则应考虑相邻结构在地震作用下的结构变形，平移所引起的最大侧向位移。

防震缝的构造要求同伸缩缝基本相同，但不应做企口缝或错口缝的形式。由于防震缝宽度比较大，构造上更应注意盖缝的牢固、防风、防水等措施，抗震缝在墙身的构造如图 4.69 所示。

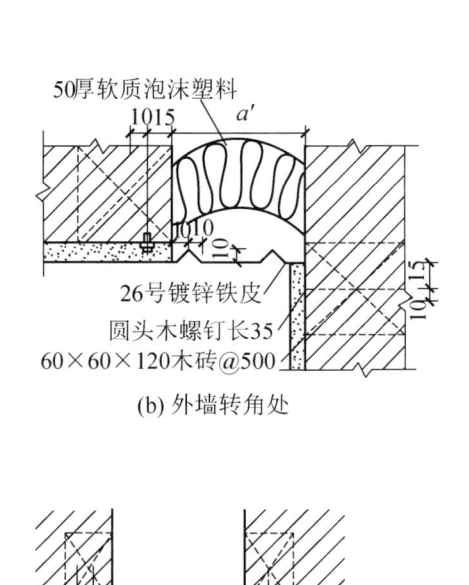

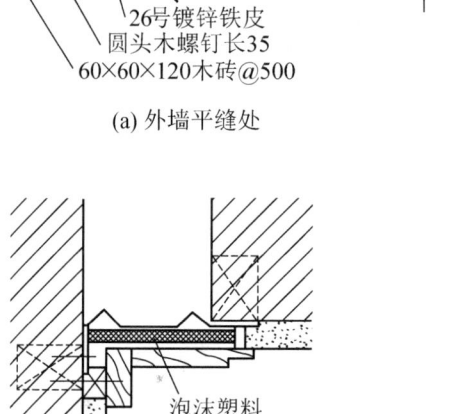

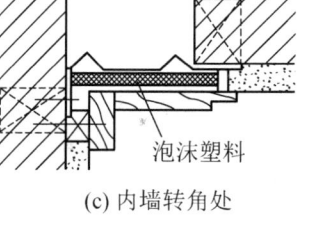

(a) 外墙平缝处   (b) 外墙转角处

(c) 内墙转角处   (d) 内墙平缝处

图 4.69 抗震缝在墙身的构造

实 训 项 目

完成墙身构造设计。

已知某住宅楼外墙厚 240mm，室内外高差 450mm，窗台距室内地面 900mm，室内地坪从上至下分别为 20mm 厚 1：2 水泥砂浆面层，80mm 厚 C10 素混凝土，100mm 厚 3：7 灰土垫层，素土夯实。要求沿外墙纵剖，从楼板以下至基础以上绘制墙身剖面图。

应重点表示清楚的部位是：窗过梁、窗台、勒脚、防潮层、散水、墙面装饰。

各种节点的构造做法较多，可任选一种绘制，图中必须标明材料、做法、尺寸。图中线条、材料符号等应按建筑制图标准来表示。字体要求工整，线型粗细分明，比例 1：10，用竖向 A3 图纸完成。

本 章 小 结

本章介绍了墙体的分类和作用、墙体的细部构造以及每个部分的作用和结构要求，包括墙体的装饰、变形缝等知识。此外，还包括了门窗的作用、分类和结构要求。学习后应充分理解和掌握建筑结构中墙体涉及的所有构造要求和特征。

习 题

1. 选择题

(1) 在墙体布置中，仅起分隔房间作用且其自重还由其他构件来承担的墙称为(　　)。

　　A．横墙　　　　　　　　　　　　B．隔墙

　　C．纵墙　　　　　　　　　　　　D．承重墙

(2) 墙体依结构受力情况不同，可分为(　　)。

　　A．内墙、外墙　　　　　　　　　B．承重墙、非承重墙

　　C．实体墙、空体墙和复合墙　　　D．叠砌墙、板筑墙和装配式板材墙

(3) 隔墙的设计要求是(　　)。有关序号含义分别为：Ⅰ．自重轻；Ⅱ．有足够的强度；Ⅲ．防风雨；Ⅳ．易拆装；Ⅴ．隔声；Ⅵ．防潮、防水；Ⅶ．防冻；Ⅷ．防晒；Ⅸ．隔热。

　　A．Ⅰ、Ⅱ、Ⅲ、Ⅳ、Ⅴ　　　　B．Ⅱ、Ⅳ、Ⅵ、Ⅶ

　　C．Ⅰ、Ⅱ、Ⅳ、Ⅴ、Ⅵ　　　　D．Ⅵ、Ⅶ、Ⅷ、Ⅸ

(4) 既属于承重构件，又属于围护构件的是(　　)。

　　A．墙　　　　　　　　　　　　　B．基础

　　C．楼梯　　　　　　　　　　　　D．门窗

2. 问答题

(1) 墙体的作用和设计要求是什么？

(2) 圈梁的作用及构造要点是什么？

【参考答案】

第5章 楼 地 层

本章讲述楼地层的组成、类型、楼板的构造特点，地坪层的构造以及顶棚、雨篷和阳台的分类等知识。

教学目标

(1) 掌握楼地层的组成、类型和设计要求。
(2) 掌握常见楼板的构造特点和适用范围。
(3) 掌握常见地坪层的构造。
(4) 了解顶棚、雨篷和阳台的分类并熟悉其构造要求。

教学要求

能 力 目 标	知 识 要 点	权重
掌握楼板层的组成、类型和设计要求	楼板层的组成、楼板类型和设计要求	10%
掌握常见楼板的构造特点和适用范围	现浇钢筋混凝土楼板构造、预制钢筋混凝土楼板和装配整体式钢筋混凝土楼板的构造和适用范围	50%
掌握常见地面的构造	地坪层的组成、类型，常见地面的构造和装饰方法	20%
了解顶棚、雨篷和阳台的分类，并熟悉各类型的构造	直接式顶棚和悬吊式顶棚的构造；雨篷和阳台的构造	20%

章节导读

楼地层包括楼板层和地坪层，是水平方向分隔房屋空间的承重构件，楼板层分隔上下楼层空间，地坪层分隔大地与底层空间。楼地层是建筑物必不可少的一部分，它既具有传递荷载的作用，又具有一定的隔声、防火和防水等功能。本章主要讲述楼地层的基本组成、类型、构造特点和适用范围。

引例

图 5.1 所示两幅图都是钢筋混凝土板的施工制作，请同学们观察有什么不同。

图 5.1　钢筋混凝土板施工制作

5.1　楼地层概述

5.1.1　楼板层的组成

楼板层主要由面层、结构层、顶棚层和附加层组成，如图 5.2 所示。

1. 面层

面层位于楼层上表面，故又称楼面。面层与人、家具设备等直接接触，起着保护楼板、承受并传递荷载的作用，同时对室内有很重要的装饰作用。

2. 结构层

结构层即楼板，是楼层的承重部分，包括梁和板。结构层的主要功能在于承受楼板上的全部荷载，并将这些荷载传给墙或柱，同时还对墙身起水平支撑的作用，帮助墙身抵抗和传递风或地震所产生的水平力，以增强建筑物的整体刚度。

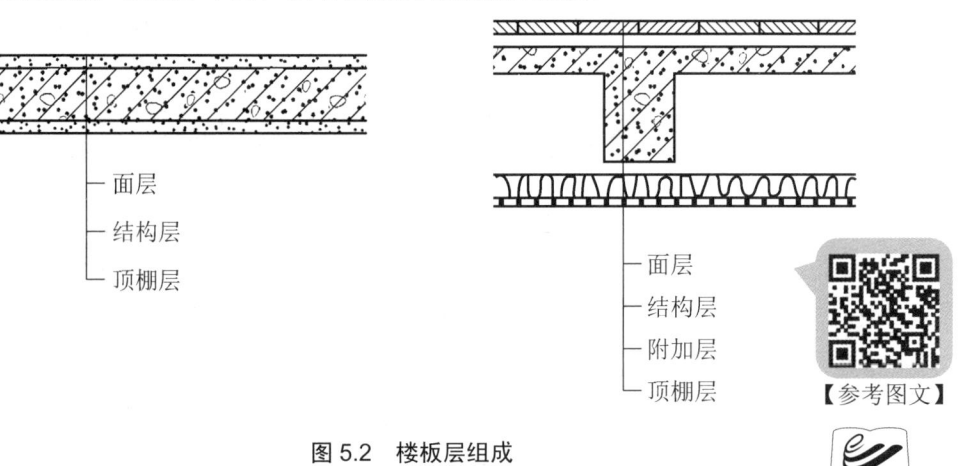

图 5.2　楼板层组成

3．顶棚层

顶棚层位于楼板最下面，也是室内空间上部的装修层，俗称天花板。顶棚层主要起着保温、隔声、安装灯具、遮掩各种水平管线设备、改善室内光照条件、装饰美化室内空间的作用。

4．附加层

附加层位于面层与结构层或结构层与顶棚层之间，根据楼板层的具体功能要求而设置，主要作用是找平、隔热、隔声、保温、防水、防潮、防腐等。

5.1.2　楼板的类型

1．按使用材料划分

按使用材料，楼板主要有以下类型，如图 5.3 所示。

(1) 木楼板。这种楼板自重轻、构造简单、保温性能好，但防火、耐久性差，并大量消耗木材，因而较少采用。

(2) 砖拱楼板。这种楼板省钢材、水泥，但施工较繁重，承载能力差，对地基不均匀沉降很敏感，且不适用于有振动和抗震设防地区，目前较少应用。

(3) 钢筋混凝土楼板。这种楼板的优点是强度高、刚度大、耐久、防火，并便于工业化生产和机械化施工；其缺点是自重大。这是目前我国工业与民用建筑中广泛采用的一种楼板。

(4) 组合楼板。这种楼板是利用压型钢板作为楼板的底模板，其上浇筑混凝土面层而形成的楼板。这样既提高了楼板的强度和刚度，又加快了施工进度，省去了底模板，是目前大力推广应用的一种新型楼板。

2．按施工方法划分

按施工方法，楼板可分为现浇钢筋混凝土楼板和预制钢筋混凝土楼板。

(1) 现浇钢筋混凝土楼板。这种楼板强度高、刚度大、整体性好、省钢材、抗震性能好，易于做成各种形状；其缺点是耗费模板多、湿作业、劳动强度大、工期长，如图 5.4 所示。

(2) 预制钢筋混凝土楼板。这种楼板便于实现装配化施工，可加快施工进度，且节省模板，能改善高空作业、湿作业的条件，但需要一定的吊装能力，如图 5.5 所示。

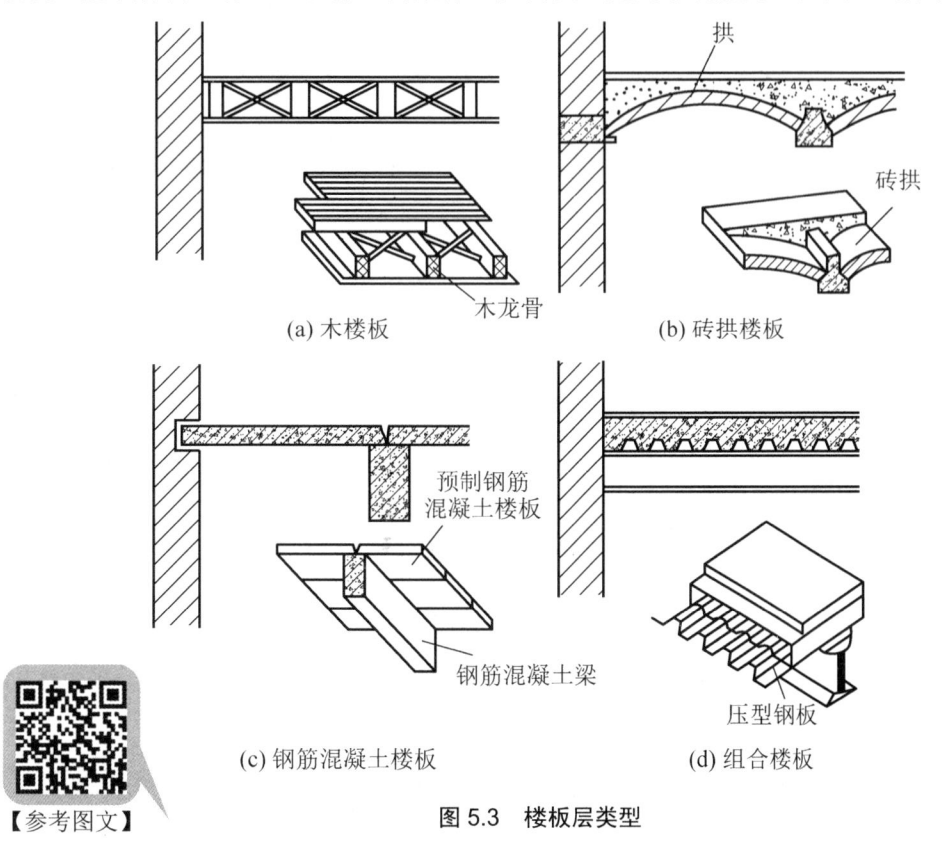

(a) 木楼板   (b) 砖拱楼板

(c) 钢筋混凝土楼板   (d) 组合楼板

图 5.3　楼板层类型

图 5.4　现浇钢筋混凝土楼板   图 5.5　预制钢筋混凝土楼板

知识链接

　　钢筋混凝土楼板是受弯构件，板中钢筋可分为底部受力筋、上部分布筋、支座负筋等。受力筋主要用来承受拉力；分布钢筋主要用来使作用在板面的荷载能均匀地传递给受力钢筋，抵抗因温度变化和混凝土收缩在垂直于板跨方向所产生的拉应力，同时还与受力钢筋绑扎在一起组合成骨架，防止受力钢筋在混凝土浇捣时位移；而为了避免板受力后在支座上部出现裂缝，通常在这些部位上部配置受拉钢筋，这种钢筋即称为负筋。

5.1.3 楼板的设计要求

为保证楼板层的结构安全和正常使用，对楼板层有以下设计要求。

(1) 强度、刚度要求。从结构上考虑，楼板层必须有足够的强度，以确保使用安全；同时应有足够的刚度，使其在荷载作用下的弯曲挠度不超过允许范围，避免结构破坏。刚度以挠度来控制，通常现浇钢筋混凝土楼板的挠度 f 要求满足 $L/350 < f \leqslant L/250$，装配式楼板的挠度 $f \leqslant L/200$，其中 L 为楼板的跨度。

(2) 隔声、热工和防火要求。设计楼板层时，根据不同的使用要求，需考虑隔声、保温、隔热、防水、防火等问题。其中楼板的隔声，主要包括隔绝空气传声和固体传声两方面。隔绝空气传声采用将构件做成空心，并通过铺垫陶粒、焦碴等材料来达到；隔绝固体传声通过减少对楼板的撞击来达到，在地面上铺设地毯、橡胶等可以减少一些冲击量，达到隔声的效果。

(3) 工业化要求。楼板层设计时，应注意尽量减少预制构件的规格和种类，尽量符合建筑模数制，以满足建筑工业化的要求。

(4) 经济要求。多层建筑中，楼板层的造价占总造价的 20%～30%，因此在楼板层设计时应力求经济合理，在结构布置、构件选型和确定构造方案时，应与建筑物的质量标准和房间使用要求相适应，以免造成浪费。

5.2 钢筋混凝土楼板

5.2.1 现浇钢筋混凝土楼板

现浇钢筋混凝土楼板是在施工现场依照设计位置进行支模、绑扎钢筋、浇筑混凝土等施工程序而成形的楼板结构。其优点是结构的整体性能与刚度较好，适合于抗震设防及整体性要求较高的建筑、有管道穿过楼板的房间(如厨房、卫生间等)、形状不规则或房间尺度不符合模数要求的房间。其缺点是需在现场施工，工序繁多，现浇混凝土需要养护、施工工期长，且需要大量使用模板等。

现浇钢筋混凝土楼板根据受力和传力情况不同，有板式楼板、梁板式楼板、无梁楼板和压型钢板组合楼板等几种。

【参考图文】

1. 板式楼板

在开间或进深较小的情况下，以墙作垂直支撑的房屋中，不需设梁，而将楼板的支撑点直接放在墙上，此时楼板上的荷载直接靠楼板传给墙体，这样的楼板称为板式楼板。它多用于跨度较小的房间或走廊(如住宅建筑中的厨房、卫生间等)。

板式楼板分单向板和双向板。当板四边支撑时，在板的受力和传力过程中，板的长边

尺寸 L_2 与短边尺寸 L_1 之比对板受力影响较大。当 $L_2/L_1 > 2$ 时，在荷载作用下，板基本上只在 L_1 方向上扭曲，而在 L_2 方向上扭曲很小，如图 5.6(a)所示，实验表明传给 L_2 的力仅为 L_1 的 1/8 左右，这表明荷载主要沿 L_1 方向传递，故称单向板；当 $L_2/L_1 < 2$ 时，虽然长、短边受力仍有所区别，但两个方向都有扭曲，如图 5.6(b)所示，这说明板在两个方向均传递荷载，都不可忽略不计，故称双向板。相比而言，双向板受力更为合理，构件材料更能发挥作用。一般单向板的厚度取$(1/35\sim1/30)L_1$，最小厚度为 70mm；双向板厚度取$(1/45\sim1/40)L_1$，最小厚度为 80mm，民用建筑中常用 80～100mm。

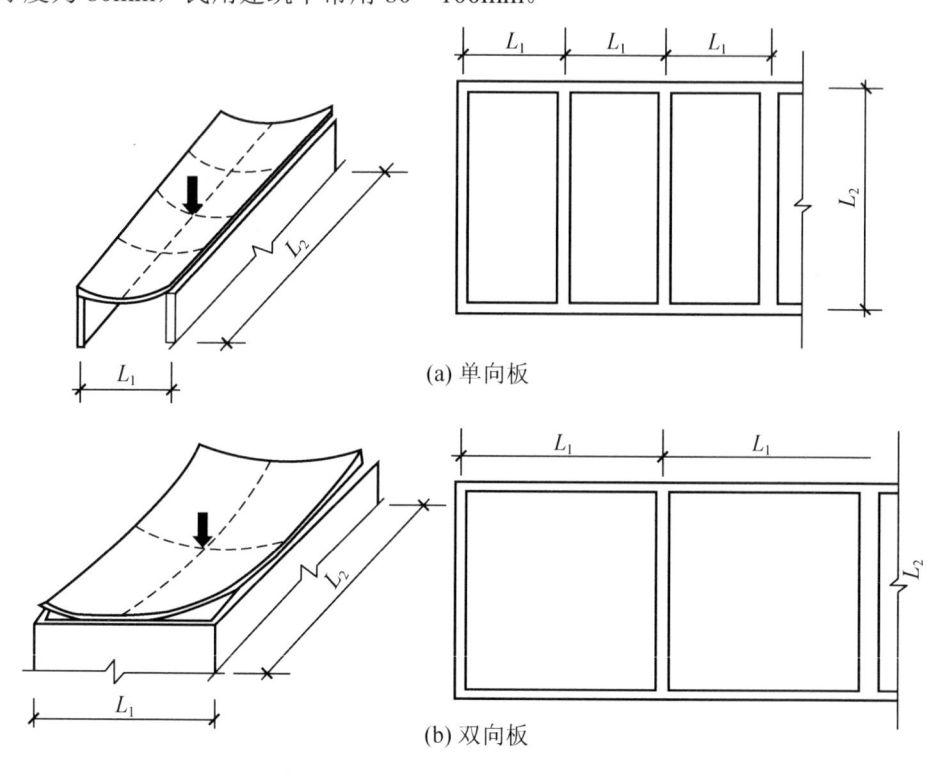

(a) 单向板

(b) 双向板

图 5.6　板式楼板的受力和传力方式

2．梁板式楼板

在板下设梁作为支承点，荷载由板传给梁，再由梁传给墙或柱，这种由板和梁组合而成的楼板称为梁板式楼板，也称肋梁楼板。根据梁的构造形式，可分为单梁式、复梁式和井格式楼板层。

1) 单梁式楼板

当房间比较小时，仅在一个方向设梁，梁支承在承重墙上，这种形式为单梁式楼板。一般梁的跨度可取 5～8m，梁的高度为跨度的 1/12～1/10，梁的宽度取其高度的 1/3～1/2；板跨取 2.5～3.5m。

2) 复梁式楼板

当房间尺寸较大时，采用复梁式楼板，在两个方向设梁，梁分主梁和次梁且垂直相交。其构造做法是板搁置在次梁上，次梁搁置在主梁上，主梁搁置在墙或柱上，如图 5.7 所示。

3) 井格式楼板

井格式楼板是肋梁楼板的一种特殊形式。当房间尺寸较大，并接近正方形时，沿两个方向布置等截面高度的梁，梁不分主次，与板整浇形成井格形的梁板结构。纵梁和横梁同时承担着由板传递下来的荷载，如图 5.8 所示。

井格的布置形式，有正交正放、正交斜放、斜交斜放等。板的跨度即为梁的间距，一般为 2.5～4m。板为双向板，厚度为 70～80mm。井格式楼板外观规则整齐，可不设柱而仍满足较大建筑空间的要求，常见于门厅或其他大厅中。

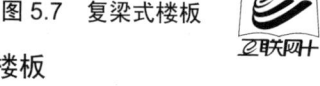

图 5.7 复梁式楼板

图 5.8 井格式楼板

3．无梁楼板

荷载较大，对房间高度、采光、通风又有一定要求的建筑(如商场、书库、多层车库等)不宜采用梁板式楼板，宜采用无梁楼板。无梁楼板是框架结构中将楼板直接支撑在柱子和墙上的楼板，如图 5.9 所示。为了增大柱的支撑面积和减小板的跨度，须在柱的顶部设柱帽和托板。无梁楼板的柱尽量按方形网格布置，间距 7～9m 较为经济。由于板跨度较大，一般板厚度不小于 150mm。

【参考图文】

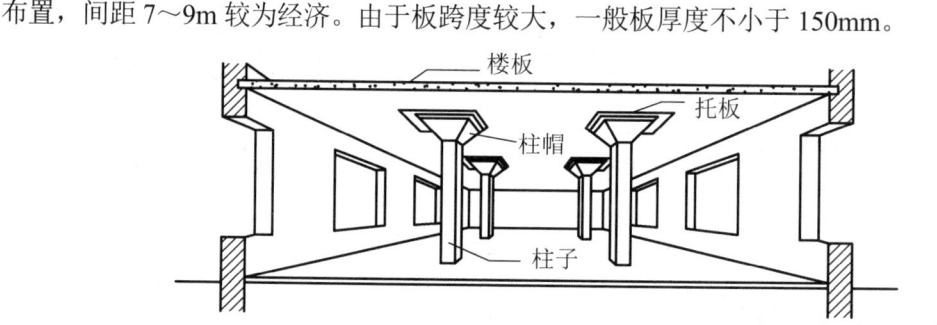

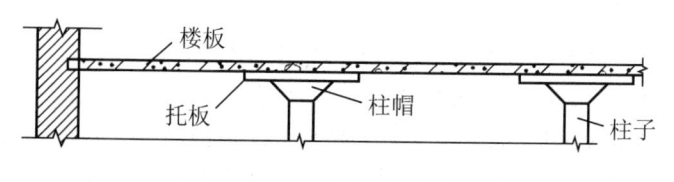

图 5.9 无梁式楼板

4．压型钢板组合楼板

压型钢板组合楼板是钢与混凝土组合的一种楼板。它利用压型钢板作衬板，与现浇混凝土浇筑在一起，搁置在钢梁上，构成整体型的楼板支撑结构。它适用于需要较大空间的高、多层民用建筑。

压型钢板两面镀锌，冷压成梯形截面。截面的翼缘和腹板常压成肋形或肢形，用来加肋，以提高与混凝土的黏结力，如图 5.10 所示。

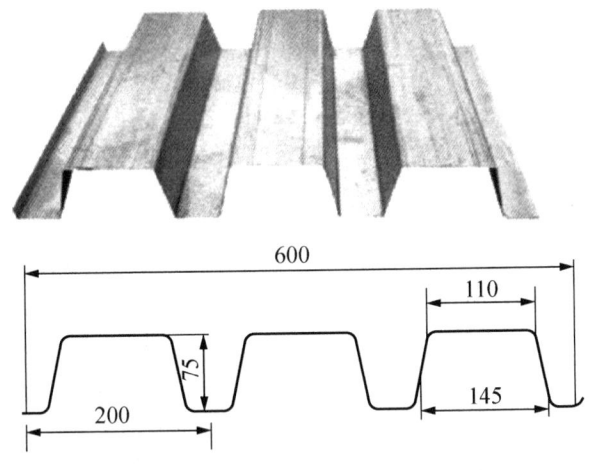

图 5.10　压型钢板的形式

压型钢板组合楼板基本构造形式如图 5.11 所示，它是由钢梁、压型钢板和现浇混凝土三部分组成的，是由栓钉(又称抗剪螺钉)将钢筋混凝土、压型钢板和钢梁组合成为整体。

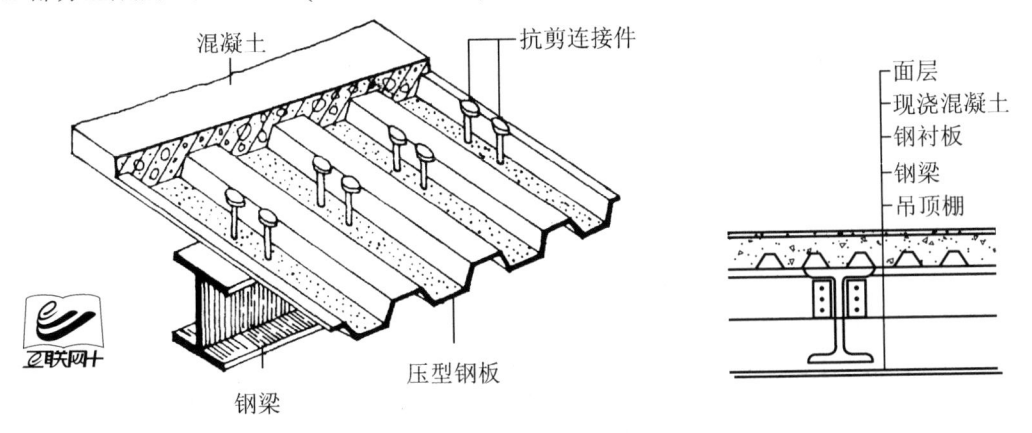

图 5.11　压型钢板组合楼板

5.2.2　预制装配式钢筋混凝土楼板

1．预制装配式钢筋混凝土楼板的类型

【参考图文】

预制装配式钢筋混凝土楼板是指在构件预制加工厂或施工现场预先制作，然后运到工地进行安装的楼板。预制构件可分为预应力构件和非预应力构件两种。采用预应力构件，推迟了构件裂缝的出现及可限制裂缝的开展，从而提高了构件的抗裂度和刚度，且与非预应力构件相比，可节省钢材 30%～50%，节省混凝土 10%～30%，减轻自重，降低造价。

常用的预制装配式钢筋混凝土楼板，根据截面形式可划分为实心板、槽形板和空心板三种类型。

1) 实心板

实心板的厚度小，隔声效果差，如图 5.12 所示。一般不宜用作使用房间的楼板，宜用于跨度小的走廊、楼梯平台、阳台、管沟盖板等处。

实心板上下面平整，制作简单，板的两端支承在墙或梁上，板厚一般为 50~80mm，跨度以 2.4m 内为宜，板宽为 500~900mm。由于构件小，对起吊机械要求不高。

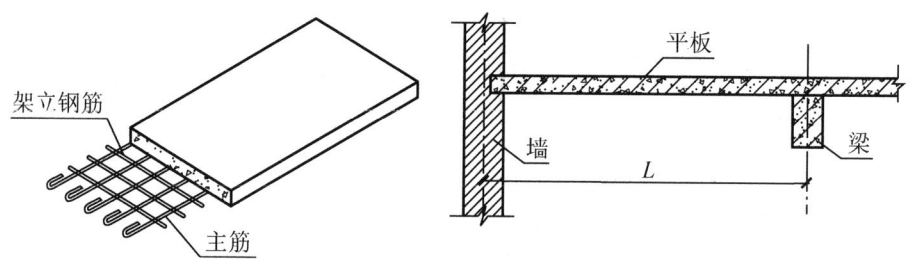

图 5.12　实心板

2) 槽形板

槽形板是一种梁板结合的构件，即在实心板两侧设纵肋构成槽形截面，如图 5.13 所示。当板的长度超过 6m 时，需沿着板长每隔 1000~1500mm 增设横肋。它具有自重轻、省材料、造价低、便于开孔等优点。

槽形板的跨度为 3~7.2m，板宽为 500~1200mm。由于板肋形成了板的支点，板跨减小，所以板厚较小，只有 25~30mm。当板肋位于板的下面时，槽口向下，结构合理，为正槽板，其板底不平整、隔声效果差，常用于对观瞻要求不高或做悬吊顶棚的房间；反槽板的受力与经济性不如正槽板，但板底平整，朝上的槽口内可填充轻质材料，可以提高楼板的保温隔热效果。

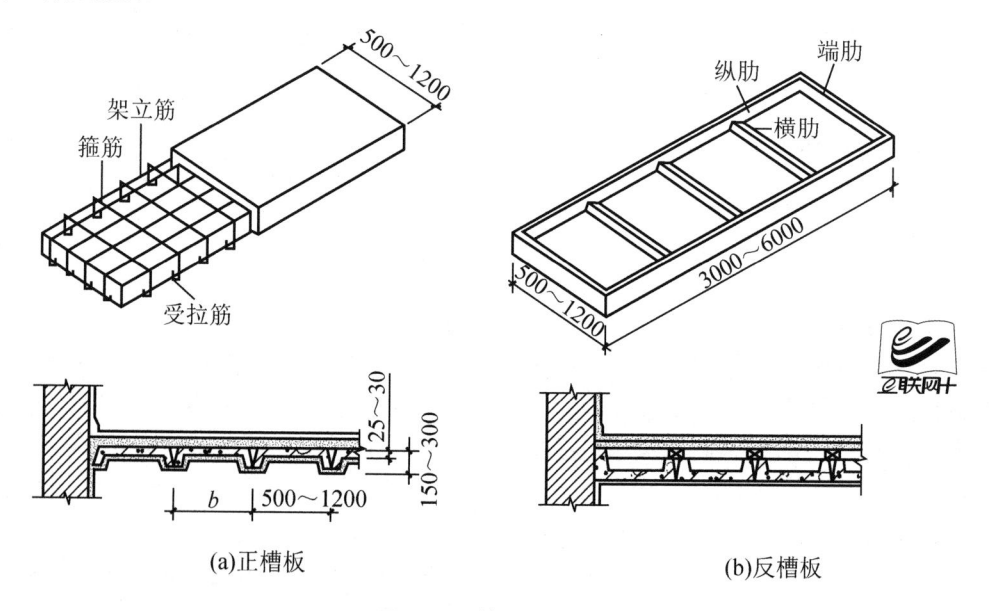

图 5.13　槽形板

3) 空心板

空心板是将平板沿纵向抽孔，将多余的材料去掉，形成中空的一种钢筋混凝土楼板。板中孔洞的形状有方孔、椭圆孔和圆孔等，由于圆孔板构造合理、制作方便，因此应用更广泛。

空心板的跨度一般为 2.4～7.2mm，板宽通常为 500mm、600mm、900mm、1200mm，板厚有 120mm、150mm、180mm、240mm 等，如图 5.14 所示。空心板板面不可随意开洞。

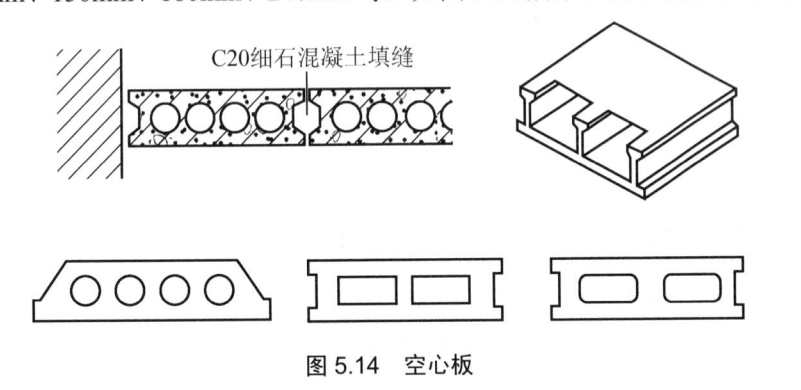

图 5.14　空心板

2. 预制装配式钢筋混凝土楼板的结构布置和连接构造

1) 结构布置

预制装配式钢筋混凝土楼板的结构布置分梁承重和墙承重两种方式，如图 5.15 所示。前者多用于开间、进深较大的房间，后者多用于小开间的房间。

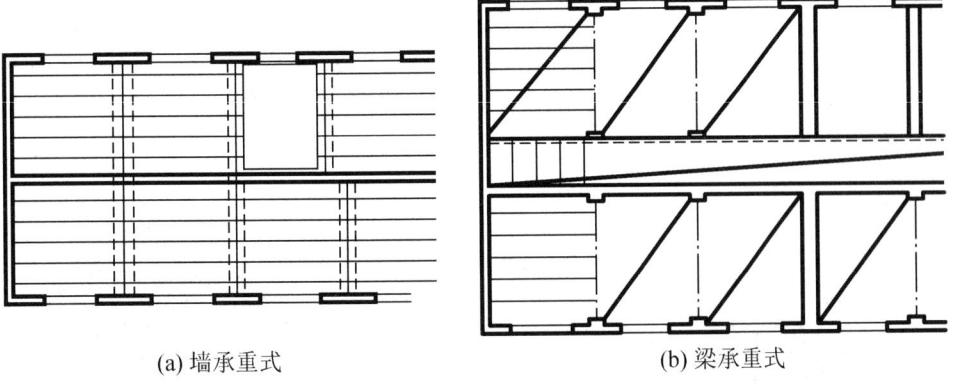

(a) 墙承重式　　　　　　　　　　(b) 梁承重式

图 5.15　预制板的结构布置形式

在布置楼板时，应尽量减少板的规格、类型，并优先选用宽板，窄板作调剂之用。还应避免出现板三边支承的情况，即板的长边不得伸入墙内，否则易出现纵向裂缝。当楼板排列不够整块数时，可通过调整板缝、于墙边挑砖或增加局部现浇板等办法来解决。当遇上下管线、烟道、通风道穿过楼板时，由于空心板不宜开洞，所以应尽量将该处楼板现浇。

2) 连接构造

板缝宽度一般要求不小于 20mm，缝宽在 20～50mm 时，可用 C20 细石混凝土现浇；缝宽为 50～200mm 时，可用 C20 细石混凝土现浇并在缝中配纵向钢筋，如图 5.16 所示。

预制板搁置在砖墙或梁上时，应有足够的支承长度。支承于梁上时，其搁置长度不小于
80mm；支承于墙上时，其搁置长度不小于 100mm，并在梁或墙上铺 M5 水泥砂浆找平(坐
浆)，厚度为 20mm，以保证板的平稳、传力均匀。为了增加建筑的整体刚度，在板的端缝
和侧缝处还应用拉结钢筋加以锚固，如图 5.17 和图 5.18 所示。

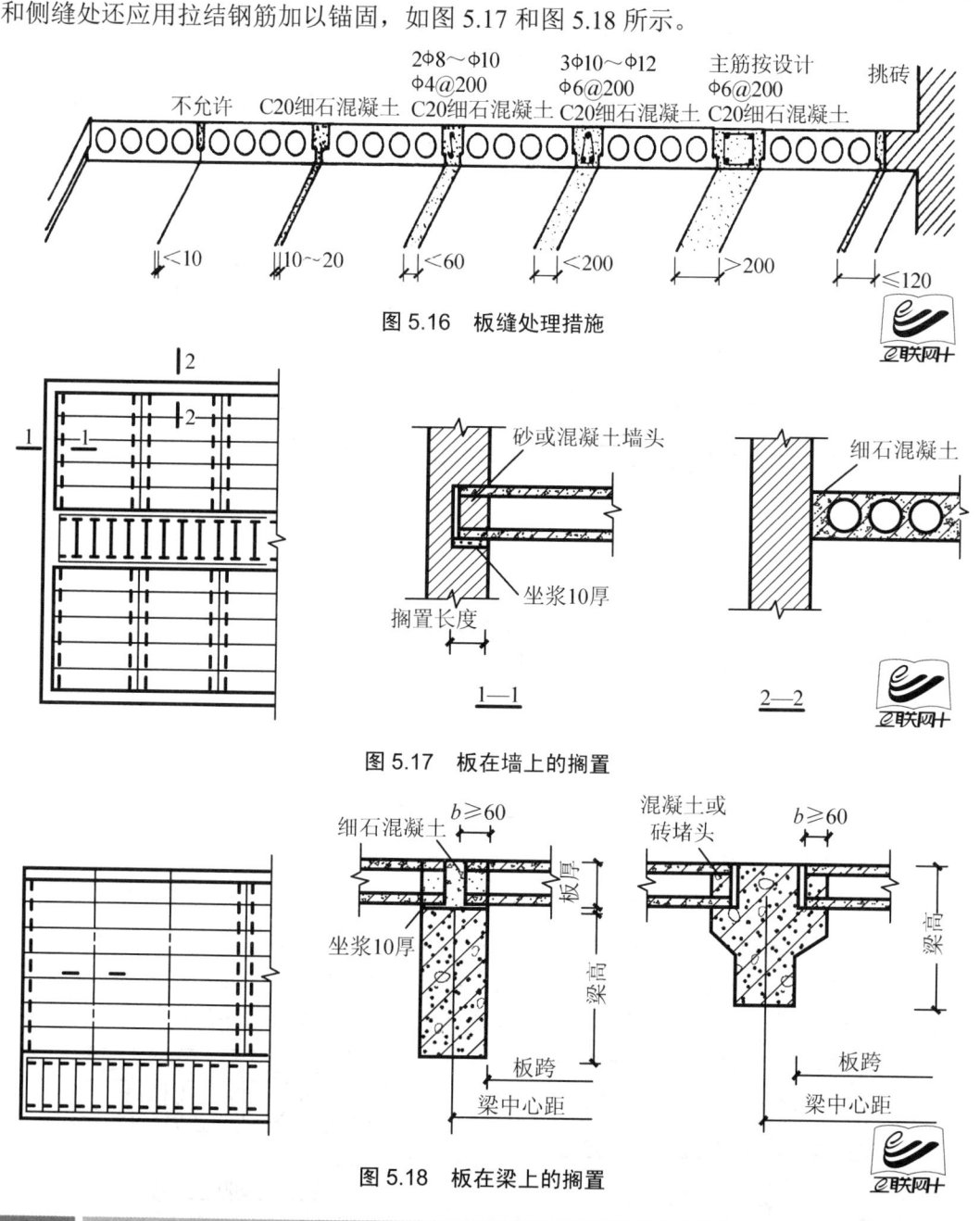

图 5.16　板缝处理措施

图 5.17　板在墙上的搁置

图 5.18　板在梁上的搁置

5.2.3　装配整体式钢筋混凝土楼板

　　装配整体式钢筋混凝土楼板是先将楼板中的部分构件预制，现场安装后再浇筑混凝土
面层而成的楼板，其特点是整体性好、省模板、施工快，集中了现浇和预制的优点。它有

叠合楼板和密肋填充块楼板两种类型。

1. 叠合楼板

叠合楼板是由预制楼板和现浇钢筋混凝土层叠合而形成的装配整体式楼板，其中预制板部分通常采用预应力或非预应力薄板。为了保证预制薄板与叠合层有较好的连接，薄板表面做刻槽处理，板面露出较为规则的三角形结合钢筋等，如图 5.19 所示。预制薄板跨度一般为 4~6m，最大可达到 9m，板宽为 1.1~1.8m，预应力薄板厚度为 50~70mm。现浇叠合层采用 C20 细石混凝土浇筑，厚度一般为 100~120mm，以大于或等于薄板厚度的两倍为宜。叠合楼板的总厚度一般为 150~250mm。

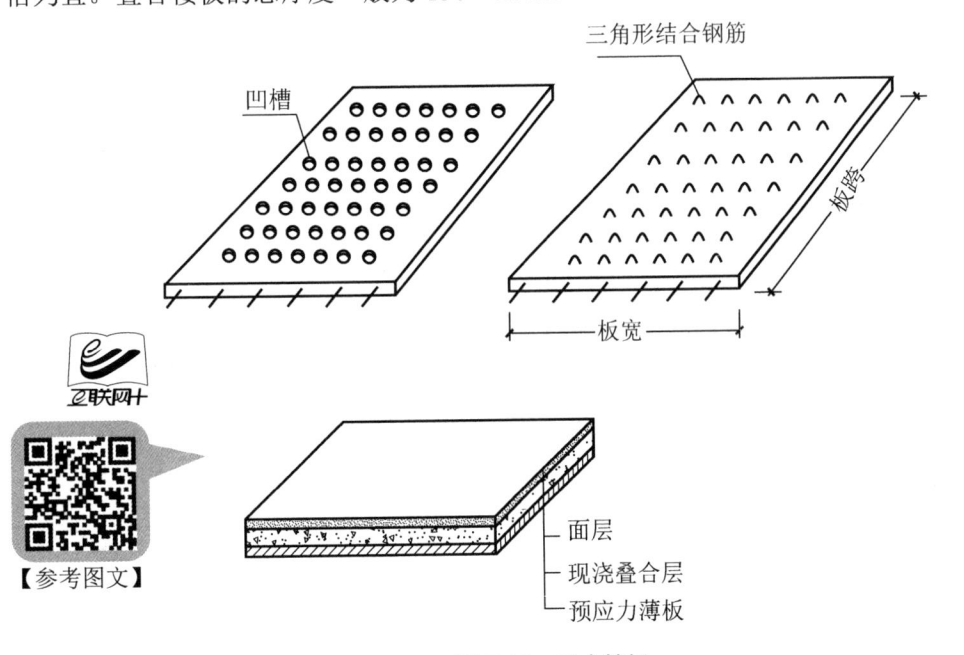

【参考图文】

图 5.19　叠合楼板

2. 密肋填充块楼板

密肋填充块楼板的密肋小梁，有现浇和预制两种。现浇密肋填充块楼板是以陶土空心砖、矿渣混凝土实心块等作为肋间填充块，现浇密肋和面板而形成，如图 5.20 所示。密肋填充块楼板板底平整，有较好的隔声、保温、隔热效果，在施工中空心砖还可以起到模板作用，也有利于管道的敷设。但这种楼板构件数量多，目前在工程中应用较少。

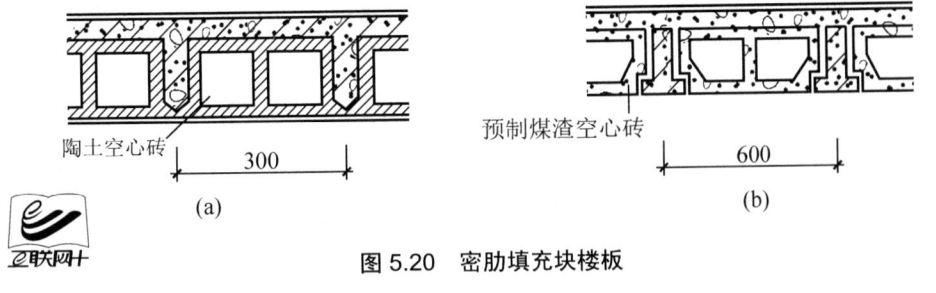

图 5.20　密肋填充块楼板

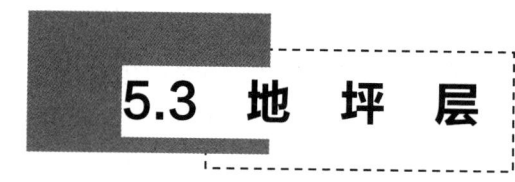

5.3 地 坪 层

地坪层是指建筑物底层房间与土层的交接处，所起作用是承受地坪上的荷载，并将荷载传给地坪以下土层。

5.3.1 地坪层的组成

地坪层主要由面层、垫层和基层三部分组成。有些特殊要求的地面，当基本层次不能满足使用要求时，需要增设附加层，如找平层、防水层、防潮层、保温层等，如图 5.21 所示。

1．面层

面层是人们生活、工作、学习时直接接触的地面层，是地面直接经受摩擦、洗刷和承受各种物理、化学作用的表面层。依照不同的使用要求，面层应具有耐磨、平整、防水、导热系数小等性能。

2．垫层

垫层是面层和基层之间的填充层，起承上启下的作用，即承受面层传来的荷载和自重，并将其均匀传给下部的基层。垫层一般采用 60～100mm 厚的 C10 素混凝土，有时也可采用柔性垫层如砂、粉煤灰等。

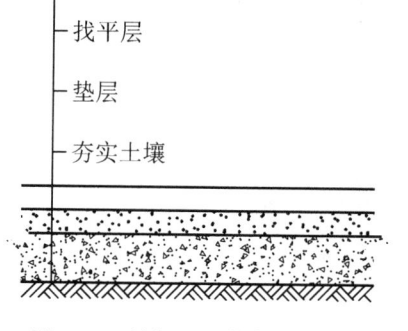

图 5.21　地坪层的基本构造组成

3．基层

基层是地面的承重层，一般为土壤。当土壤条件较好、地层上荷载不大时，一般采用原土夯实或填土分层夯实；当地层上荷载较大时，则需对土壤进行换土或夯入碎砖、砾石等，如 100～150mm 厚 2：8 灰土，100～150mm 厚碎砖、三合土等。

4．附加层

附加层是为满足某些特殊使用功能要求而设置的，一般位于面层与垫层之间，如防水层、防潮层、保温层、管道敷设层等。

5.3.2 地面的设计要求

1．坚固耐久的要求

地面要有足够的强度，以便承受人、家具、设备等荷载而不被破坏。人走动和家具、设备移动将对地面产生摩擦，所以地面应当耐磨，不耐磨的地面在使用时易产生粉尘，影响卫生与人体健康。

2．热工方面的要求

为了满足隔热等方面的要求，应尽量采用导热系数小的材料做地面，以及在地面上铺设辅助材料，使地面具有较低的吸热指数。采用木材和其他有机材料(塑料地板等)作地面的面层，比一般水泥地面的效果要好得多。

3．隔声方面的要求

楼层之间的噪声传播，有空气传声和固体传声两种途径。楼层地面隔声主要是指隔绝楼层的固体声源，后者多数是由于人和家具与地面撞击产生的。在可能的条件下，地面应采用能较大衰减冲击能量的材料及构造。

4．防水和耐腐蚀方面的要求

地面应不透水，特别是有水源和潮湿的房间，如厕所、厨房、盥洗室等。应注意实验室的房间地面，除了应不透水外，还要耐酸碱的腐蚀。

5．经济方面的要求

设计地面时，在满足使用要求的前提下，要选择经济的材料和构造方案，尽量就地取材。

5.3.3 楼地面构造

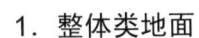
【参考图文】

楼地面一般是以面层的材料和做法来命名的，如面层为水磨石，则该地面称为水磨石地面，面层为木材，则称为木地面。楼地面按其材料和构造做法可分为五大类型：整体类地面、块材地面、卷材地面、涂料类地面、地热辐射采暖类地面。

1．整体类地面

整体类地面的面层没有缝隙，整体效果好，一般是整片施工，也可分区分块施工。按材料不同，有水泥砂浆地面、水磨石地面、混凝土地面等类型。

1) 水泥砂浆地面

水泥砂浆地面通常是用水泥砂浆抹压而成的，如图 5.22 所示。它的原材料供应充足方便，造价低且耐水，是目前应用最广泛的一种低档地面的做法。其缺点是易结露、易起灰、无弹性、热传导性高等。水泥砂浆地面有单层与双层构造之分，当前以双层水泥砂浆地面居多。

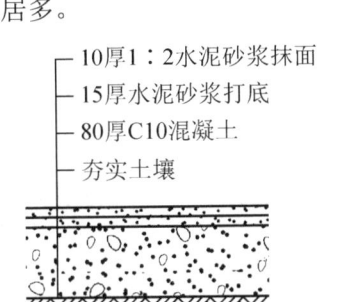

—10厚1：2水泥砂浆抹面
—15厚水泥砂浆打底
—80厚C10混凝土
—夯实土壤

—10厚1：2.5水泥砂浆抹面
—15厚1：3水泥砂浆找平
—预制空心楼板
—顶棚

(a) 水泥砂浆地面构造层次

(b) 水泥砂浆地面示例

图 5.22　水泥砂浆地面

2) 水磨石地面

水磨石地面是将用水泥作胶结材料、用大理石或白云石等中等硬度的石屑做骨料而形成的水泥石面层，经磨光打蜡而成。这种地面坚硬、耐磨、光洁、不透水，装饰效果较好，如图5.23所示。

水磨石地面一般分为两层施工。先在刚性垫层或结构层上用10～20mm厚的1：3水泥砂浆找平，然后在找平层上按设计图案嵌10mm高分格条(玻璃条、钢条、铝条等)，并用1：1水泥砂浆固定，最后将搅拌好的水泥石屑浆铺入压实，经浇水养护后磨光打蜡，如图5.24所示。

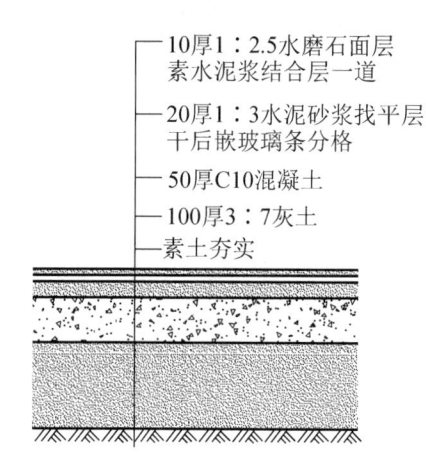

— 10厚1：2.5水磨石面层
素水泥浆结合层一道
— 20厚1：3水泥砂浆找平层
干后嵌玻璃条分格
— 50厚C10混凝土
— 100厚3：7灰土
— 素土夯实

图5.23 水磨石地面构造层次

图5.24 水磨石地面实例

2．块材地面

块材地面是利用各种天然或人造的预制块材和板材，通过铺贴形成面层的地面。这种地面易清洁、经久耐用、花色品种多、装饰效果强；但功效低、价格高，属于中高档的地面，用于人流量大、清洁要求和装饰要求高的建筑。

1) 缸砖、瓷砖、陶瓷锦砖地面

缸砖、瓷砖、陶瓷锦砖的共同特点是表面致密光洁、耐磨，吸水率低，不变色，属于小型材。它们的铺贴工艺类似，一般做法是：在混凝土垫层或楼板上抹15～20mm厚1：3的水泥砂浆找平，再用5～8mm厚的水泥砂浆或水泥胶(水泥：108胶：水＝1：0.1：0.2)粘贴砖料，最后用素水泥浆擦缝。陶瓷锦砖在整张铺贴后用滚筒压平，使水泥砂浆挤入缝隙，待水泥砂浆硬化后用草酸洗去牛皮纸，然后用白水泥浆擦缝，如图5.25所示。

2) 花岗石板、大理石板地面

花岗石板、大理石板地面如图5.26所示，铺设前应按房间尺寸预定制作，铺设时需要预先试铺，合适后再开始正式粘贴，具体做法是：先在混凝土垫层或楼板找平层上实铺30mm厚1：3～1：4的干硬性水泥砂浆做结合层，上面撒素水泥面(洒适量清水)，然后铺贴楼地面板材，缝隙挤紧，用橡皮锤或木锤敲实，最后用素水泥浆擦缝。花岗石板的耐磨性与装饰效果好，但价格昂贵，属于高级地面装修材料。

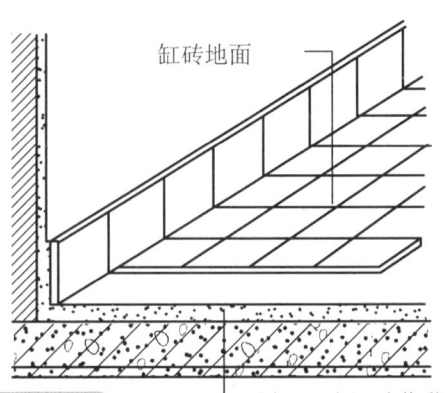

缸砖地面

5厚1:1水泥砂浆黏结层
12厚1:3水泥砂浆打底
现浇楼板
顶棚

【参考图文】

图 5.25　陶瓷锦砖地面

石板

接缝宽5

平铺20厚石板(缝宽＞1mm,
撒干水泥粉浇水扫缝)
30厚1:3水泥砂浆找平(干硬性)
60～80厚C10混凝土
素土夯实

坐浆

【参考图文】

图 5.26　花岗石板、大理石板地面

3) 木地面

木地面弹性好、不起尘、易清洁、导热系数小，但造价较高，是一种高级地面。木地面按构造方式，分为空铺式和实铺式两种。

（1）空铺式木地面：是将木地面架空铺设，使板下有足够的空间便于通风，以保持干燥，如图 5.27 所示。由于其构造复杂，耗费木材较多，故一般用于要求环境干燥、对地面有较高弹性要求的房间。

【参考图文】

（2）实铺式木地面：有铺钉式和粘贴式两种做法。铺钉式木地面是在混凝土垫层或楼板上固定小断面和木搁栅，木搁栅的断面尺寸一般为 50mm×50mm 或 50mm×70mm，间距 400～500mm，然后在木搁栅上铺钉木板材，如图 5.28 所示。

3．卷材地面

常见地面卷材，有聚氯乙烯塑料地毡、橡胶地毡、各种地毯等，如图 5.29 所示。卷材地面弹性好、消声性能好，适用于公共建筑和居住建筑。

聚氯乙烯塑料地毡和橡胶地毡铺贴方便，可以干铺，也可以用黏结剂粘贴在其找平层上。塑料地毡具有步感舒适、防滑、防水、耐磨、隔声、美观等特点，且价格低廉。

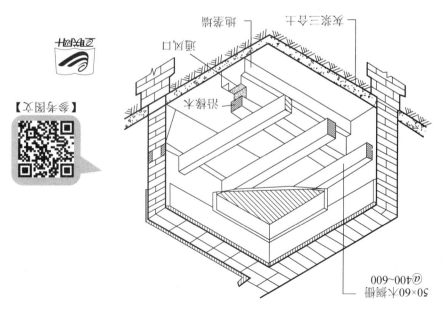

50×60木搁栅
@400~600

沥青砂木
通风口
地垄墙
水泥三合土

【参考图文】

图 5.27　空铺式木地面

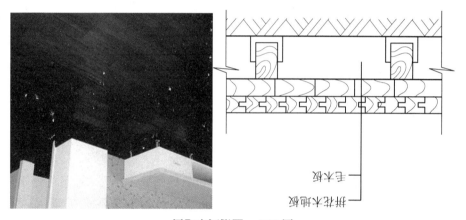

拼花木地板
毛木板

图 5.28　实铺式木地面

地毯分为化纤地毯和羊毛地毯两种。羊毛地毯档次大方，美观豪华，一般只在宾馆的内局部作为装饰使用。

图 5.29　卷材地面材料

【参考图文】

4．涂料类地面

涂料类地面是利用涂料涂刷而成，如图 5.30 所示。它是水泥砂浆或混凝土地面的一种表面处理方式，用以改善水泥砂浆地面在使用和装饰方面的不足。地面涂料品种较多，有溶剂型、水溶性和水乳型等。

图 5.30　涂料类地面

5．地热辐射采暖地面

地热辐射采暖简称地暖，是将温度不高于 60℃的热点或发热电缆暗埋在地热地板下的盘管系统内，加热整个地面，通过地面均匀地对室内辐射散热的一种采暖方式。地热辐射采暖与直接采暖方式相比，具有舒适、节能和环保等诸多优点，如图 5.31 所示。

图 5.31　地热辐射采暖地面

 知识链接

早在 20 世纪 70 年代，低温地热辐射采暖技术就在欧美、韩日等地得到迅速发展，经过使用验证，该方法节省能源、技术成熟、热效率高，是科学、节能、保健的一种采暖方式。地热辐射采暖系统主要分为绝热层、防潮层、固定层、管道层、储热层、地面面层等，整体厚度在 8cm 左右。

5.4 顶 棚

【参考图文】

顶棚是屋面和楼板层下面的装修层。对于顶棚的基本要求是光洁、美观，通过反射光照来改善室内采光和卫生状况，对于特殊房间，还需要具有防火、隔声、保温、隐蔽管线等功能。顶棚按构造方式不同，分为直接式和悬吊式两种。

5.4.1 直接式顶棚

直接式顶棚是指直接在钢筋混凝土楼板下做饰面层而形成的顶棚。这种顶棚构造简单、施工方便、造价较低，如图 5.32 所示。

(1) 直接喷刷顶棚：当楼板地面平整，室内装饰要求不高时，可在楼板地面填缝刮平后直接喷刷大白浆、石灰浆等涂料，以增加顶棚的反射光照作用。

(2) 抹灰顶棚：当楼板底面不够平整或室内装饰要求较高时，可在楼板底抹灰后再喷刷涂料。顶棚抹灰主要有纸筋灰抹灰、水泥砂浆抹灰和混合砂浆抹灰等，其中纸筋灰抹灰应用最为普遍。

(3) 粘贴顶棚：对于某些有隔温、隔热、吸声要求的房间，以及楼板不需要敷设管线而装修要求较高的房间，可在楼板地面用砂浆打底找平后用黏结剂粘贴墙纸、泡沫塑料板等，形成贴面顶棚。

【参考图文】

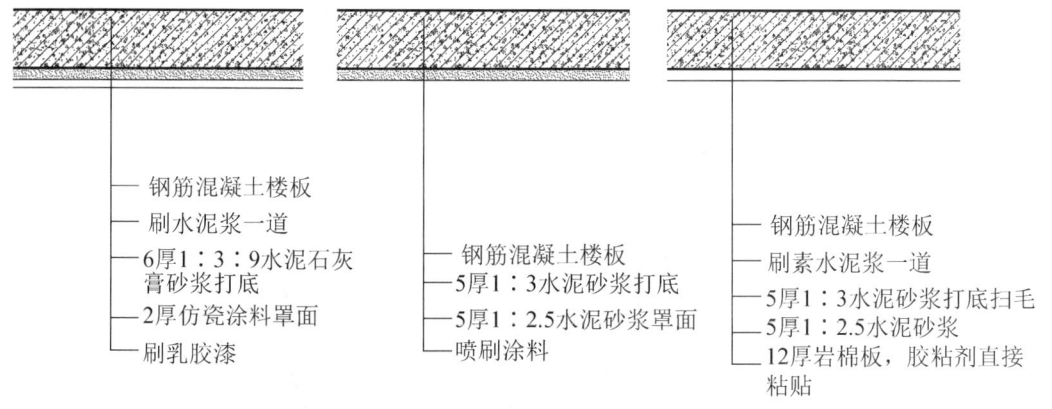

- 钢筋混凝土楼板
- 刷水泥浆一道
- 6厚1：3：9水泥石灰膏砂浆打底
- 2厚仿瓷涂料罩面
- 刷乳胶漆

- 钢筋混凝土楼板
- 5厚1：3水泥砂浆打底
- 5厚1：2.5水泥砂浆罩面
- 喷刷涂料

- 钢筋混凝土楼板
- 刷素水泥浆一道
- 5厚1：3水泥砂浆打底扫毛
- 5厚1：2.5水泥砂浆
- 12厚岩棉板，胶粘剂直接粘贴

图 5.32 直接式顶棚构造

5.4.2 悬吊式顶棚

悬吊式顶棚简称吊顶，在现代建筑中，为提高建筑物使用功能和观感，可将空调管、火灾报警、自动喷淋、烟感器、广播设备等管线安装在顶棚上，所以常需借助吊顶来解决，如图 5.33 所示。

图 5.33　悬吊式顶棚

　　吊顶无论采用何种形式，均由吊杆、龙骨和板材面层三部分组成，根据造型、防火等要求选用。常见龙骨形式，有木龙骨、轻钢龙骨、铝合金龙骨等，如图 5.34 及图 5.35 所示。板材面层常用的有各种人造木板、石膏板、吸声板、铝板、彩色涂层薄钢板、不锈钢板等。

【参考视频】

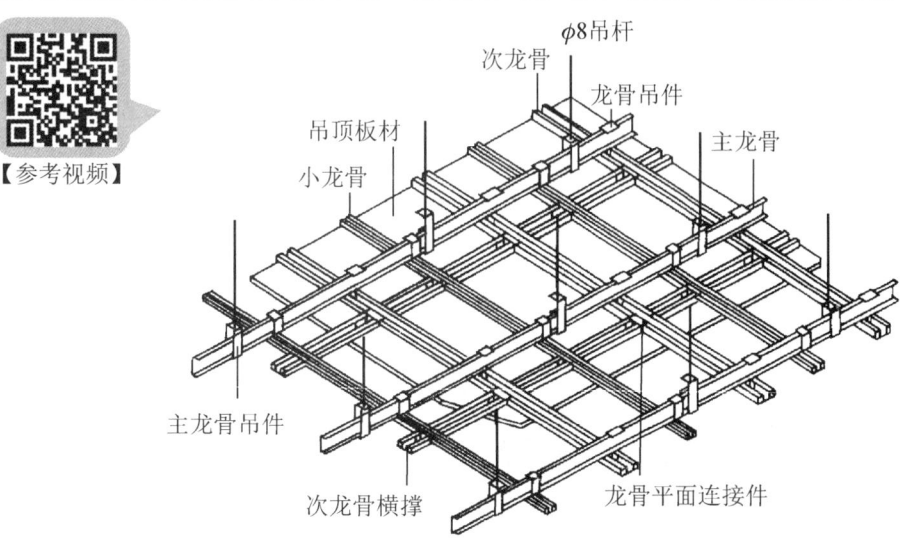

图 5.34　轻钢龙骨

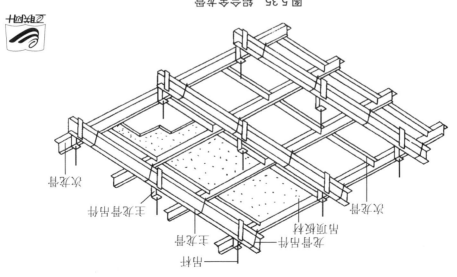

图 5.35　隔声楼地板

5.5 阳台与雨篷

5.5.1 阳台

1. 阳台的类型

阳台是建筑物中不可或缺的室内外过渡空间，人们可利用阳台来赏景、休憩等。阳台按与外墙的位置关系，可分为凸阳台、凹阳台、半凸半凹阳台，如图 5.36 所示。

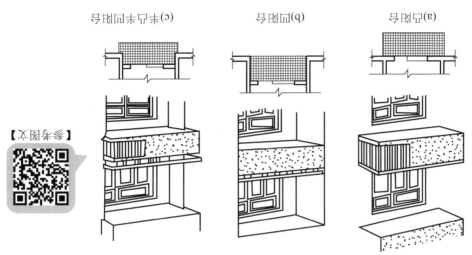

(a)凸阳台　　　(b)凹阳台　　　(c)半凸半凹阳台

图 5.36　阳台的类型

2．阳台的设计要求

(1) 安全适用。悬挑阳台的挑出长度不宜过大，应保证在荷载作用下不发生倾覆现象，以 1.2～1.8m 为宜。低层和多层住宅阳台的栏杆净高不低于 1.05m，中高层住宅阳台的栏杆净高不低于 1.1m，但也不宜大于 1.2m。

(2) 坚固耐久。阳台所用材料和构造措施应经久耐用，承重结构宜采用钢筋混凝土，金属构件应做防锈处理，表面装修应注意色彩的耐久性和抗污染性。

(3) 排水顺畅。为防止阳台上的雨水流入室内，设计时要求将阳台地面标高低于室内地面标高 60mm 左右，并将地面抹出 5‰的排水坡将水导入排水孔，使雨水能顺利排出。

3．阳台的结构布置方式

1) 挑梁式

挑梁式阳台是从横墙上伸出挑梁，阳台板搁置在挑梁上。这种结构布置简单，传力直接、明确，阳台长度与房间开间一致，如图 5.37(a)所示。

2) 挑板式

挑板式阳台是直接将阳台板悬挑在墙外的结构形式。当楼板为现浇时，宜选择挑板式，悬挑长度一般为 1.2m 左右，如图 5.37(b)所示。

3) 墙承式

墙承式阳台是将阳台板直接搁置在墙上，由墙来承受阳台传来的荷载。这种结构形式稳定、可靠、施工方便，多用于凹阳台，如图 5.37(c)所示。

【参考图文】

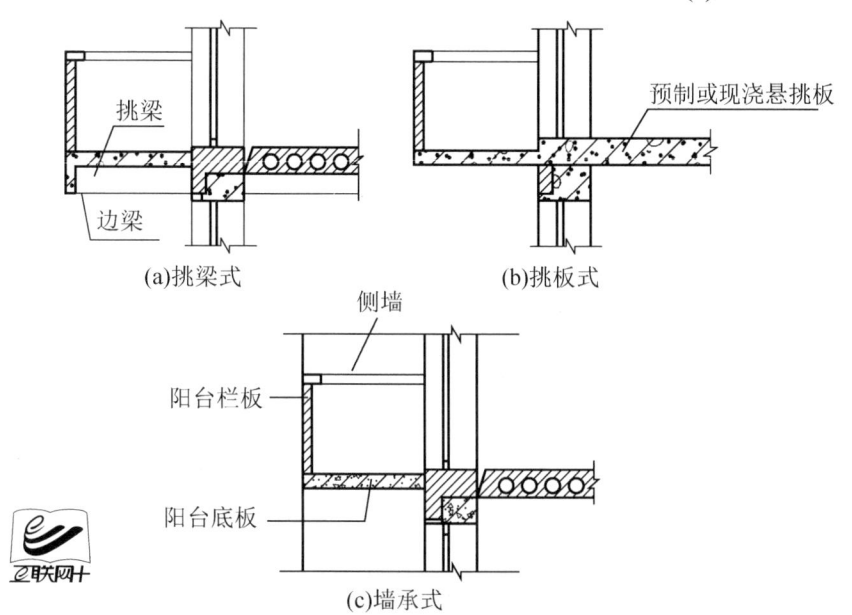

图 5.37　阳台的结构布置方式

4．阳台细部构造

1) 阳台栏杆

栏杆是在阳台外围设置的竖向构件，其作用一方面是承担人们推倚的侧向力，以保证人的安全；另一方面是对建筑物起装饰作用，因而栏杆的构造要求坚固、美观。栏杆的高度一般不宜低于 1.05m，高层建筑不应低于 1.1m，栏杆垂直杆之间的间距不应大于 110mm。栏杆按结构形式，可分为空花式、混合式、实体式，如图 5.38 所示。

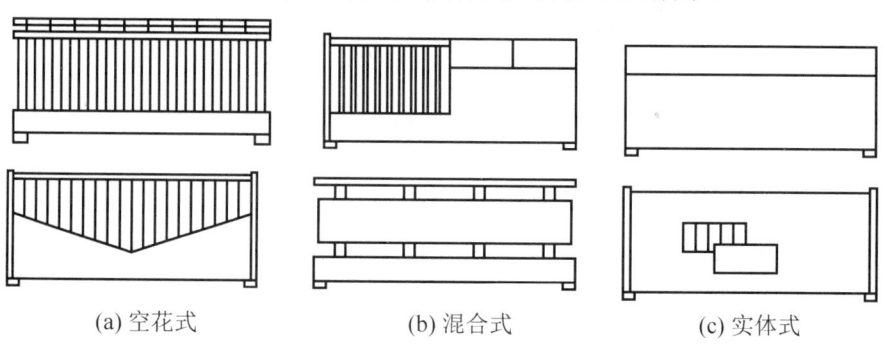

(a) 空花式　　　　　(b) 混合式　　　　　(c) 实体式

图 5.38　栏杆的结构形式

2) 栏杆扶手

扶手是在使用阳台过程中供人手扶的构件，如图 5.39 所示。栏杆扶手有金属和钢筋混凝土两种。

图 5.39　阳台栏杆扶手

3) 阳台排水

阳台排水有外排水和内排水两种。阳台外排水适用于低层和多层建筑，是在阳台外侧设置泄水管将水排出；内排水适用于高层建筑，是在阳台内侧设置排水立管和地漏，将雨水直接排入地下管网，以保证建筑立面美观，如图 5.40 所示。

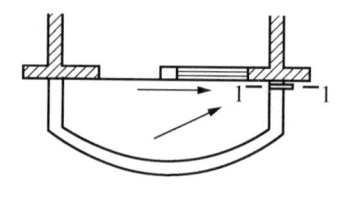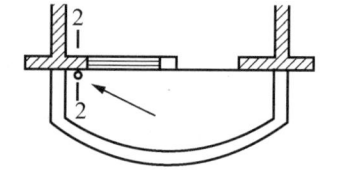

图 5.40　阳台排水构造

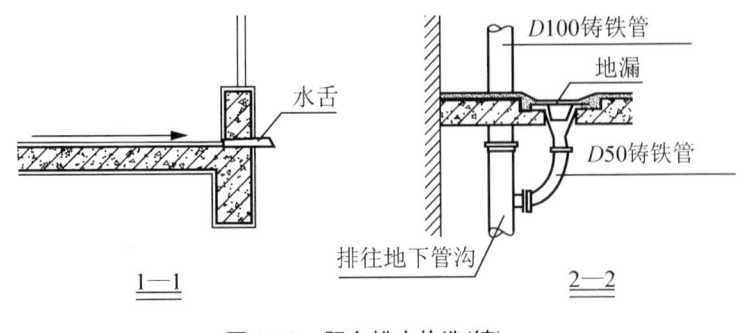

图 5.40 阳台排水构造(续)

5.5.2 雨篷

雨篷是建筑物入口处位于外门上部用于遮挡雨水、保护门外免受雨水侵害的水平构件，同时对建筑物立面效果起着很重要的作用。雨篷按材料和结构，分为钢筋混凝土雨篷、钢结构雨篷、玻璃采光雨篷、软面折叠多用雨篷等。

1．钢筋混凝土雨篷

钢筋混凝土雨篷根据支撑形式，可分为悬板式和梁板式；根据排水情况，可分为自由落水雨篷和有组织排水雨篷。

1) 悬板式

悬板式雨篷多用于次要出入口，其外挑长度一般为 0.9～1.5m，板根部厚度应不小于挑出长度的 1/12，雨篷的宽度比门洞楣宽 250mm，顶面距过梁顶面 250mm 高，底板抹灰可采用 1∶2 水泥砂浆内掺 5%防水剂的防水砂浆，厚度为 15mm，如图 5.41 所示。

2) 梁板式

梁板式雨篷多用在宽度较大的入口处，悬挑梁从建筑物的柱挑出，为使底板平整，多做成倒梁式，如图 5.42 所示。

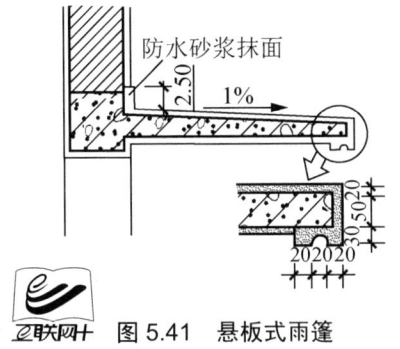

图 5.41 悬板式雨篷

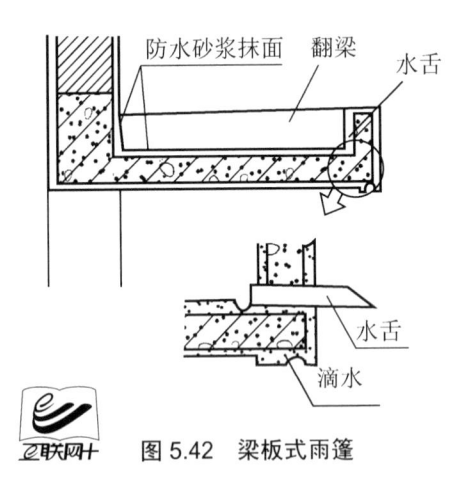

图 5.42 梁板式雨篷

2．钢结构雨篷

钢结构雨篷由支撑系统、骨架系统和面板系统组成。这种雨篷具有结构和造型简练、轻巧、灵活的特点，使用广泛，如图 5.43 所示。

3. 玻璃采光雨篷

玻璃采光雨篷多采用玻璃-钢结构结合的方式，这种雨篷具有采光效果良好、质轻、施工便捷等特点，如图 5.44 所示。

图 5.43　钢结构雨篷

图 5.44　玻璃采光雨篷

实 训 项 目

完成预应力空心板的布置。

1．实训目的

通过预应力空心板的布置，使学生具备选择承重方案的能力，掌握预应力空心板的安装节点构造、板缝的调节和处理，训练绘制和识读施工图的能力。

2．实训内容和要求

(1) 某砖混住宅建筑的底层(局部)平面如图 5.45 所示，采用砖墙承重，内墙厚度 240mm，外墙厚度由学生自定，如 240mm、370mm、490mm 等。

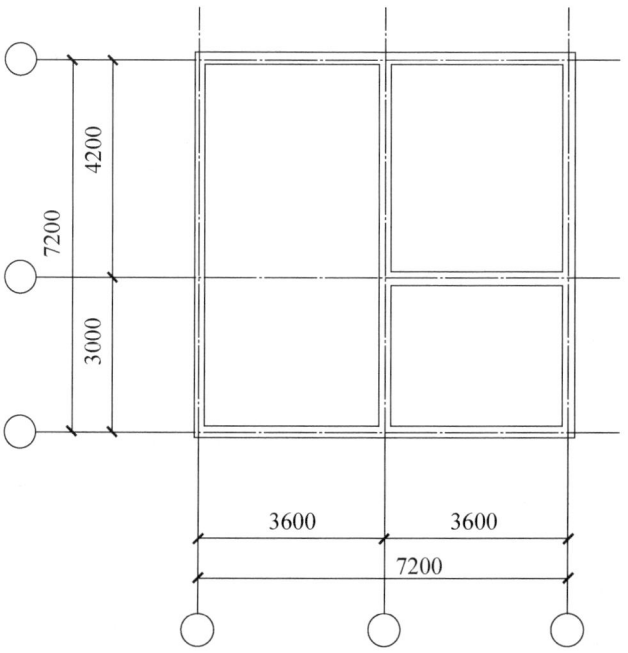

图 5.45　某砖混住宅建筑的底层平面图

(2) 钢筋混凝土预应力空心板的类型，可在设计参考资料(标准图集)中选定。

(3) 室内楼地面做法由学生自行确定。

(4) 绘制楼层平面板安装布置平面图。

注意：绘制采用 3 号图纸，铅笔绘制，图中线条、材料符号等一律按建筑图标准表示，要求图中字体工整，线条粗细分明。

本 章 小 结

楼板层主要由面层、结构层和顶棚层组成，根据建筑物的使用功能不同，还可在楼板层中设置附加层。

楼板层根据其承重结构层所用材料不同，主要有钢筋混凝土楼板、压型钢板与混凝土复合楼板、木楼板以及砖拱楼板等其他材料楼板层。其中，钢筋混凝土楼板根据施工方式不同，可分为现浇整体式、预制装配式以及现浇和预制结合的装配整体式楼板。

楼板层应满足强度和刚度的要求、使用功能方面的要求、建筑工业化的要求，同时要考虑经济合理。

现浇钢筋混凝土楼板根据其受力情况，分为板式楼板、梁板式楼板、无梁楼板以及压型钢板式楼板等。常用的预制钢筋混凝土楼板，可分为实心板、槽形板和空心板三种类型。

地坪层的基本组成部分，有面层、垫层和基层。为满足特殊的使用要求，常在面层和垫层之间增设附加层。

根据面层所用材料和施工方法不同，地面装修可分为几大类：整体类地面、块材类地面、涂料地面、卷材地面、地热辐射采暖地面等。

习 题

1. 填空题

(1) 楼板层的基本组成部分有_____、_____和_____。

(2) 钢筋混凝土楼板按照施工方法，分为_____和_____。

(3) 现浇钢筋混凝土楼板按其受力和传力不同，分为_____、_____、_____和_____。

(4) 阳台的类型主要有_____、_____和_____。

(5) 顶棚的构造方式有_____和_____。

2. 选择题

(1) 直接将板支撑在柱上，这种楼板称为(　　)。

　　A. 板式楼板　　　　　　　　　　B. 梁板式楼板

　　C. 无梁楼板　　　　　　　　　　D. 压型钢板组合楼板

(2) 关于楼板层的构造, 说法正确的是(   )。

　　A．楼板应具有足够的强度, 可不考虑变形问题

　　B．槽形板上下不可打洞

　　C．空心板保温隔热效果好, 且可打洞, 故常采用

　　D．现浇钢筋混凝土楼板的挠度 f 应满足 $L/350 < f \leqslant L/250$

(3) 楼板层通常由(   )组成。

　　A．面层、楼板、地坪　　　　　　　　B．面层、楼板、顶棚

　　C．支撑、楼板、顶棚　　　　　　　　D．垫层、楼板、梁

(4) (   )施工方便, 但易结露、易起灰、导热系数大。

　　A．现浇水磨石地面　　　　　　　　　B．水泥地面

　　C．木地面　　　　　　　　　　　　　D．卷材地面

(5) (   )属现浇钢筋混凝土楼板, 具有整体性好、抗震等优点。

　　A．无梁楼板　　　　　　　　　　　　B．空心楼板

　　C．槽形楼板　　　　　　　　　　　　D．预制楼板

(6) 阳台由(   )组成。

　　A．栏杆、扶手　　　　　　　　　　　B．挑梁、扶手

　　C．栏杆、栏板　　　　　　　　　　　D．栏杆、承重结构

3. 问答题

(1) 楼板层、地坪层的相同与不同之处有哪些? 其基本组成有哪些?

(2) 楼板按施工方法如何分类? 各自的特点是什么?

(3) 现浇钢筋混凝土楼板的种类及其传力特点是什么?

(4) 什么是单向板? 什么是双向板? 它们在构造上各有什么特点?

(5) 预制钢筋混凝土楼板有哪些类型?

(6) 什么是悬吊式顶棚? 简述悬吊式顶棚的基本组成。

(7) 建筑地面的设计要求有哪些?

(8) 常见地面可分几类? 各种地面的构造有什么要求?

(9) 雨篷的作用是什么? 其构造要点有哪些?

【参考答案】

第6章 楼　　梯

本章内容为楼梯及电梯的相关知识，主要介绍钢筋混凝土楼梯的组成、形式、构造及简要设计，也对电梯的构造进行介绍。楼梯的相关知识是本章的重点。

教学目标

(1) 掌握楼梯的组成、形式、尺寸及构造。

(2) 掌握楼梯踏步、栏杆等细部构造。

(3) 熟悉台阶、坡道的形式、尺寸及构造。

(4) 了解电梯与扶梯的基本知识。

(5) 了解楼梯的设计方法。

教学要求

能 力 目 标	知 识 要 点	权重
掌握楼梯的组成、形式、尺寸及简要设计	楼梯的组成、形式和尺寸	30%
掌握钢筋混凝土楼梯的构造	现浇钢筋混凝土楼梯的构造	40%
熟悉台阶、坡道的形式、尺寸及构造；了解电梯与扶梯	台阶与坡道的构造	30%

 **章节导读**

楼梯作为建筑物上下空间联系的重要构件，是在人员紧急情况下安全疏散的主要垂直交通设施，其位置、数量、尺寸构造应符合有关标准的规定。建筑物的垂直交通设施除了楼梯外，还有电梯、自动扶梯、台阶、坡道等。

楼梯在建筑中，除了起到垂直交通和安全疏散作用外，还应考虑其造型美观、上下通行方便、结构坚固、防火安全，同时还应满足施工和经济条件的要求。电梯多用于有较高楼层或有特种需要的建筑物中，在设有电梯的建筑物中必须同时设置楼梯，以便在紧急情况时使用。

在建筑物出入口处，因室内外地面存在高差而设置的踏步段称为台阶。为方便轮椅、车辆等通行，应增设坡道。

引例

楼梯作为我们所居住的房屋的一部分，可说天天都在使用。那么同学们在日常使用楼梯过程中，有没有注意到自己脚下的楼梯？比如教学楼有哪些类型的楼梯？各是什么形式的？每层楼梯有多少级踏步？楼梯的栏杆是什么材质的？

【参考图文】

6.1 楼梯概述

6.1.1 楼梯的组成

楼梯一般由楼梯段、楼梯平台(楼层平台和中间平台)、栏杆(或栏板)三大部分组成，其结构和实例如图 6.1 所示。

1. 楼梯段

楼梯段是楼梯的基本组成部分，供建筑物上下楼层之间通行，是由若干个踏步所构成的倾斜构件，也称楼梯跑。踏步的水平上表面称为踏面，与踏面垂直的面称为踢板。两个楼梯段之间的空隙称为梯井。楼梯段通常可分为板式梯段和梁板式梯段两种。

考虑到人们连续上楼梯的舒适度，每个楼梯段的踏步数一般不应超过 18 级，不应少于 3 级。

2. 楼梯平台

楼梯平台是连接两个楼梯段的水平构件，按其所处位置，分为楼层平台和中间平台。楼层平台所起的作用为连接楼面板和楼梯段，分配从楼梯口到达各楼层的人流，其标高与所连接楼面板的标高一致；两楼层之间的平台称为中间平台，也称休息平台，其作用是改变楼梯段走向和供行人中途休息。

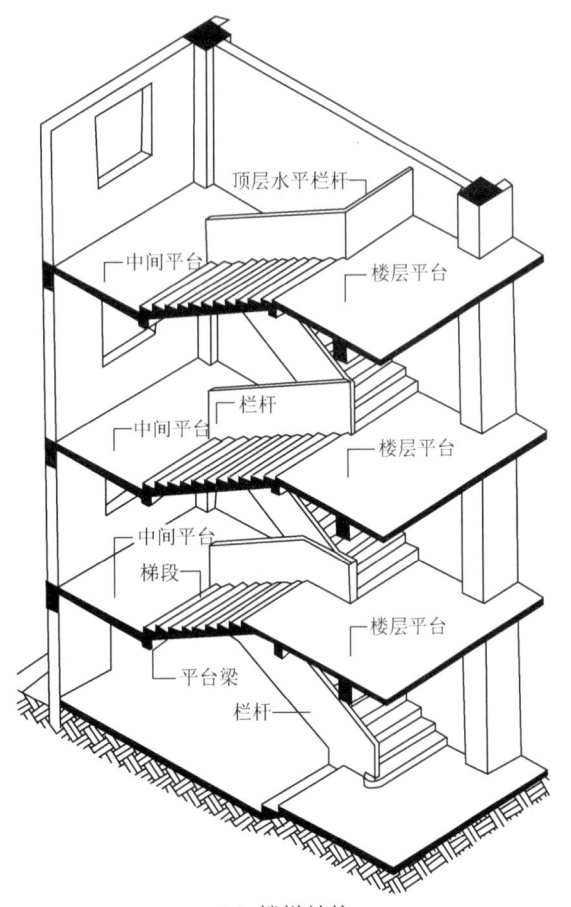

(a) 楼梯结构

(b) 室外楼梯实例

图 6.1　楼梯的结构和实例

(c) 室内楼梯实例

图 6.1 楼梯的结构和实例(续)

3. 栏杆(或栏板)

栏杆或栏板是安装在楼梯段和平台的临空边缘的安全防护构件，要求坚固可靠，并保证有足够的安全高度。栏杆或栏板上部供人用手扶持的配件称为扶手，扶手也可附设于墙上，称为靠墙扶手。

楼梯应至少于一侧设扶手，梯段净宽达三股人流时应两侧设扶手，达四股人流时宜加设中间扶手。

6.1.2 楼梯的类型

楼梯有多种分类方法。

(1) 按材料分：楼梯可分为木楼梯、钢筋混凝土楼梯、钢楼梯及混合材料楼梯。

(2) 按位置分：楼梯可分为室内楼梯和室外楼梯。

(3) 按使用性质分：楼梯可分为主楼梯、辅助楼梯、疏散楼梯、消防楼梯。

(4) 按楼梯间形式分：楼梯可分为开敞式楼梯、封闭式楼梯、防烟楼梯等。

(5) 按平面形式，楼梯可分为以下种类。

① 直行单跑楼梯。直行单跑楼梯没有中间平台，楼梯段长、方向单一、结构简单，由于踏步数一般不超过 18 级，常用于层高较低的建筑，如图 6.2(a)所示。

② 直行多跑楼梯。直行多跑楼梯是在楼梯段中间部位增设了中间平台，将单梯段变为多梯段，常设置为双跑梯段。该种楼梯适用于层高较大的建筑，常用于大型的公共建筑中，

如体育馆、火车站、展览馆等。直行多跑楼梯给人以直接、顺畅和庄严的感觉，能满足人流的快速疏散，如图 6.2(b)所示。

③ 平行双跑楼梯。平行双跑楼梯是民用建筑中最常采用的一种楼梯形式，通常布置在单独的楼梯间内，比直跑楼梯节约占地面积并缩短行走距离，使用方便，如图 6.2(c)所示。

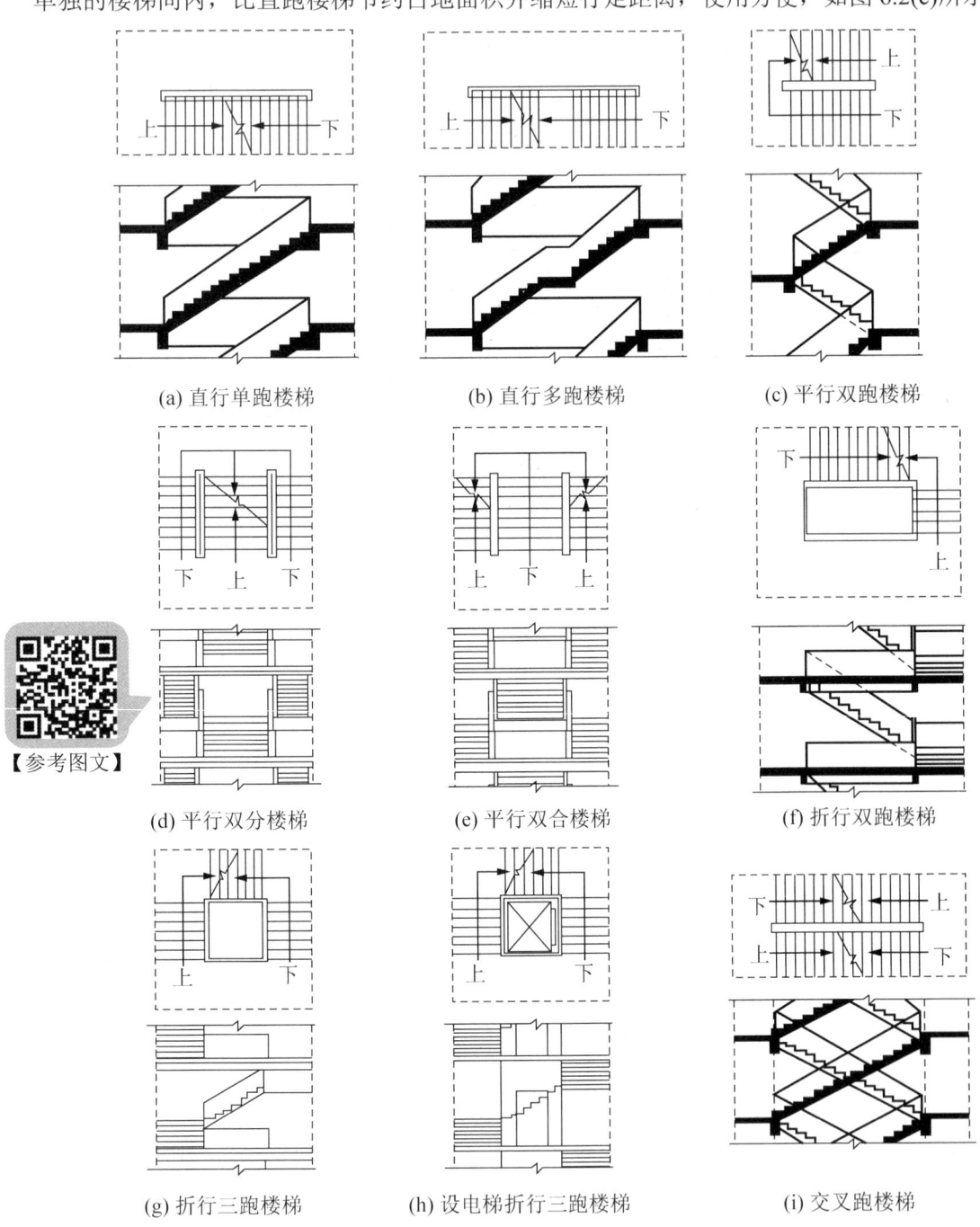

(a) 直行单跑楼梯　　　　(b) 直行多跑楼梯　　　　(c) 平行双跑楼梯

【参考图文】

(d) 平行双分楼梯　　　　(e) 平行双合楼梯　　　　(f) 折行双跑楼梯

(g) 折行三跑楼梯　　　　(h) 设电梯折行三跑楼梯　　　　(i) 交叉跑楼梯

图 6.2　楼梯的形式

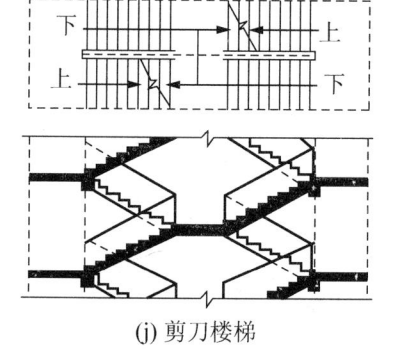 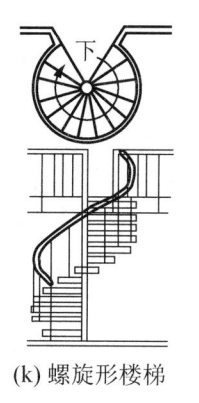 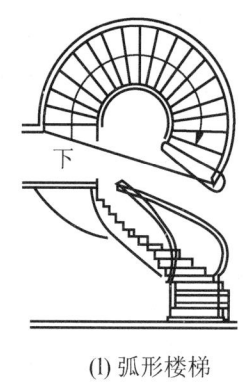

(j) 剪刀楼梯　　　　　　　　(k) 螺旋形楼梯　　　　　　　　(l) 弧形楼梯

图 6.2　楼梯的形式(续)

④ 平行双分(平行双合)楼梯。图 6.2(d)所示为平行双分楼梯，这种形式楼梯是在平行双跑楼梯基础上发展来的，第一跑设置在中间部位，方向为上行，然后在中间平台处往两边分流，各向上一跑至上部楼层；通常在人流多、楼段宽度有较大空间时采用。图 6.2(e)所示为平行双合楼梯，此种楼梯与平行双分楼梯类似，区别仅在于起步向上的第一跑梯段设置在两侧，至上部楼层的第二跑在中间。

⑤ 折行双跑楼梯。折行双跑楼梯主要是人流导向较自由，其折角可变，可为 90°，也可大于或小于 90°，如图 6.2(f)所示。

⑥ 折行三跑楼梯。折行三跑楼梯造型美观，常布置在公共建筑的门厅处，但存在较大的梯井，不宜用于高层和人流较大的公共建筑中，如图 6.2(g)所示；在设有电梯的建筑中，常可利用折行三跑楼梯的较大梯井作为电梯间，形成设电梯折行三跑楼梯，常用于层高较大的公共建筑中，如图 6.2(h)所示。

⑦ 交叉跑(剪刀)楼梯。图 6.2(i)所示为交叉跑楼梯，可认为是由两个直行单跑楼梯交叉并列布置而成，通行的人流量较大，且为上下楼层的人流提供了两个方向，但仅适合层高小的建筑。当层高较大时，常用图 6.2(j)所示的剪刀楼梯，通过设置的中间平台将两边的楼梯连接起来，中间平台解决了两个方向人流的相互通达，适用于层高较大且有楼层人流多向性选择要求的建筑，如商场、多层食堂等。

⑧ 螺旋形楼梯。如图 6.2(k)所示，螺旋形楼梯通常是围绕一根单柱布置，平面呈圆形。其平台和踏步均为扇形平面，踏步内侧宽度很小，能形成较陡的坡度，行走时不安全，且构造较复杂，因此螺旋形楼梯不适合作为疏散楼梯，但由于其流线型造型美观，常作为建筑小品布置在庭院或室内。为了克服螺旋形楼梯内侧坡度过陡的缺点，在较大型的楼梯中，可将其中间的单柱变为群柱或筒体，以改善踏步内侧宽度较小的问题。

⑨ 弧形楼梯。如图 6.2(l)所示，弧形楼梯与螺旋形楼梯的不同之处在于它围绕一较大的轴心空间旋转，但未构成完整的水平投影圆，其造型流畅美观，常用于酒店大厅。其结构和施工难度较大，通常采用现浇钢筋混凝土结构。

6.1.3　楼梯的尺寸

楼梯的尺寸包括梯段、梯井、踏步、平台、净空高度、坡度等多个尺寸，如图 6.3 所示。

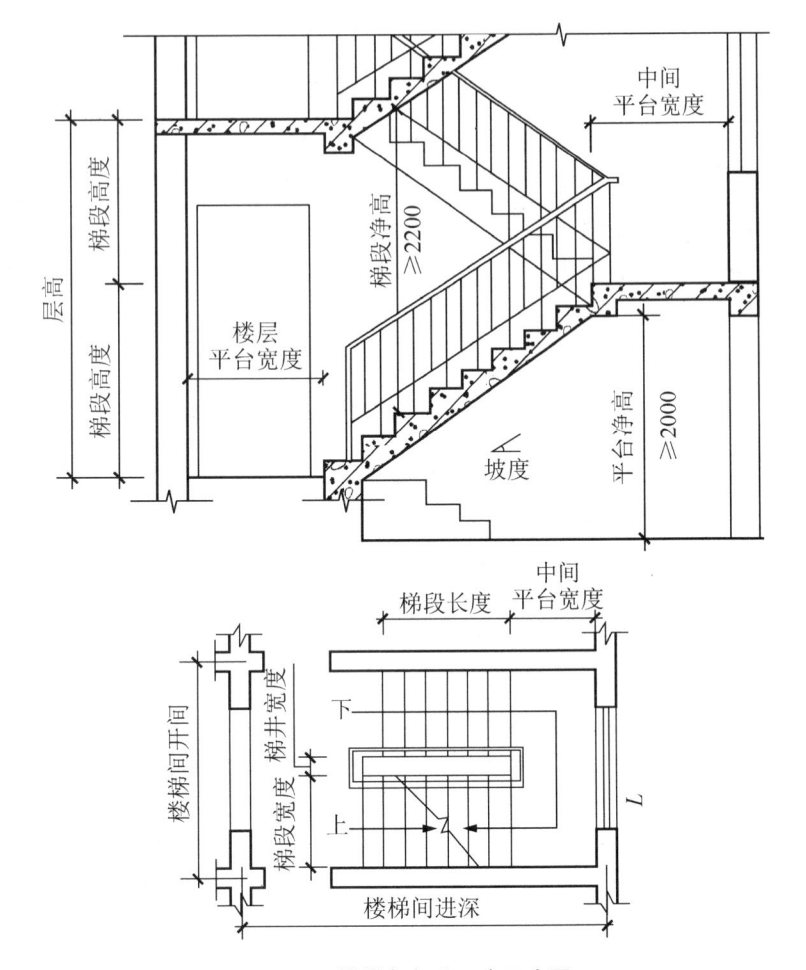

图 6.3　楼梯各部分尺度示意图

1．楼梯数量

公共建筑和走廊式住宅一般应取两部楼梯，单元式住宅可以例外。

除托儿所、幼儿园外，建筑面积不大于 $200m^2$ 且人数不超过 50 人的单层公共建筑，可设一个安全出口或疏散楼梯。

二、三层的建筑(医院、疗养院、老年人建筑及托儿所、幼儿园的儿童用房和儿童游乐厅等儿童活动场所等除外)符合相关要求时，可设一个疏散楼梯，见表 6-1。

表 6-1　公共建筑可设一个疏散楼梯的条件

耐火等级	最多层数	每层最大建筑面积/m²	人　数
一、二级	3 层	200	第二层和第三层的人数之和不超过 50 人
三级	3 层	200	第二层和第三层的人数之和不超过 25 人
四级	2 层	200	第二层人数不超过 15 人

2．楼梯坡度

楼梯的坡度是指楼梯段的倾斜角度，如图 6.3 所示。坡度可采用角度法和比值法两种方式来表达：角度法是用楼梯段与水平面的倾斜夹角来表示楼梯坡度；比值法是用楼梯段在垂直面上的投影高度与在水平面上的投影长度的比值来表示楼梯坡度。

楼梯坡度的选择应兼顾行走的舒适度和经济性。楼梯的坡度越大，楼梯段越陡，楼梯占地面积会越小、越经济，但行走欠舒适；反之，楼梯的坡度小，行走较舒适，但占地面积大，不经济。楼梯坡度范围通常在 20°～45° 之间，适宜的坡度为 30°。当坡度小于 15° 时，可做成坡道；当坡度大于 60° 时，可设置为爬梯。公共建筑的楼梯坡度较平缓，常用坡度为 1/2 左右，住宅中的共用楼梯坡度可稍陡些，常用坡度为 1/1.5 左右。

楼梯、坡道及爬梯的坡度范围可按图 6.4 取值。

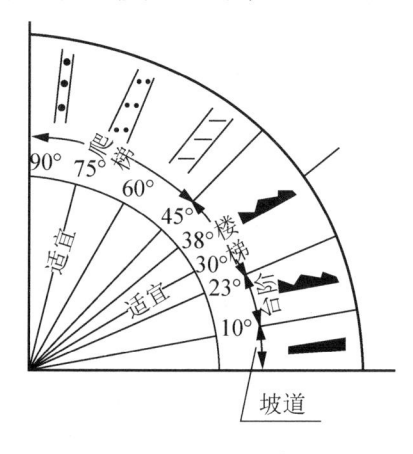

图 6.4　楼梯的坡度

3．楼梯踏步尺寸

楼梯的踏步尺寸包括踏面宽度和踢面高度，如图 6.5(a)所示。在工程实际中，踏步高宽比决定了楼梯的坡度，其比值为 1：2 左右。踏步的尺寸应根据人体的步距及脚长来确定相关数值，踏步宽度和踏步高度之间应符合下列关系之一：

$$h+b=450mm$$
$$2h+b=(600\sim620)mm$$

式中　h——踏步高度；

　　　b——踏步宽度。

600～620mm 为一般人行走时的平均步距。楼梯踏步的最小宽度和最大高度应符合表 6-2 的要求。

表 6-2　常用楼梯最小宽度和最大高度　　　　　　　　　　　　单位：m

楼梯类别	最小宽度	最大高度	楼梯类别	最小宽度	最大高度
住宅共用楼梯	0.26	0.175	其他建筑楼梯	0.26	0.17
幼儿园、小学楼梯	0.25	0.15	专用疏散楼梯	0.25	0.18
电影院、剧场、体育场、商场、医院、旅馆和大中学校等楼梯	0.28	0.16	服务楼梯、住宅套内楼梯	0.22	0.20

为了增加行走舒适度，常将踏步出挑 20～30mm，使实际宽度增加，如图 6.5(b)、(c) 所示。

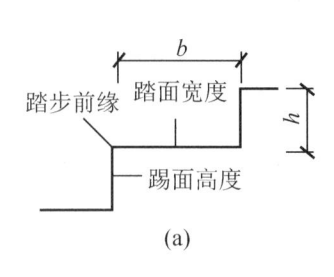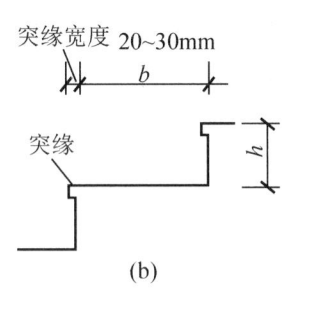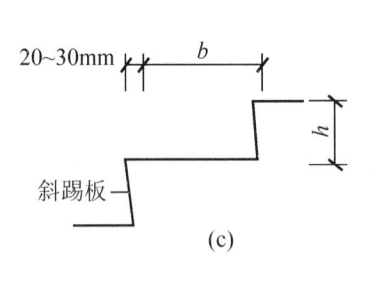

图 6.5 楼梯踏步尺寸

4．楼梯段宽度

楼梯段宽度是指墙面至扶手中心线或两个扶手中心线之间的水平距离，如图 6.3 所示。楼梯段的宽度取决于通行人数和消防要求。按通行人数考虑时，每股人流的宽度，为人的平均肩宽 550mm，同时考虑人行走时的少许提物及人体的摆幅 0～150mm，即按 550＋(0～150)mm 考虑。一般建筑楼梯段净宽应至少满足两股人流通行。

对于住宅建筑，设置楼梯考虑到实用性及经济性，《住宅设计规范》(GB 50096—2011) 规定：楼梯段净宽不应小于 1100mm；六层及以下住宅，一边设有栏杆的梯段净宽不应小于 1000mm。

5．楼梯平台宽度

楼梯平台宽度包括中间平台宽度和楼层平台宽度，如图 6.3 所示。楼梯平台净宽不应小于楼梯梯段净宽，并不得小于 1200mm。

当楼梯的踏步数为单数时，休息平台的计算点应在楼梯段较长的一边。楼梯间房间门距踏步宽度应取门扇宽再加 400～600mm 的通行距离。为方便扶手转弯，休息平台宽度应取楼梯段宽度再加 1/2 踏步宽。

6．梯井尺寸

梯井是指梯段之间形成的空隙，此空隙应从顶层到底层贯通，如图 6.3 所示。楼梯井的净宽度以 60～200mm 为宜，当楼梯井净宽大于 110mm 时，必须采取防止儿童攀滑的措施。

7．栏杆扶手尺寸

楼梯栏杆(或栏板)扶手的高度，是指踏步前缘至扶手顶面的垂直距离。室内楼梯扶手高度不宜小于 900mm，如图 6.6(a)所示；靠楼梯井一侧水平扶手长度超过 0.5m 时，其高度不应小于 1050mm，如图 6.6(b)所示；对于教学楼，室外楼梯及水平栏杆(或栏板)的高度不应小于 1100mm。楼梯扶手应采用竖向栏杆，且杆件间净宽不应大于 110mm。

幼儿园建筑的楼梯应增设儿童扶手，其高度不应大于 600mm，以适应儿童的身高，如图 6.6(a)所示。

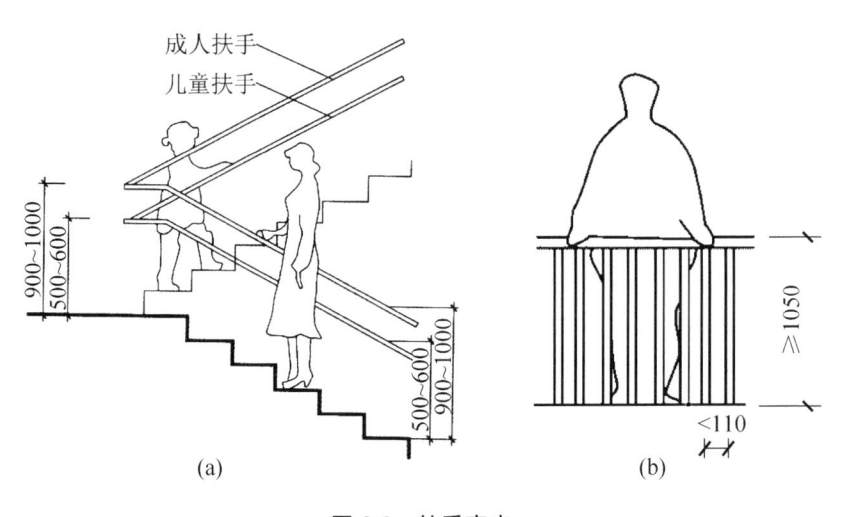

图 6.6　扶手高度

8．楼梯的净空高度

为了满足行人正常通行和舒适度及家具设备的搬运要求，楼梯需要有一定的净空高度。楼梯的净空高度包括楼梯段的净高和平台过道处的净高，如图 6.7 所示。

楼梯段的净高是指下层梯段踏步前缘至其正上方梯段下表面的垂直距离，该值不应小于 2200mm；平台过道处的净高是指平台过道表面至上部结构最低点(如平台梁)的垂直距离，该值不应小于 2000mm。最低和最高一级踏步前缘线与顶部凸出构件的内边缘线的水平距离，不应小于 300mm。

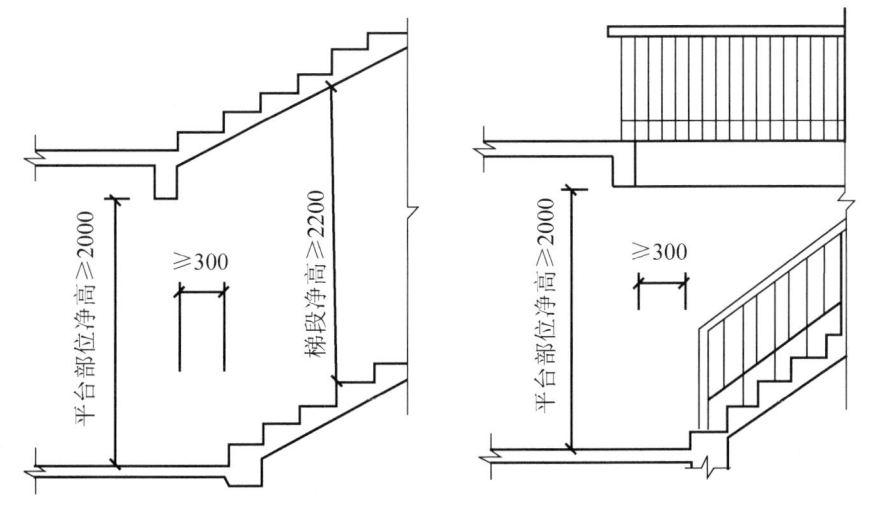

图 6.7　梯段及平台部位净高要求

当楼梯底层中间平台下作为通道时，为了使平台净高满足要求，常采用以下几种处理方法。

(1) 局部降低底层楼梯中间平台下的地面标高，使其低于底层室内标高而高于室外地坪标高，以满足净空高度要求，如图 6.8(a)所示。但应注意降低后的室内地面标高至少应比室外地面高出一级台阶的高度，同时底层的台阶前缘线与顶部平台梁的内边缘之间的水平距离不应小于 300mm。

(2) 在底层变作长短跑梯段，即增加楼梯底层第一跑的踏步数量，抬高底层中间平台，如图 6.8(b)所示。这种方式要求楼梯间有较大进深。

(3) 将上述两种方法结合，即在降低楼梯中间平台下的地面标高的同时，增加楼梯底层第一跑的踏步数量，如图 6.8(c)所示。

(4) 底层用直跑楼梯直接从室外上二层，如图 6.8(d)所示。这种方式常用于住宅建筑，设计时需注意入口处雨篷底面标高的位置，并保证净空高度不小于 2200mm。

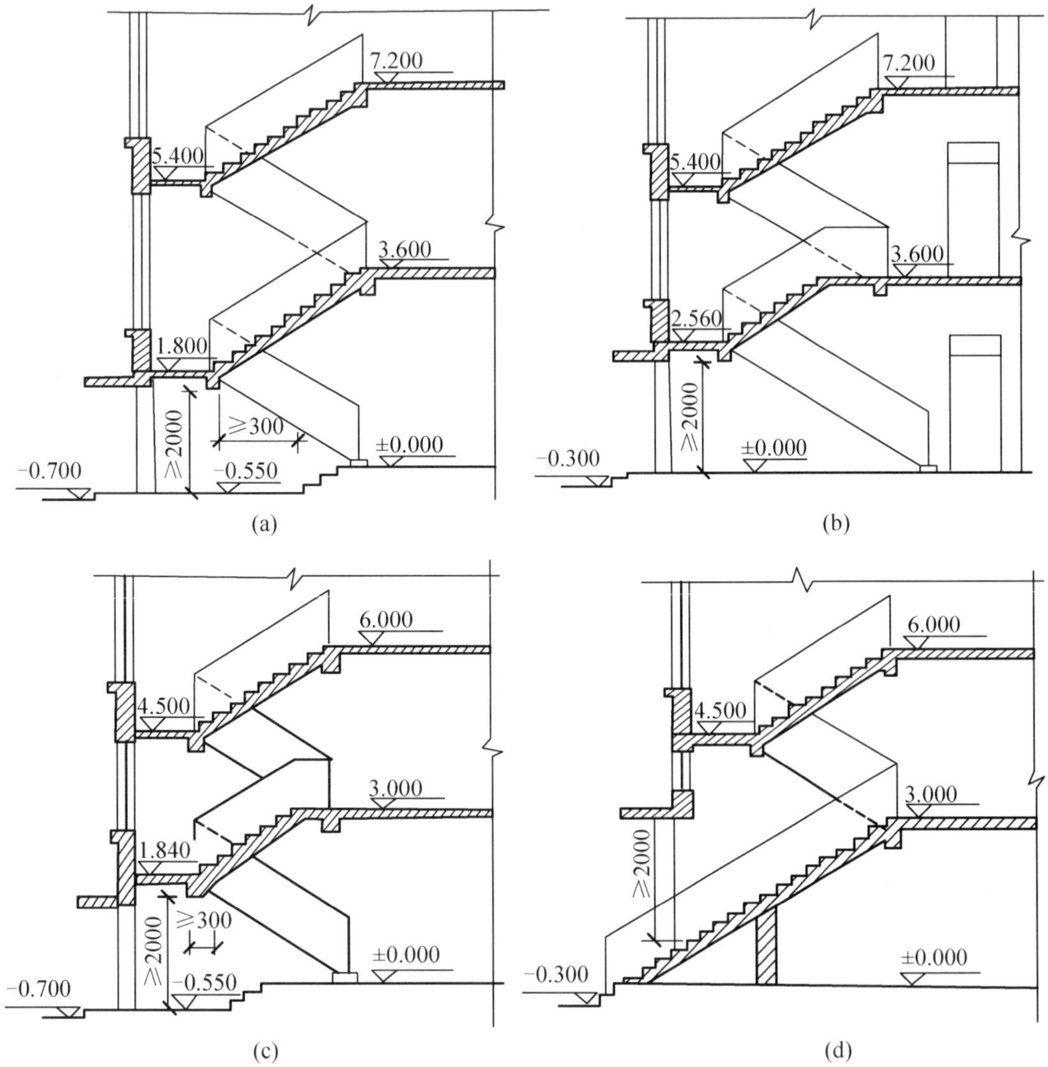

图 6.8　楼梯底层中间平台下做通道的几种处理方法

6.1.4　楼梯的设计

已知楼梯间的开间、进深和层高尺寸，试进行楼梯的设计。以常用的平行双跑楼梯为例，如图 6.9 所示，说明其尺寸的计算步骤。

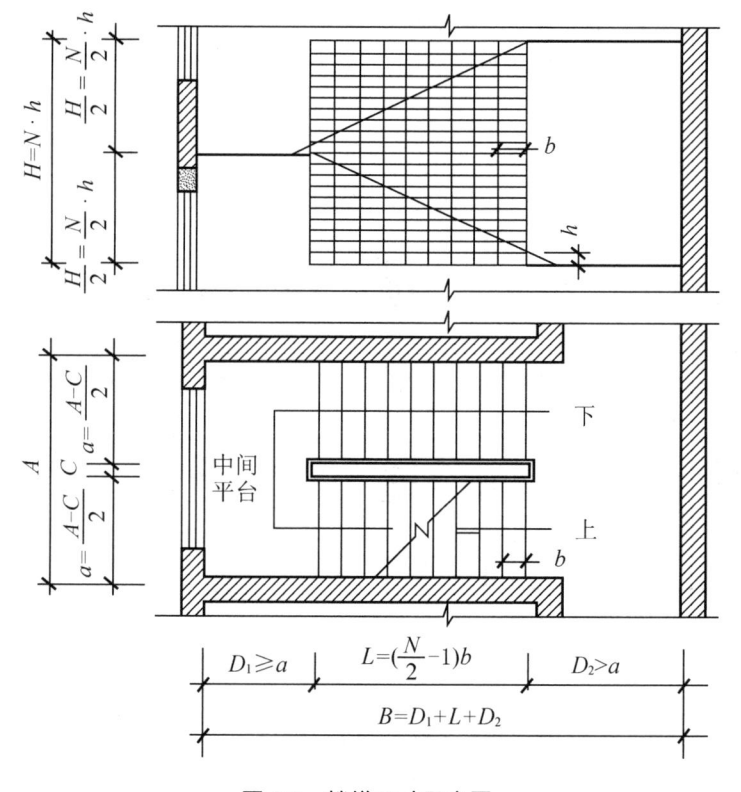

图 6.9　楼梯尺寸示意图

(1) 选择楼梯的形式。根据楼梯间的尺寸，选择符合使用功能及满足经济性要求的楼梯形式，如进深较大而开间较小，可选择平行双跑楼梯。

(2) 确定踏步的尺寸。根据建筑物的性质和楼梯的使用需求，初步确定合适的踏步高度 h 和踏步宽度 b。

(3) 确定各层踏步数。根据楼层层高 H 和初选的踏步高 h 确定每层踏步数 N，计算公式为 $N=H/h$。为了施工方便，一般应尽量选用等跑梯段，所以 N 宜为偶数，使得每跑梯段踏步数为 $N/2$。若得出的踏步数 N 不是整数，可通过调整踏步高度 h 值，使踏步数 N 为整数。

(4) 确定楼梯段长度。根据踏步数 N 和初选踏步宽 b 决定梯段水平投影长度 L，计算公式为 $L=(N/2-1)b$。

(5) 确定楼梯段宽度。设楼梯井宽度为 C，根据楼梯间开间的净宽 A 确定梯段的宽度 a 为 $a=(A-C)/2$。同时需要检验楼梯段净宽是否满足紧急疏散要求，如不能满足，则应对梯井宽 C 或楼梯间开间净宽 A 进行调整。楼梯段净宽＝a－扶手中心线至梯段边缘的距离(一般为 50～70mm)。

(6) 确定平台宽度。根据初选中间平台宽度 $D_1(D_1 \geq a)$和楼层平台宽度 $D_2(D_2 \geq a)$以及梯段水平投影长度 L 检验楼梯间进深净长度 B，要求满足 $B=D_1+L+D_2$。如不能满足，可

对 L 值进行调整(即调 b 值)。必要时需调整 B 值。当 B 值一定且尺寸有富余时,一般可加宽 b 值以减缓坡度,或加宽 D_2 值以利于楼层平台分配人流。

(7) 校核。根据以上设计所得结果,计算出楼梯间的进深,校核计算值与所给的进深尺寸是否一致。

(8) 绘制楼梯间各层平面图和剖面图。楼梯平面图通常有底层平面图、标准层平面图和顶层平面图,如图 6.10 所示。绘图时应注意以下几点。

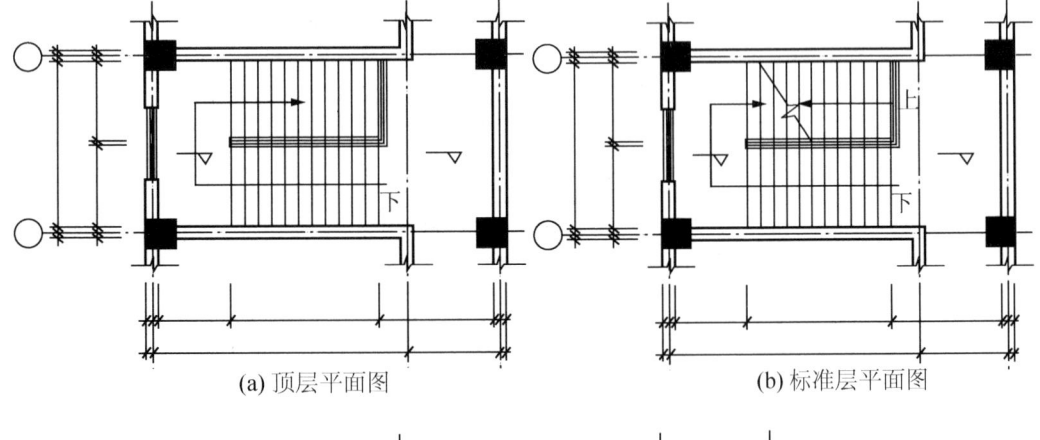

(a) 顶层平面图   (b) 标准层平面图

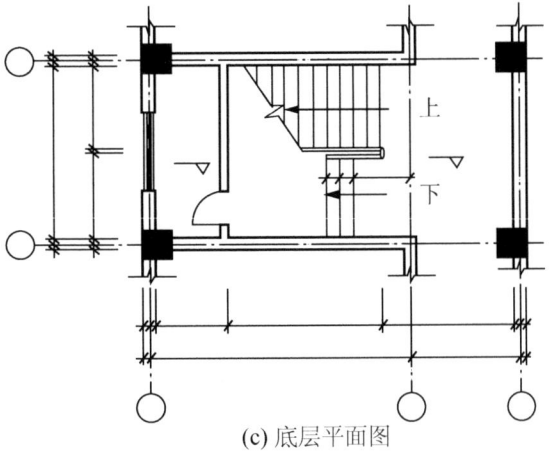

(c) 底层平面图

图 6.10　楼梯各层平面图

① 尺寸和标高的标注应整齐、完整。平面图中应主要标注楼梯间的开间和进深、梯段长度和平台深度、梯段宽度和梯井宽度等尺寸,以及室内外地面、楼层和中间平台面等处的标高。剖面图中应主要标注层高、梯段高度、室内外地面高差等尺寸,以及室内外地面、楼层和中间平台面等处的标高。

② 楼梯平面图中应标注楼梯上行和下行指示线及踏步数量。上行和下行指示线是以各层楼面(或地面)标高为基准进行标注的,踏步数量应为上行或下行楼层踏步数。

③ 在剖面图中,若为平行楼梯,当底层的两个梯段做成不等长梯段时,第二个梯段的一端会出现错步,错步的位置宜安排在二层楼层平台处,不宜布置在底层中间平台处。

【例 6.1】某住宅的开间尺寸为 2700mm，进深尺寸为 5100mm，层高为 2700mm，封闭式平面，内墙厚 240mm，轴线居中，外墙厚 360mm，轴线外侧为 240mm，内侧为 120mm。室内外高差为 750mm，楼梯间底部有出入口，门高 2000mm。试按三层楼设计该楼梯。

【解】本题为封闭式楼梯，层高为 2700mm，初步确定踏步数为 16 步。

(1) 踏步高度 $h = 2700 \div 16 = 168.75$(mm)，踏步宽度 b 取为 260mm。

(2) 由于楼梯间下部开门，故设置楼梯为不等跑楼梯，第一跑步数多，第二跑步数少，步数多的第一跑取 9 步，第二跑取 7 步。二层以上为等跑梯段，则每跑各取 8 步。

(3) 确定梯段宽度 a。开间净尺寸 $= 2700 - 2 \times 120 = 2460$(mm)，取楼梯井为 160mm，则梯段宽度为 $a = (2460 - 160) \div 2 = 1150$(mm)。

(4) 确定休息板宽度 D，取 $D = 1150 + 260 \div 2 = 1280$(mm)。

(5) 计算梯段水平长度 L，以最多踏步数的一段为准：$L = 260 \times (9 - 1) = 2080$(mm)。

(6) 校核。

① 进深尺寸：$5100 - 2 \times 120 = 4860$(mm)，$4860 - 1280 - 2080 - 1280 = 220$(mm)，此尺寸满足要求。

② 高度尺寸：$168.75 \times 9 = 1518.75$(mm)；室内外高差 750mm，设计 700mm 用于室内台阶，50mm 用于室外，则有 $1518.75 + 700 = 2218.75$(mm)> 2000mm，可以满足开门及梁下通行高度的要求。

(7) 画平面图及剖面图，如图 6.11 所示。

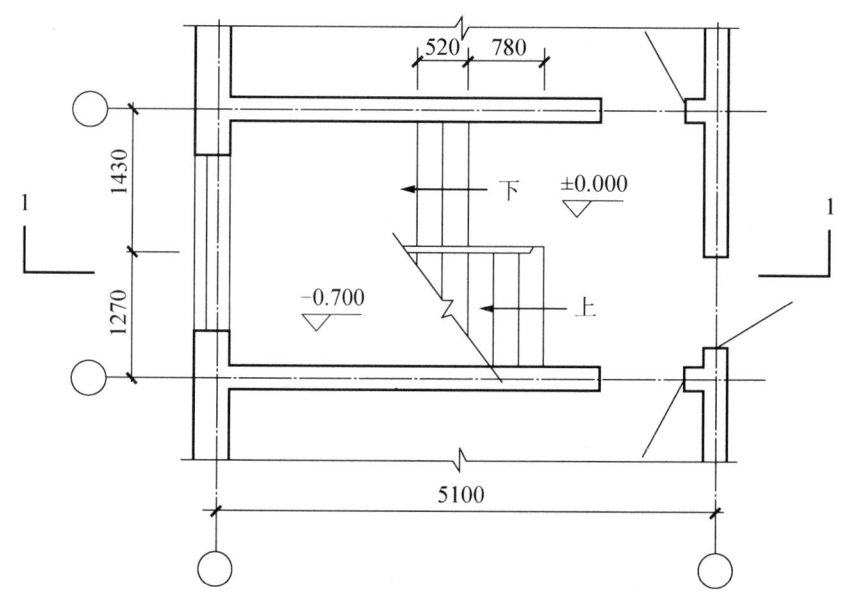

(a) 底层平面图

图 6.11 **楼梯平面图及剖面图**

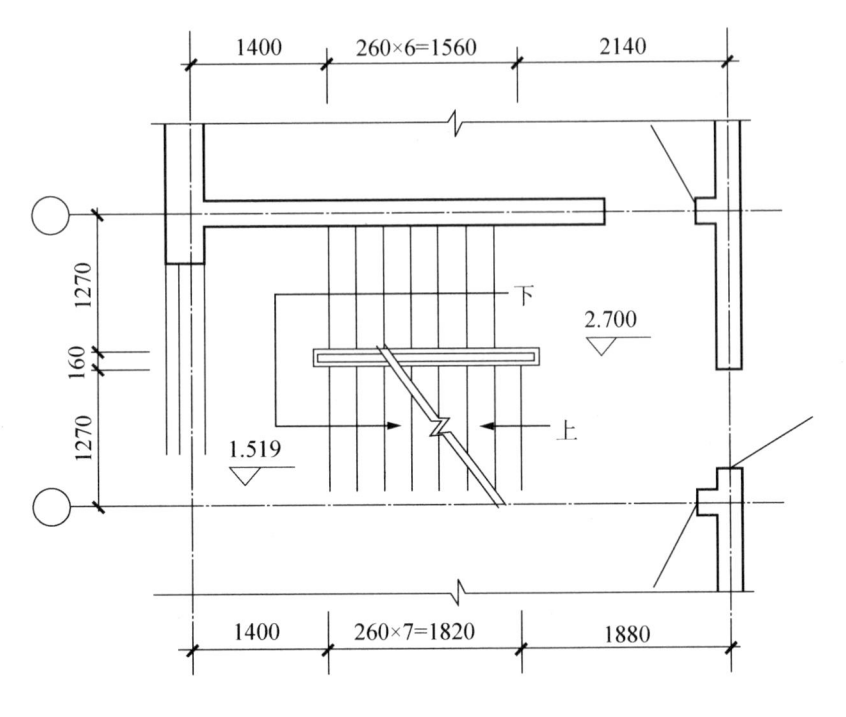

(b) 标准层平面图

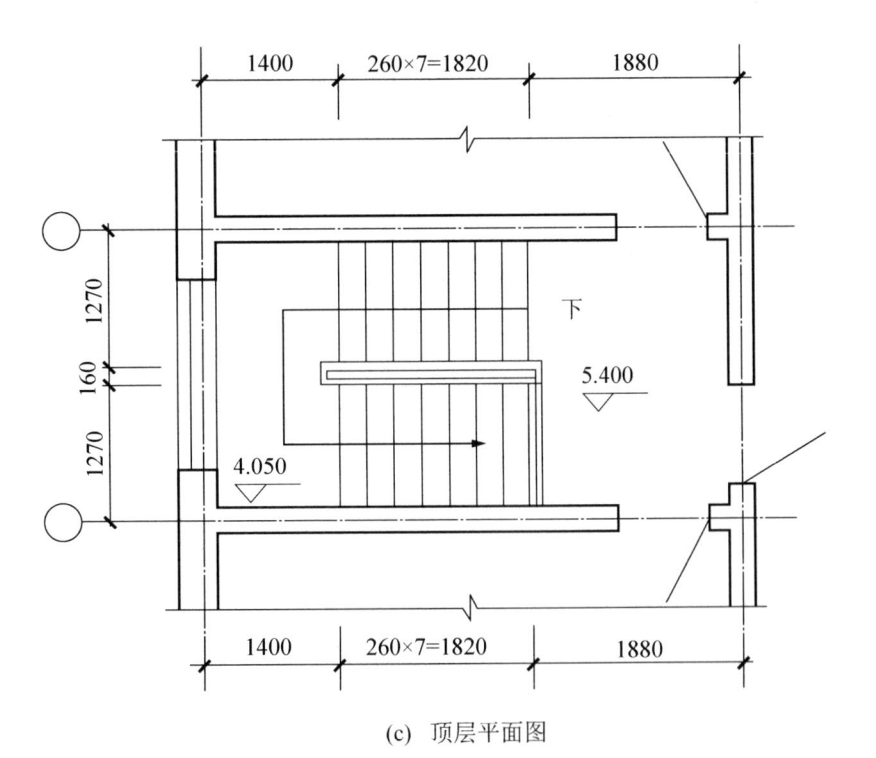

(c) 顶层平面图

图 6.11 楼梯平面图及剖面图(续)

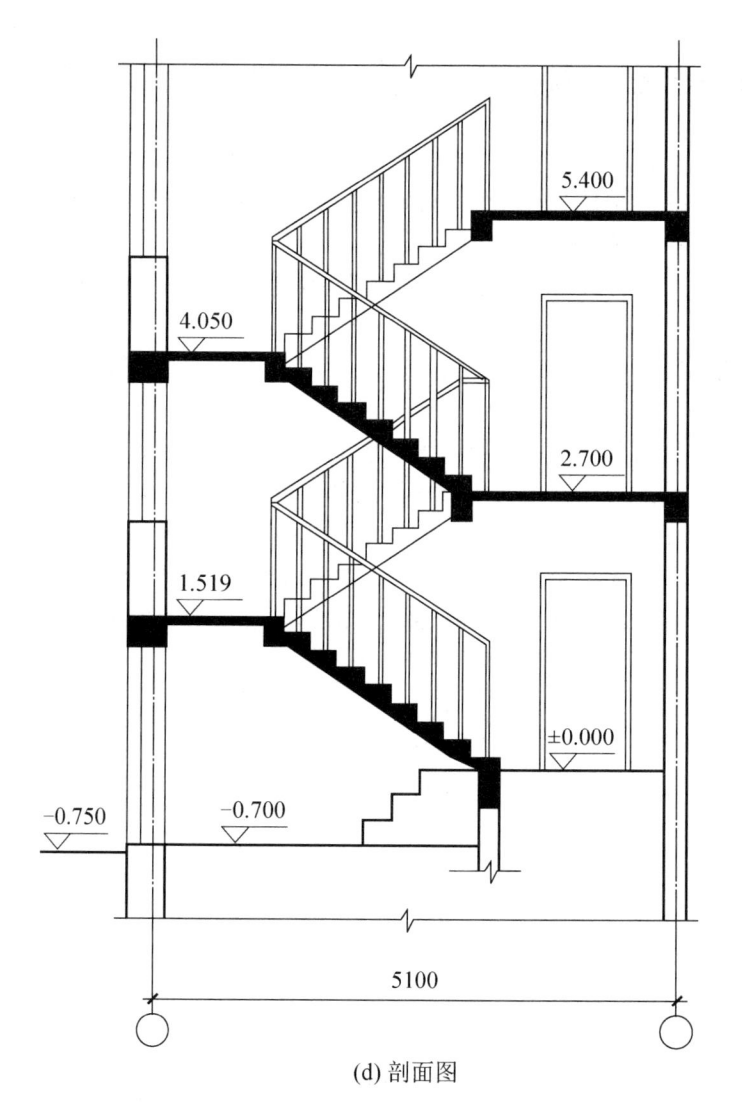

5.400

4.050

2.700

1.519

±0.000

−0.750 −0.700

5100

(d) 剖面图

图 6.11 楼梯平面图及剖面图(续)

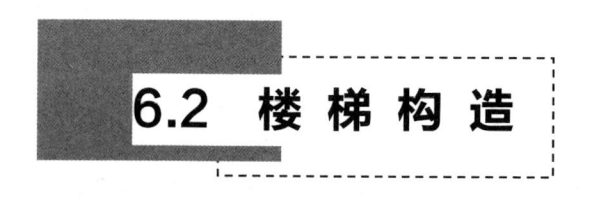

6.2 楼 梯 构 造

  楼梯所采用的材料可以是木材、钢筋混凝土、型钢或是复合材料等。由于钢筋混凝土楼梯具有坚固耐久、节约木材、防火性能好、可塑性强及抗震性好等优点,因而得到广泛应用。钢筋混凝土楼梯按施工方法不同,主要有现浇式和预制装配式两类。

6.2.1 现浇钢筋混凝土楼梯

【参考图文】

现浇式钢筋混凝土楼梯的楼梯段和平台是同时整体浇筑的，能充分发挥钢筋混凝土的可塑性好、结构整体性好、刚度大、坚固耐久、利于结构抗震等优点。但模板耗费较大，施工周期较长，且自重较大，适用于较小且抗震要求较高的建筑，而螺旋形楼梯、弧形楼梯等特殊异形的楼梯也宜采用。

现浇式钢筋混凝土楼梯按结构形式不同，主要分为板式楼梯和梁板式楼梯。

1. 板式楼梯

板式楼梯是将楼梯段作为一块板考虑，板的两端支承在休息平台的边梁上，休息平台的边梁支承在两侧墙或柱上。板式楼梯结构简单、板底平整、施工方便，板跨度即平台梁之间的距离在 3m 以内比较经济。板式楼梯的构造如图 6.12(a)所示。

为保证平台过道处的净空高度，可在板式楼梯的平台位置取消平台梁，形成无平台梁的折板式楼梯，如图 6.12(b)所示，此时梯段板的厚度会偏大。折板式楼梯的跨度，为梯段水平投影长度与平台深度之和。

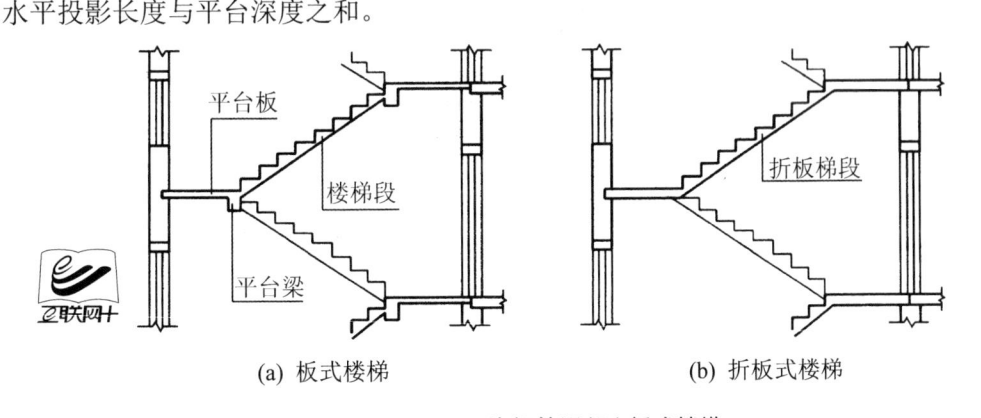

(a) 板式楼梯   (b) 折板式楼梯

图 6.12　现浇钢筋混凝土板式楼梯

2. 梁板式楼梯

梁板式楼梯由踏步板和梯段斜梁组成。踏步板支承在斜梁上，斜梁支承在平台梁上，平台梁再支承在墙(或柱)上。梯段斜梁可以在踏步板的下面、上面或侧面，按斜梁所在部位，可分为梁承式、梁悬臂式等。

(1) 梁承式：梯段斜梁一般设两根，设置于踏步板两侧的下部，此时踏步外露，称为明步，如图 6.13(a)所示；斜梁也可设置于踏步板两侧的上部，这时踏步处于斜梁里面，称为暗步，如图 6.13(b)所示。梯段边斜梁间的距离为板的跨度。梁板式楼梯的楼梯板跨度小，适用于荷载较大、层高较大的建筑，如教学楼、商场等。

(2) 梁悬臂式：梁悬臂式楼梯通常有两种形式，一种是在踏步板的一侧设斜梁，将踏步板的另一侧搁置在楼梯间墙上，如图 6.14(a)所示；另一种是将斜梁布置在踏步板的中间，踏步板向两侧悬挑，如图 6.14(b)所示。梯段的踏步板断面形式，有平板式、折板式和三角形板式，如图 6.15 所示。梁悬臂式楼梯受力较复杂，图 6.14(b)所示的单梁式尤甚，但其外形轻巧、美观，多用于对建筑空间造型有较高要求的场合。

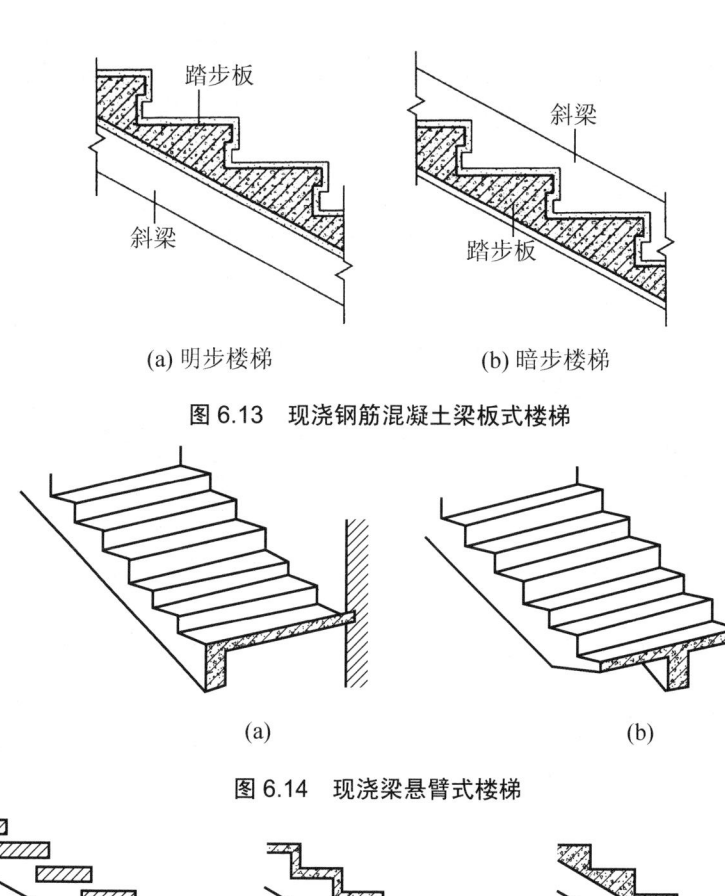

(a) 明步楼梯　　　　　　　(b) 暗步楼梯

图 6.13　现浇钢筋混凝土梁板式楼梯

(a)　　　　　　　　　　　(b)

图 6.14　现浇梁悬臂式楼梯

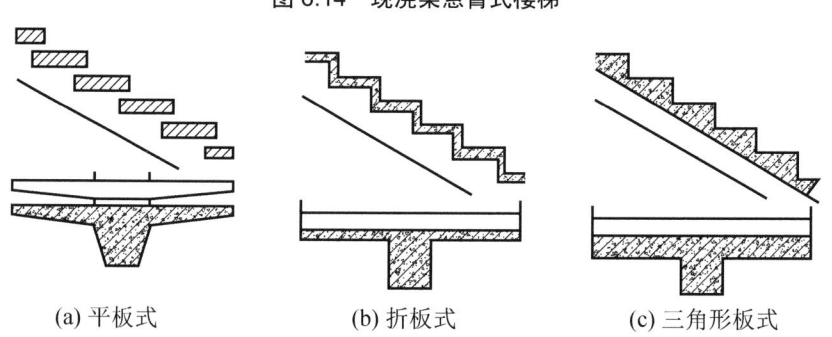

(a) 平板式　　　　(b) 折板式　　　　(c) 三角形板式

图 6.15　梁悬臂式楼梯踏步板断面形式

6.2.2　预制装配式钢筋混凝土楼梯

　　预制装配式钢筋混凝土楼梯是将楼梯分成休息板、楼梯梁、楼梯段三个组成部分,这些构件在加工厂或施工现场进行预制,施工时再将预制构件进行装配、焊接。采用预制装配式钢筋混凝土楼梯可提高建筑工业化施工水平,节约模板、缩短工期,但其整体性及抗震性不及现浇钢筋混凝土楼梯。

【参考视频】

　　根据组成楼梯的构件尺寸及装配的程度,预制装配式钢筋混凝土楼梯可分为小型、中型及大型。

1. 小型构件装配式楼梯

　　小型构件装配式楼梯是将楼梯的梯段和平台划分为若干部分,分别预制成小构件装配而成，主要预制构件是踏步板、梯段梁、平台梁和平台板等。小型构件装配式楼梯还可分为梁承式、墙承式和悬臂踏步式三种。

1）梁承式楼梯

预制装配梁承式钢筋混凝土楼梯，系指梯段由平台梁支承的楼梯构造方式。预制构件可按梯段(梁板式或板式梯段)、平台梁、平台板三部分进行划分，如图 6.16 所示。

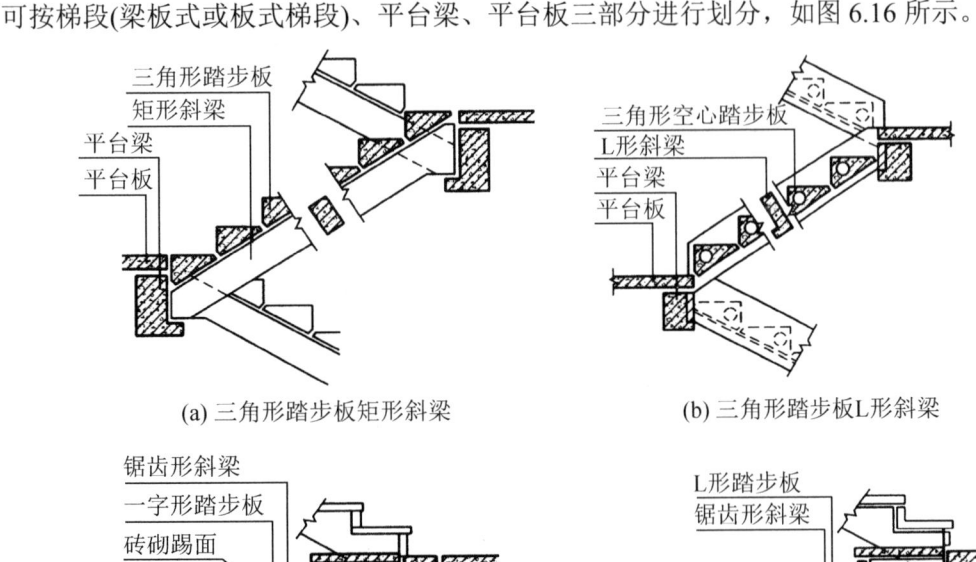

(a) 三角形踏步板矩形斜梁　　　　(b) 三角形踏步板L形斜梁

(c) 一字形踏步板锯齿形斜梁　　　　(d) L形踏步板锯齿形斜梁

图 6.16　预制装配梁承式楼梯

(1) 梯段。

① 梁板式梯段：由梯斜梁和踏步板组成。踏步板支承在两侧梯斜梁上，梯斜梁两端支承在平台梁上。由于构件小型化，不需大型起重设备即可安装，施工简便，如图 6.16(a) 所示。

② 板式梯段：为整块或数块带踏步条板，没有梯斜梁。梯段底面平整，结构厚度小，其上下端直接支承在平台梁上，增大了平台下净空高度，如图 6.16(b)所示。

(2) 踏步板：钢筋混凝土预制踏步板，断面形式有一字形、L 形、三角形等，如图 6.17 所示。

(3) 梯斜梁：梯斜梁有矩形断面、L 形断面和锯齿形断面三种。锯齿形断面梯斜梁主要用于搁置一字形、L 形断面踏步板，矩形断面和 L 形断面梯斜梁主要用于搁置三角形断面踏步板。梯斜梁的形式如图 6.18 所示。

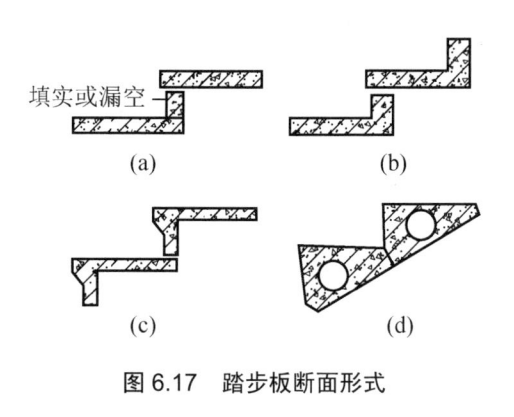

图 6.17 踏步板断面形式

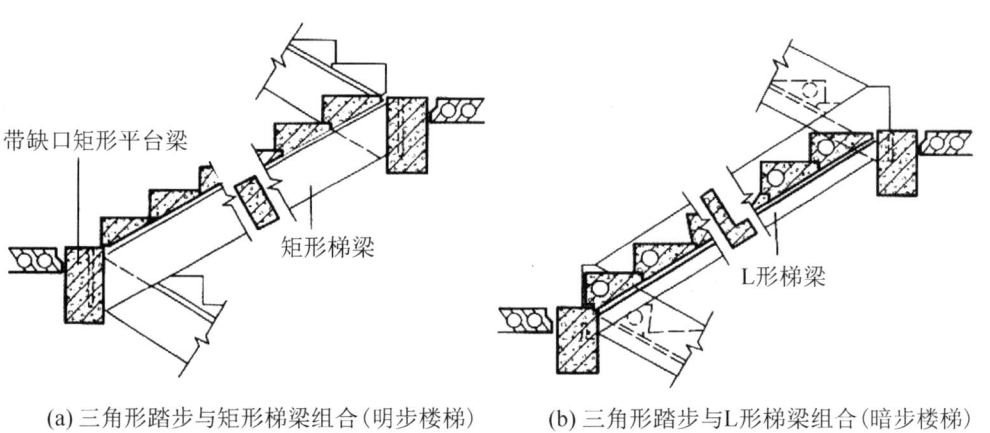

(a) 三角形踏步与矩形梯梁组合(明步楼梯) (b) 三角形踏步与L形梯梁组合(暗步楼梯)

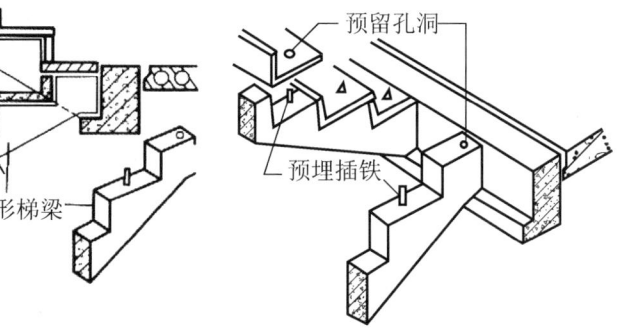

(c) L形或(一字形)踏步与锯齿形梯梁组合

图 6.18 预制梯段斜梁的形式

(4) 平台梁:为了便于支承梯斜梁或梯段板,减少平台梁占用的结构层高,通常将平台梁做成 L 形截面,梁高度按 $L/12$ 估算(L 为平台梁跨度),有关截面尺寸如图 6.19 所示。

(5) 平台板:平台板可根据需要采用钢筋混凝土空心板、槽板或平板。平台板通常平行于平台梁布置,当垂直于平台梁布置时,常采用平板,如图 6.20 所示。图 6.20(a)中的平台板两端支承在楼梯间侧墙上,与平台梁平行布置;图 6.20(b)中的平台板与平台梁垂直布置。

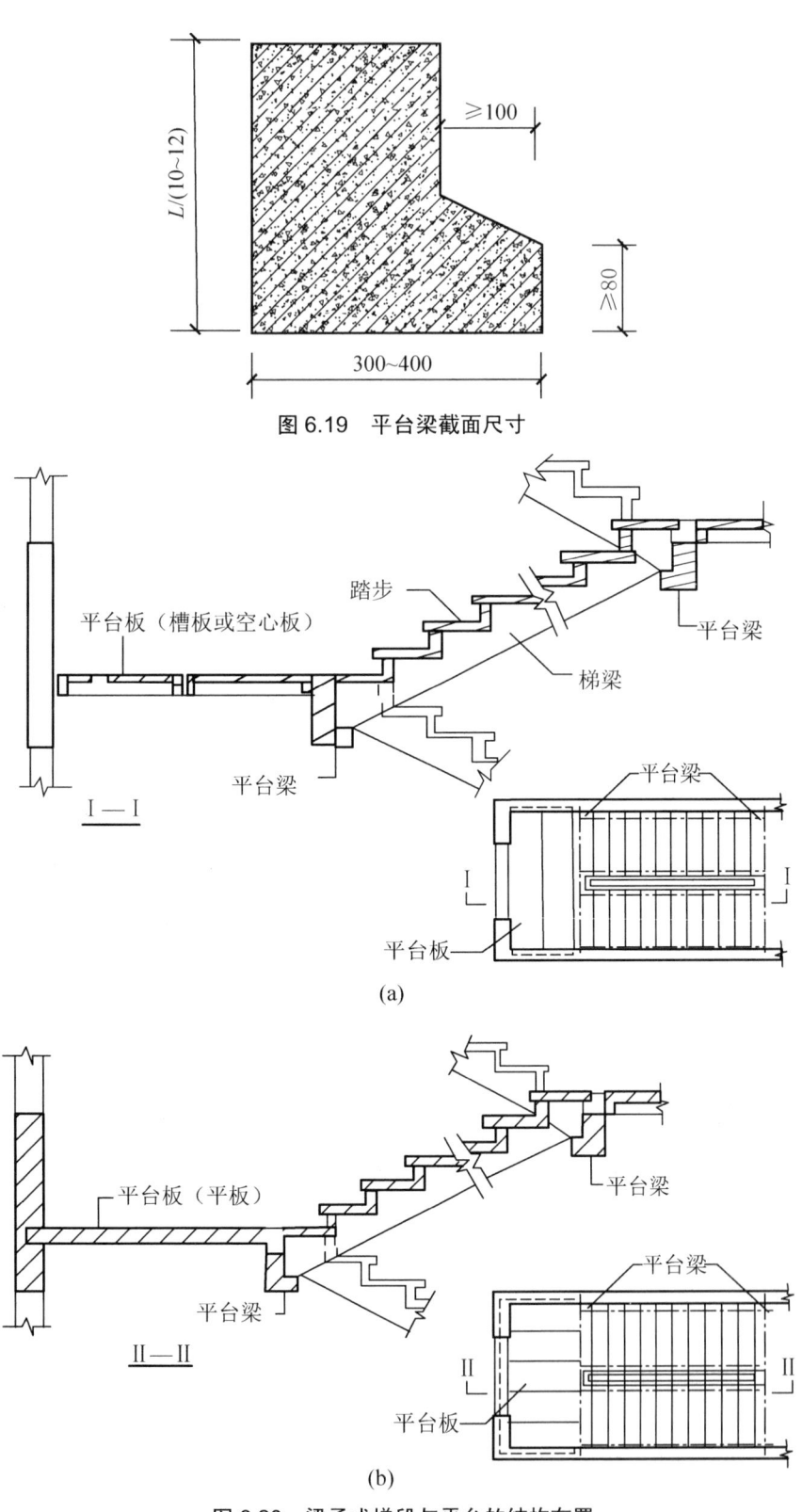

图 6.19 平台梁截面尺寸

(a)

(b)

图 6.20 梁承式梯段与平台的结构布置

(6) 平台梁与梯段节点构造(图 6.21)：根据两个梯段之间的关系，分为齐步梯段和错步梯段；根据平台梁与梯段之间的关系，有埋步和不埋步两种节点构造方式。

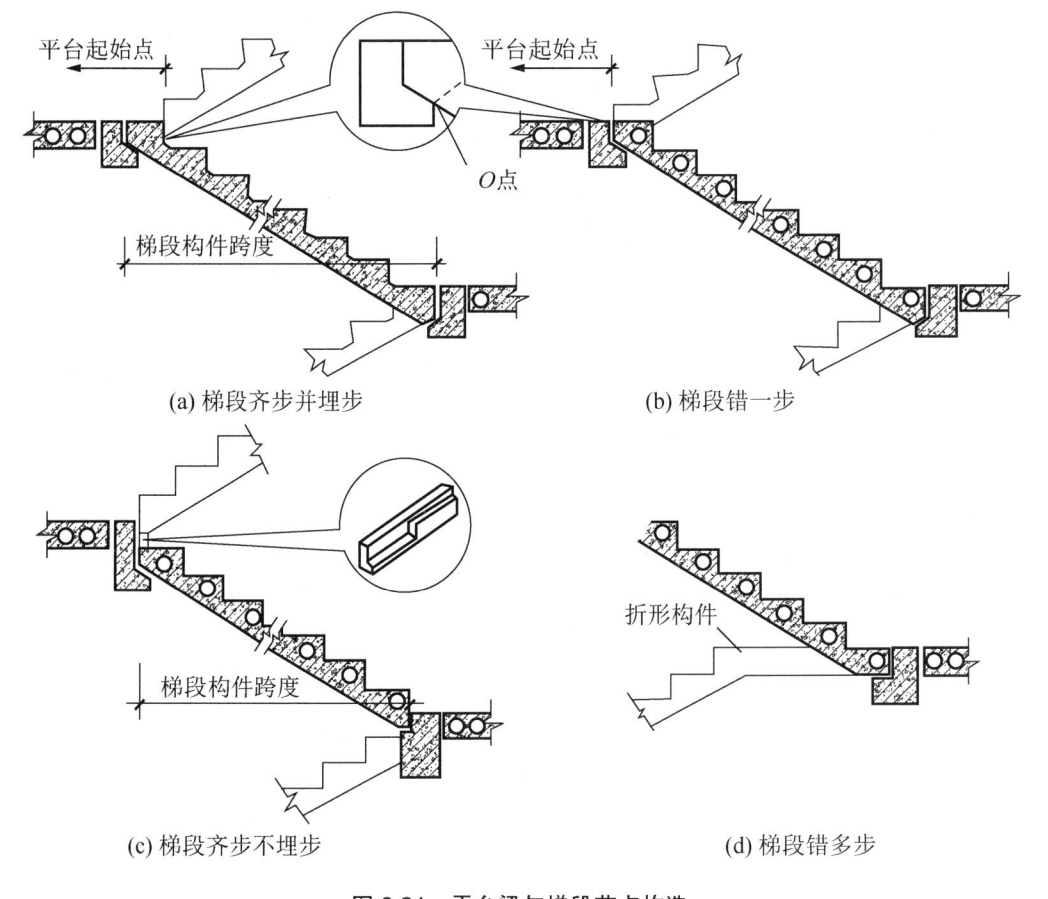

(a) 梯段齐步并埋步   (b) 梯段错一步

(c) 梯段齐步不埋步   (d) 梯段错多步

图 6.21 平台梁与梯段节点构造

2) 墙承式楼梯

预制装配墙承式钢筋混凝土楼梯是将预制钢筋混凝土踏步板直接搁置在两侧墙上的一种楼梯形式，其踏步板一般采用一字形、L 形断面，如图 6.22 所示。

这种楼梯适用于单向楼梯，对于平行双跑楼梯，由于在梯段之间有墙，使得视线、光线受到阻挡，通常在中间墙上开设观察口，以改善视线和采光。

3) 悬臂式楼梯

预制装配悬臂式钢筋混凝土楼梯是将预制钢筋混凝土踏步板一端嵌固于楼梯间侧墙上，另一端形成悬挑的楼梯形式，如图 6.23 所示。用于嵌固踏步板的墙体厚度不应小于 240mm，踏步板的悬臂长度可达 1.5m，踏步板一般采用 L 形带肋断面形式，其入墙嵌固端一般做成矩形断面，嵌入深度 240mm。悬臂踏步式楼梯整体刚度差，不能用于有抗震设防要求的地区。

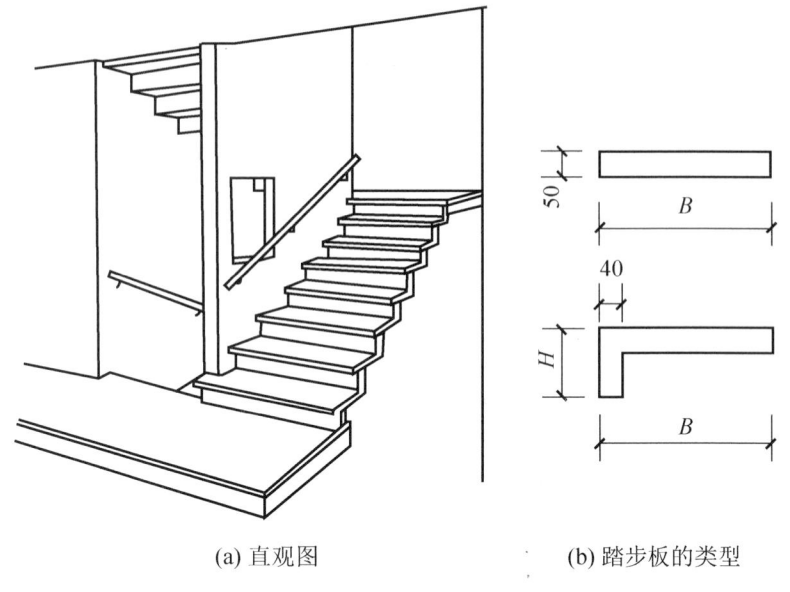

(a) 直观图　　　　　　　　　(b) 踏步板的类型

图 6.22　预制装配墙承式楼梯

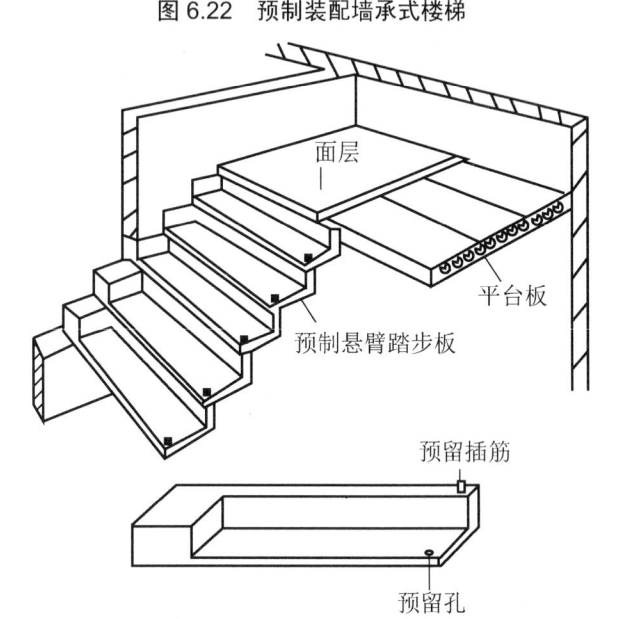

图 6.23　预制装配悬臂式楼梯

2. 中型构件装配式楼梯

中型构件装配式楼梯一般由梯段板和带有平台梁的平台板构成。当起重能力有限时，可将平台梁和平台板分开。这种构造做法的平台板，可以采用预制钢筋混凝土槽形板或空心板，如图 6.24 所示。

与小型构件装配式楼梯比，中型的可减少构件数量，加快施工速度。

3. 大型构件装配式楼梯

大型构件装配式楼梯是将整个梯段和平台预制成一个整体构件，如图 6.25 所示。这种楼梯的装配化程度高，施工速度快，但需有大型吊装设备，常用于预制装配式建筑。

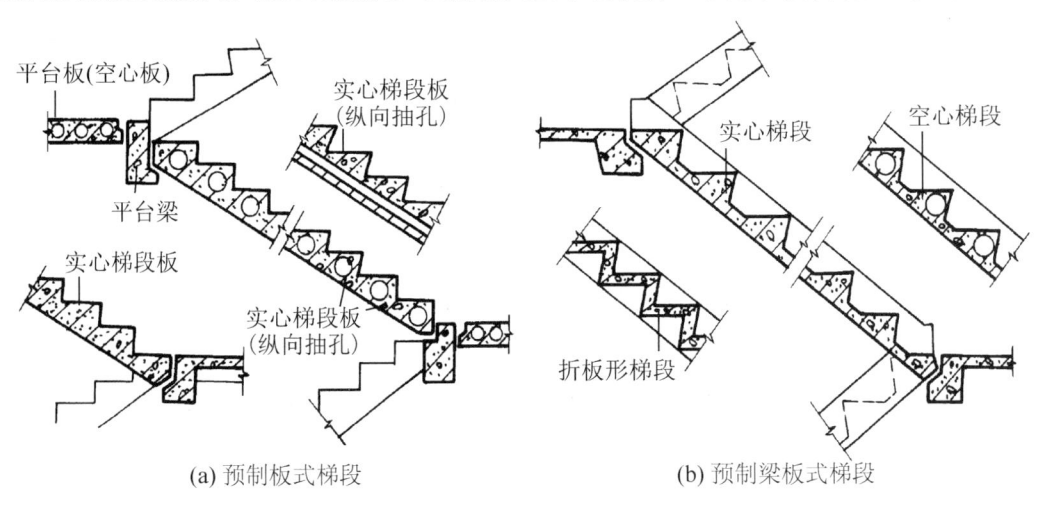

(a) 预制板式梯段　　　　　　　　(b) 预制梁板式梯段

图 6.24　中型预制装配式楼梯

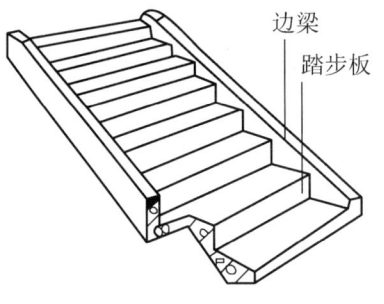

图 6.25　大型预制装配式楼梯

6.2.3 楼梯细部构造

楼梯细部构造，是指楼梯的梯段与踏步构造、踏步面层构造及栏杆、栏板构造等细部的处理，如图 6.26 所示。

1. 踏步

踏步由踏面和踢面所组成。因为楼梯在使用中易磨损，所以踏面应耐磨、防滑、便于清洗，并应美观。楼梯踏步面层材料一般与房间的门厅或走道地面材料一致，依据装修标准与要求的不同，常用的有水泥砂浆、水磨石、大理石、花岗石、缸砖等面层，如图 6.27 所示。

由于在踏步踏面行走中行人容易滑跌，因此在踏面前缘应设置防滑措施，尤其是人流较为密集的公共建筑物的楼梯，同时踏步前缘也是易磨损部位，容易与其他硬物发生碰撞，设置防滑条可以起到有效的防滑及保护作用。常用的防滑条材料有水泥铁屑、金刚砂、金属条(铸铁、铝条、铜条)、陶瓷锦砖及带防滑条缸砖等，如图 6.28 所示。实际工程中防滑条凸出踏步面不能太高，一般凸出踏步面 2～3mm。

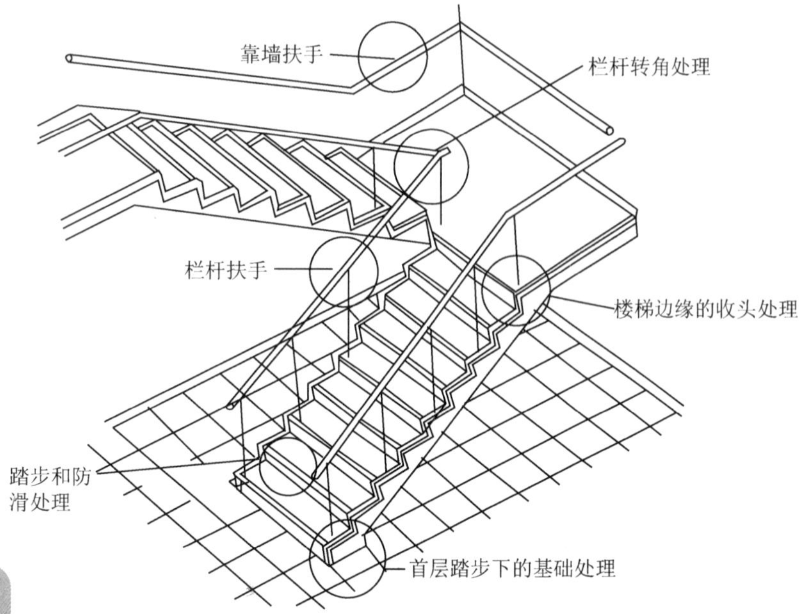

靠墙扶手

栏杆转角处理

栏杆扶手

楼梯边缘的收头处理

踏步和防滑处理

首层踏步下的基础处理

图 6.26　楼梯细部构造

【参考图文】

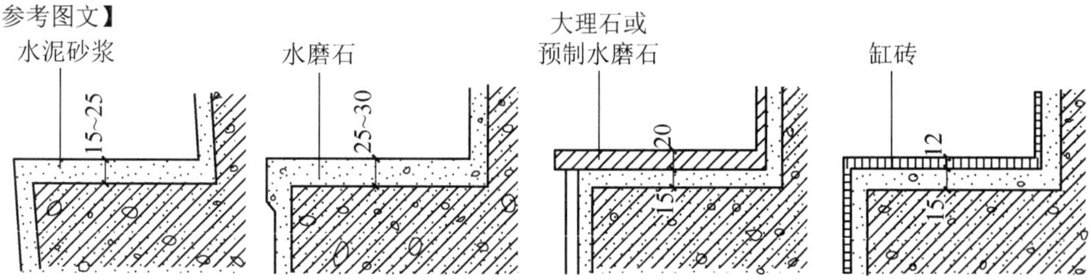

水泥砂浆

15~25

水磨石

25~30

大理石或
预制水磨石

20

15

缸砖

12

15

(a) 水泥砂浆面层　　　(b) 水磨石面层　　　(c) 天然石或人造石面层　　　(d) 缸砖面层

图 6.27　踏步面层构造

【参考图文】

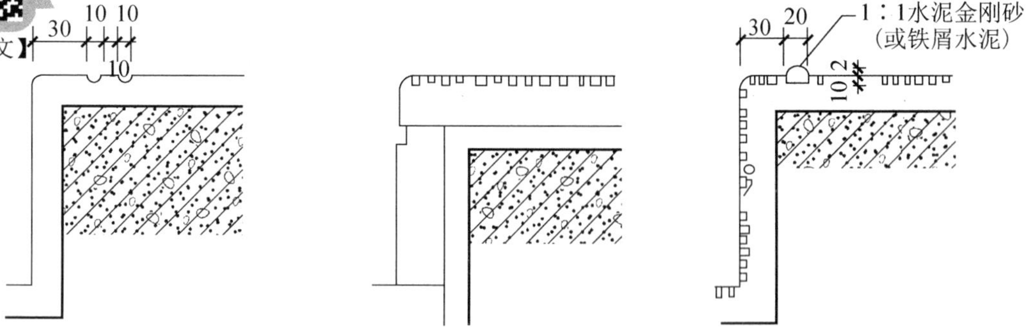

30 10 10

10

(a) 水泥面踏步设防滑槽

(b) 预制水磨石面踏步无防滑槽

30 20

1∶1水泥金刚砂
（或铁屑水泥）

10 2

(c) 水泥金刚砂防滑踏步加压条

图 6.28　踏步防滑处理

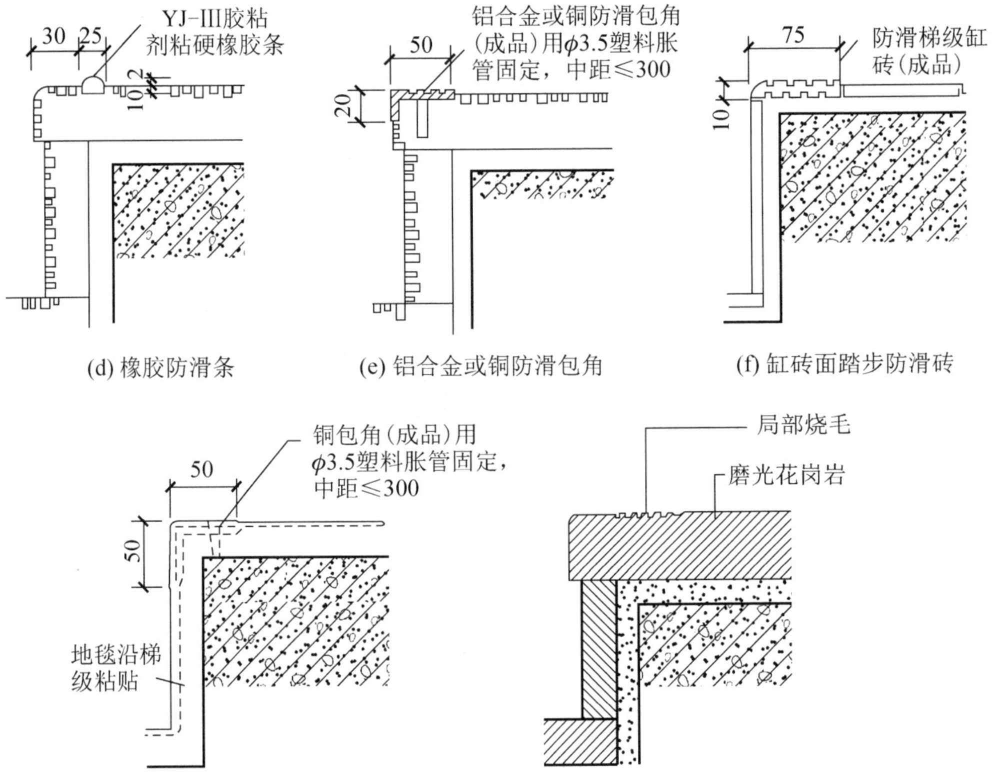

(d) 橡胶防滑条　　　　(e) 铝合金或铜防滑包角　　　　(f) 缸砖面踏步防滑砖

(g) 粘贴地毯踏步加压条　　　　(h) 花岗岩踏步烧毛防滑条

图 6.28　踏步防滑处理(续)

底层楼梯的第一个踏步常会做成特殊的样式，或方或圆，以增加美观，同时栏杆或栏板端部也有变化，以增加多样感，如图 6.29 所示。

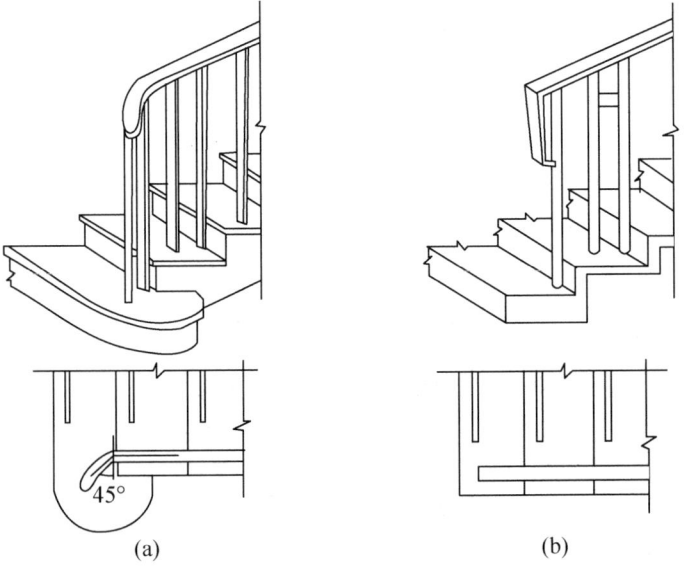

图 6.29　底层第一个踏步和栏杆扶手形态

2．栏杆与栏板

栏杆和栏板均为保护行人上下楼梯的安全围护措施，设置在楼梯或平台临空的一侧。

1）栏杆

栏杆多采用方钢、圆钢、钢管或扁钢等材料焊接或铆接，并可形成各种图案，既起防护作用，又起装饰作用，如图 6.30 所示。为了确保人身安全，栏杆高度不得小于 900m，栏杆垂直杆件的净空隙不应大于 110mm。

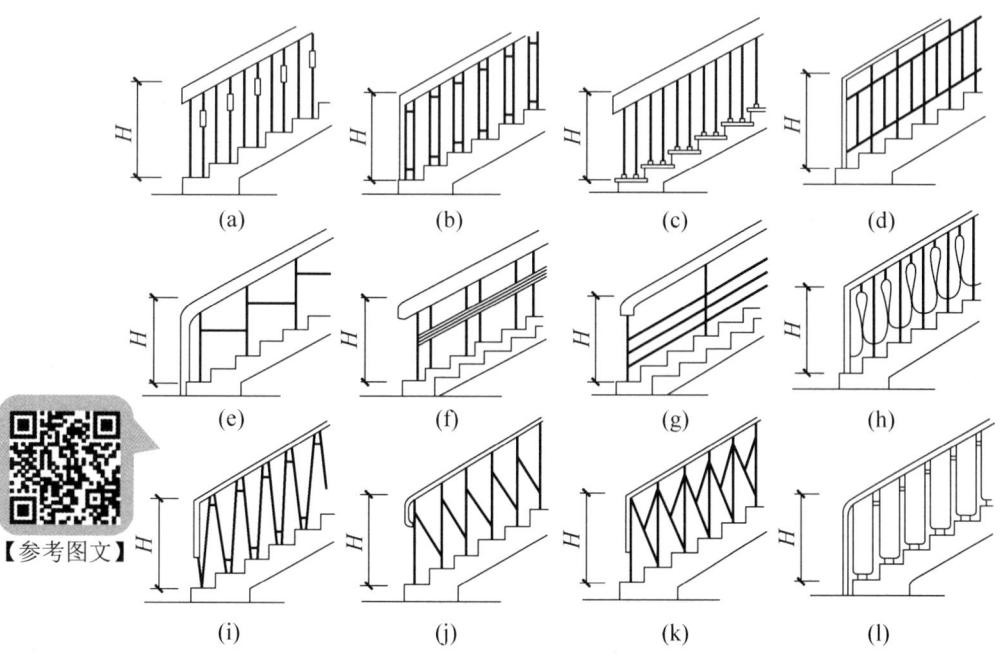

图 6.30　栏杆样式

栏杆与梯段及平台必须有可靠的连接，连接方式有锚接、焊接和拴接三种，如图 6.31 所示。

锚接是在踏步上预留孔洞，然后将钢条插入孔内，预留孔尺寸一般为 50mm×50mm，插入洞内至少 80mm，洞内浇注水泥砂浆或细石混凝土嵌固；焊接则是在浇注楼梯踏步时，在需要设置栏杆的部位沿踏面预埋钢板或在踏步内埋套管，然后将钢条焊接在预埋钢板或套管上；拴接是指利用螺栓将栏杆固定在踏步上，方式也可有多种。

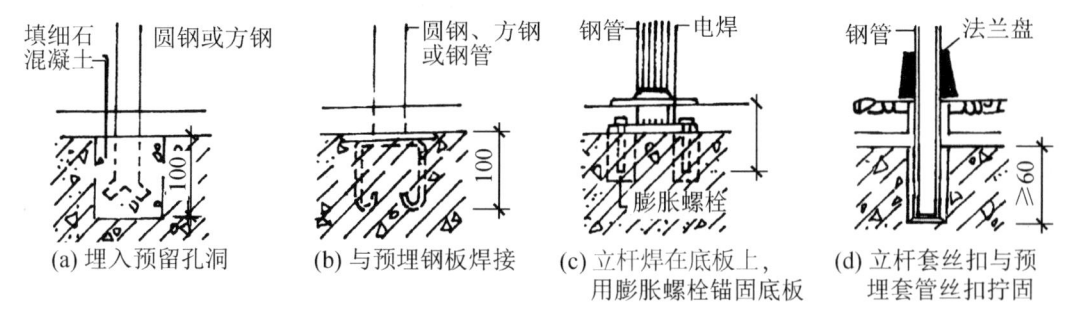

图 6.31　栏杆与梯段、平台的连接

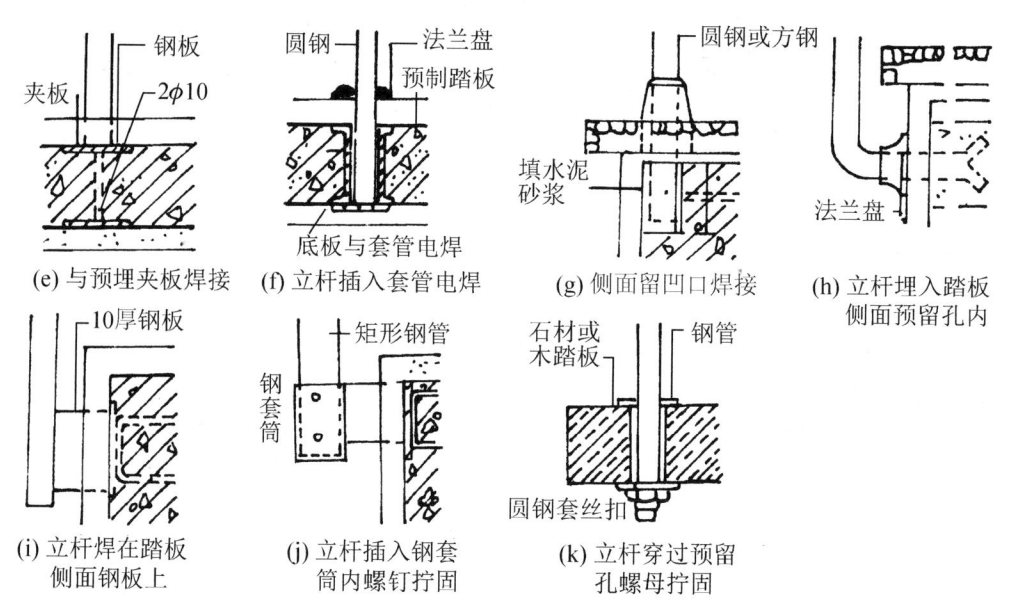

(e) 与预埋夹板焊接　　(f) 立杆插入套管电焊　　(g) 侧面留凹口焊接　　(h) 立杆埋入踏板侧面预留孔内

(i) 立杆焊在踏板侧面钢板上　　(j) 立杆插入钢套筒内螺钉拧固　　(k) 立杆穿过预留孔螺母拧固

图 6.31　栏杆与梯段、平台的连接(续)

2) 顶层水平栏杆

顶层的楼梯间应加设水平栏杆，以保证人身安全。顶层栏杆靠墙处的做法是将铁板伸入墙内，并弯成燕尾形，然后浇灌混凝土，也可以将铁板焊于柱身铁件上，如图 6.32 所示。

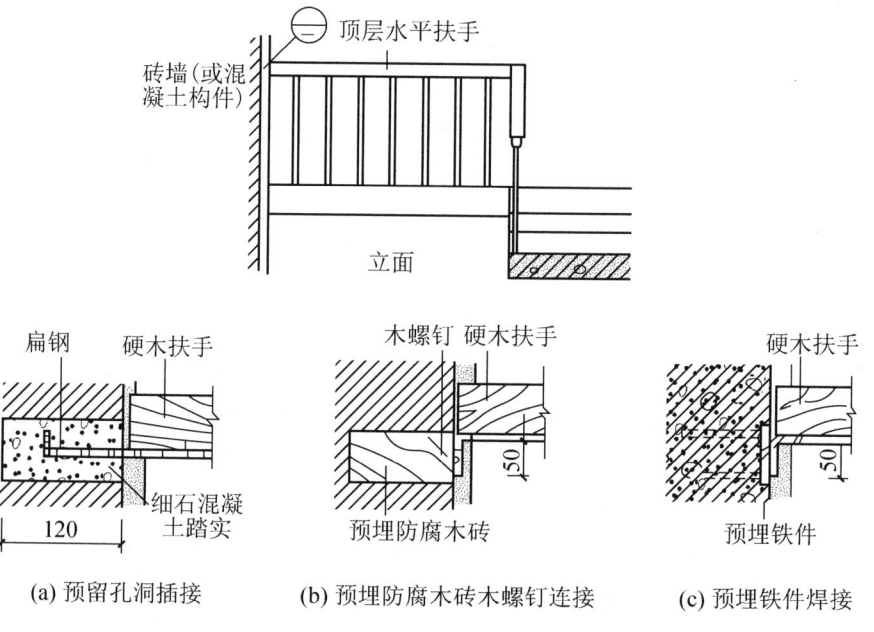

(a) 预留孔洞插接　　(b) 预埋防腐木砖木螺钉连接　　(c) 预埋铁件焊接

图 6.32　顶层栏杆及扶手入墙做法

3) 栏板

栏板多用钢筋混凝土或加筋砖砌体制作，也有用钢丝网水泥板的。钢筋混凝土栏板有预制和现浇两种，如图 6.33 所示。栏板可节约钢材，无锈蚀问题，比较安全。

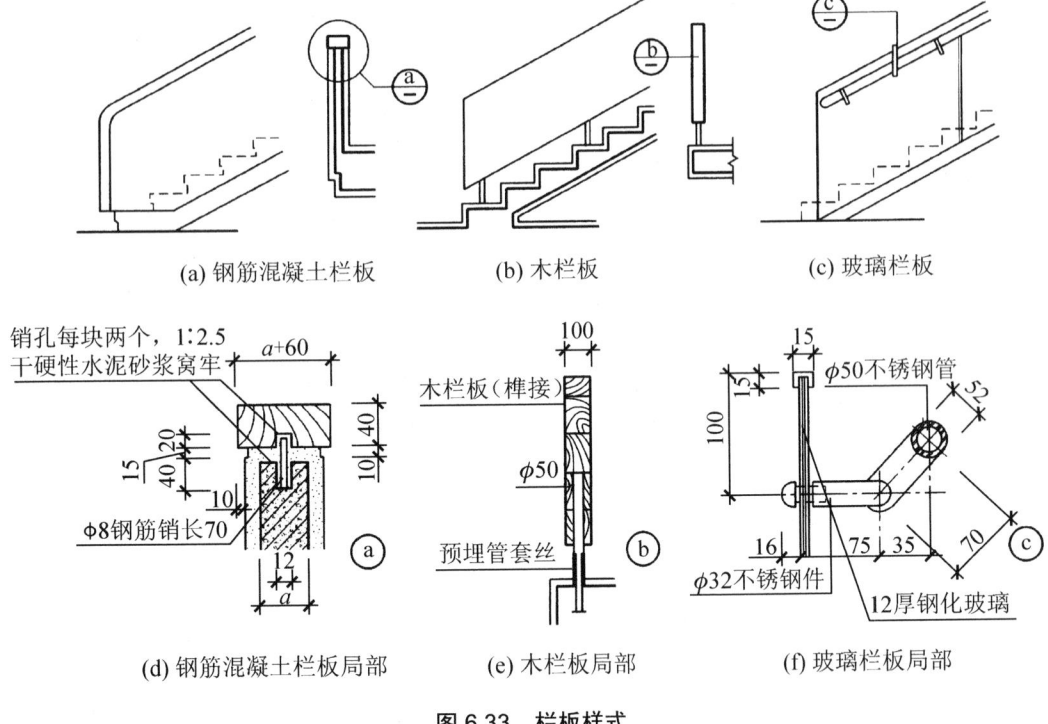

(a) 钢筋混凝土栏板　　(b) 木栏板　　(c) 玻璃栏板

(d) 钢筋混凝土栏板局部　　(e) 木栏板局部　　(f) 玻璃栏板局部

图 6.33　栏板样式

4) 组合式栏杆

组合式栏杆是将栏杆和栏板进行组合而形成的一种栏杆形式，栏杆竖杆作为主要抗侧力构件，栏板则作为防护和美观装饰构件。栏杆竖杆常采用钢材或不锈钢等材料，栏板部分常采用轻质美观的材料制作，如木板、塑料贴面板、铝板、有机玻璃板和钢化玻璃板等，如图 6.34 所示。

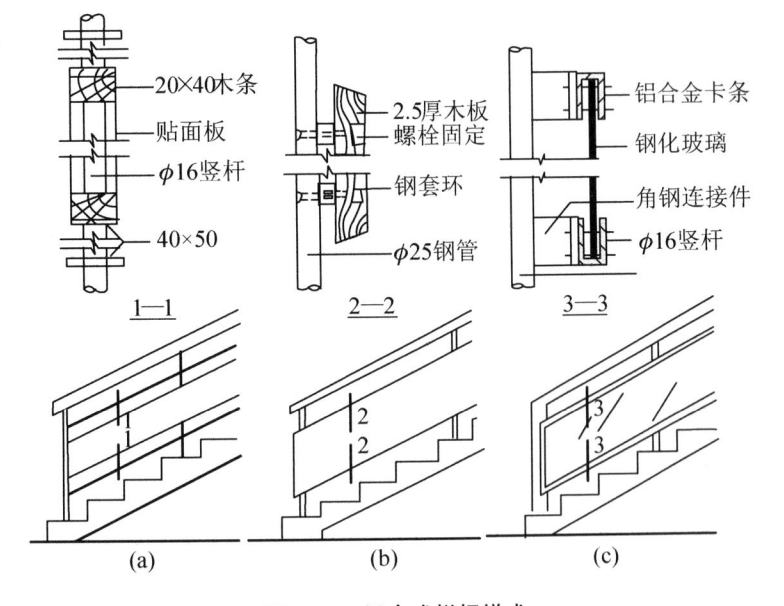

(a)　　(b)　　(c)

图 6.34　组合式栏杆样式

3. 扶手

扶手位于栏杆或栏板的顶部，通常用木材、塑料、钢管等材料做成。扶手的断面应考虑人的手掌尺寸，并注意美观。硬木扶手、塑料扶手与金属栏杆的连接，通常是在金属栏杆的顶端先焊接一根通长扁钢，然后再用木螺钉将扁钢与扶手连接在一起；扶手与栏杆的连接方法视扶手和栏杆的材料而定，如金属扶手与金属栏杆常用焊接连接；栏板上的扶手多采用抹水泥砂浆或水磨石粉面的处理方式。如图 6.35 所示为扶手样式。

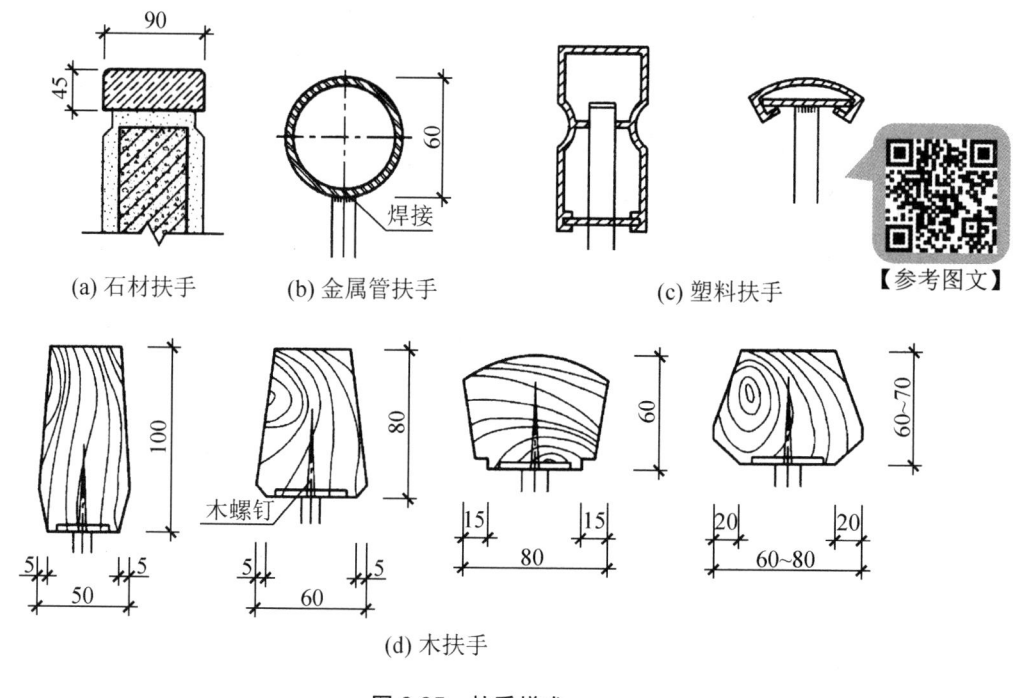

(a) 石材扶手   (b) 金属管扶手   (c) 塑料扶手   【参考图文】

(d) 木扶手

图 6.35　扶手样式

当需在靠墙或柱边设置扶手时，双方的连接应牢固，具体做法一般有两种：一种是在墙或柱边预留孔洞，将扶手铁件插入洞内，再用细石混凝土或水泥砂浆填实；另一种是在钢筋混凝土墙或柱的相应位置上预埋铁件，与扶手的铁件焊接，也可用膨胀螺栓连接。如图 6.36 所示为扶手与墙柱的连接方式。

梯段转折处扶手细部应有以下的恰当处理。

(1) 如果扶手在转折处没有伸入平台，下跑梯段扶手在转折处需上弯形成鹤颈扶手，也可采用直线转折的硬接方式，如图 6.37(a)所示。

(2) 当上下梯段齐步时，上下扶手在转折处同时向平台延伸半步，使两扶手高度相等，连接自然，但这样做缩小了平台的有效深度，如图 6.37(b)所示。

(3) 当上下梯段错一步时，扶手在转折处不需向平台延伸即可自然连接。当长短跑梯段错开几步时，将出现一段水平栏杆，如图 6.37(c)所示。

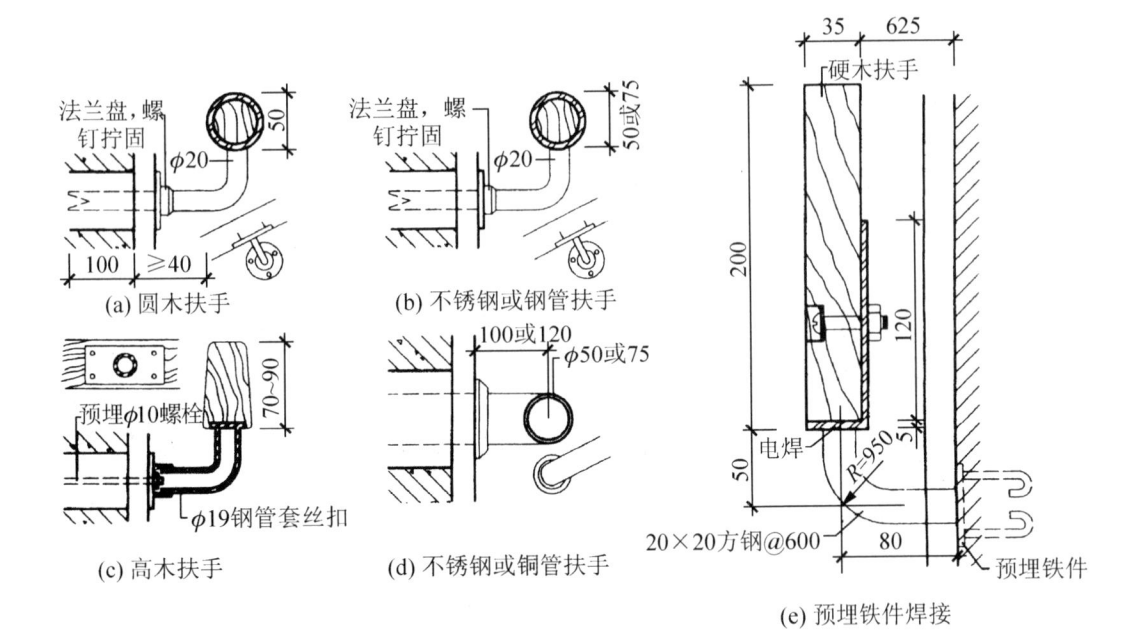

图 6.36　扶手与墙柱的连接方式

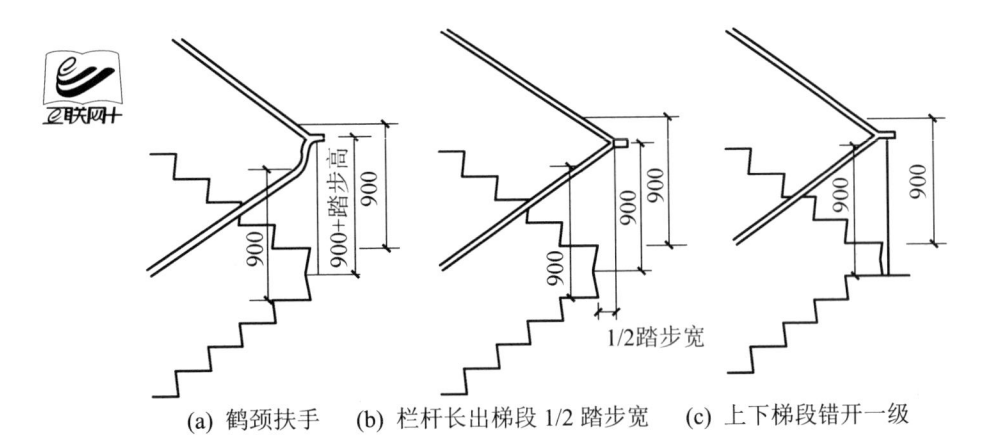

(a) 鹤颈扶手　　　(b) 栏杆长出梯段 1/2 踏步宽　　　(c) 上下梯段错开一级

图 6.37　转折处扶手细部构造

4．楼梯的基础

首层第一个踏步下应有基础支撑，简称梯基。梯基的做法有两种：一种是楼梯直接设砖、石或混凝土基础，如图 6.38(a)所示；另一种是基础与踏步之间加设地基梁，楼梯支承在钢筋混凝土地基梁上，如图 6.38(b)所示。

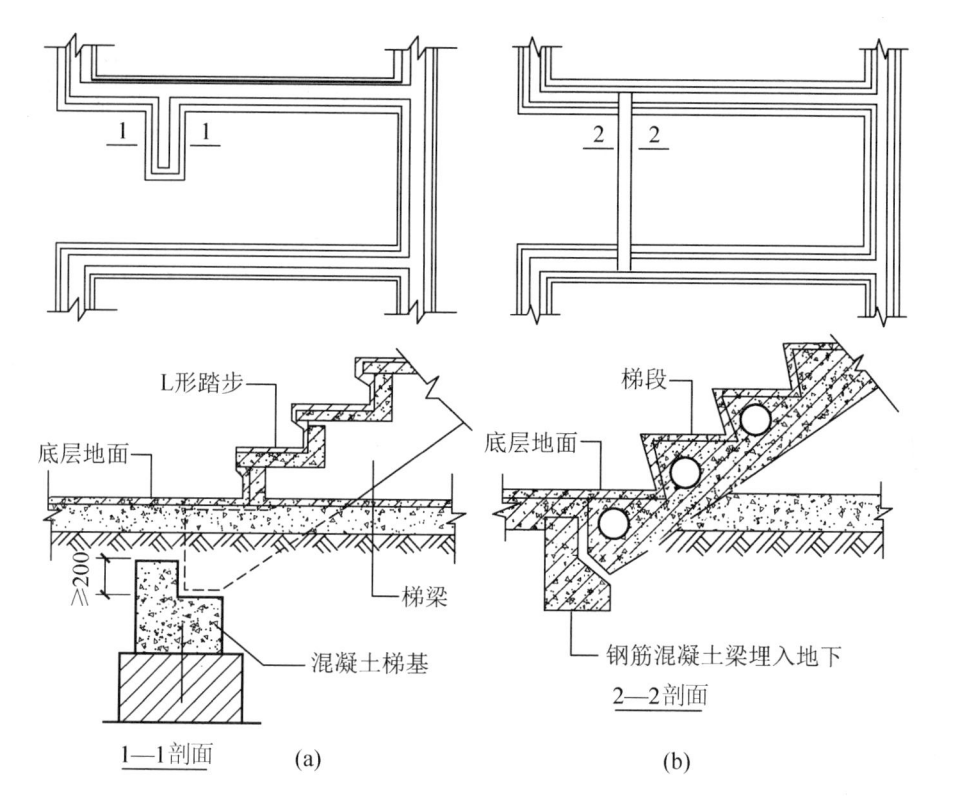

图 6.38 梯基的构造

6.3 其他交通设施构造

6.3.1 台阶与坡道

1. 台阶

台阶是联系室内外地坪或楼层所存在的高度差的交通设施。底层室外台阶要注意防水、防滑，楼层台阶要注意与楼层结构的连接。由于台阶处在建筑物人流较为集中的出入口处，其坡度应较缓。

1) 台阶形式

台阶形式的选择应当和建筑的功能及周围的环境相适应。常见的台阶形式有单面踏步、两面踏步、三面踏步及单面踏步带花池或花台等，如图 6.39 所示。

【参考图文】

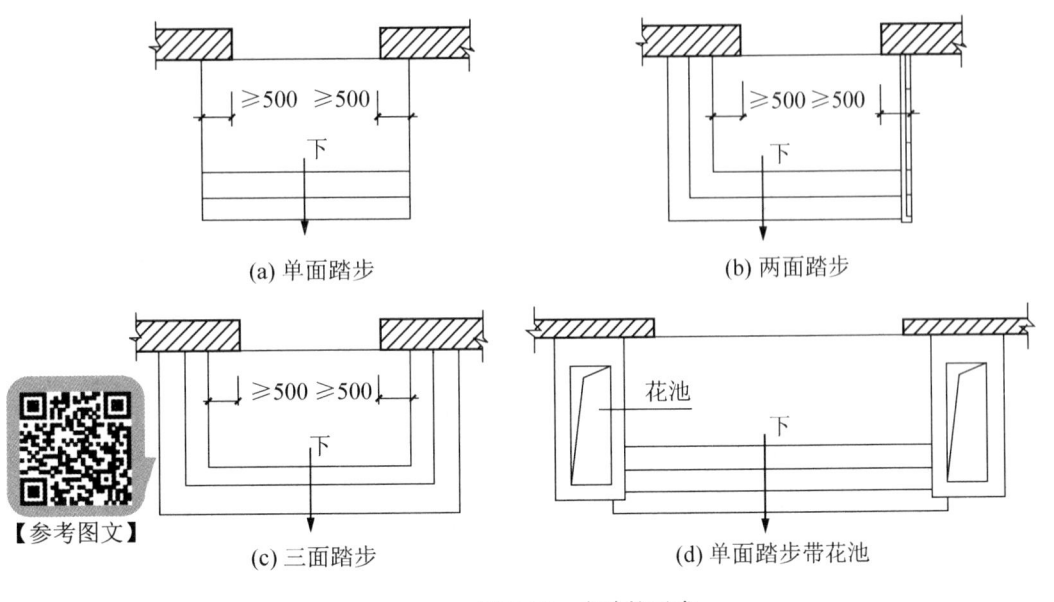

(a) 单面踏步　　　　　　　(b) 两面踏步

(c) 三面踏步　　　　　　　(d) 单面踏步带花池

花池

图 6.39　台阶的形式

2) 台阶尺寸与构造

室内台阶踏步宽度不宜小于 300mm，踏步高度不宜大于 150mm，并不宜小于 100mm。踏步数不应少于 2 级，当高差不足 2 级时，应按坡道设置。人流密集的场所台阶高度超过 0.7m 并侧面临空时，应有防护设施。室外台阶应考虑室内外高差，其踏步尺寸可略宽于楼梯踏步尺寸，踏步高一般为 100~150mm，踏步宽为 300~400mm。

在台阶与建筑出入口大门之间，常设置平台，起缓冲过渡作用。平台宽度通常要比门洞口每边至少宽出 500mm，并比室内地面低 20~50mm，平台深度通常不应小于 1000mm，并应做 1%~3% 向外的排水坡度，以便排水。

台阶面层需考虑防滑和抗风化问题，其材料应具有防滑和耐久特性，如使用水泥屑、斩假石、天然石材、防滑砖等。对于人流量大的建筑台阶，还宜在台阶平台处设刮泥槽，刮泥槽的刮齿应垂直于人流方向，如图 6.40 所示。

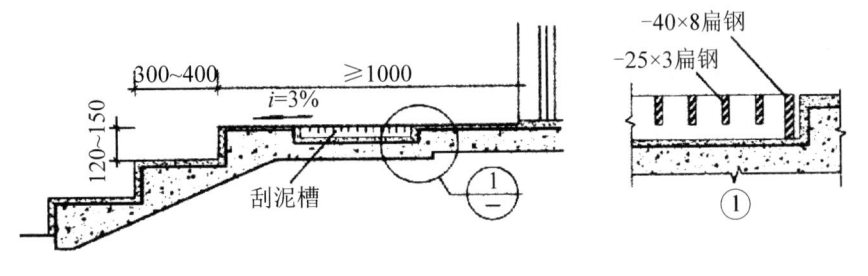

图 6.40　台阶尺寸

台阶的构造与地面构造基本相同，由基层、垫层和面层等构成。基层一般用素土夯实或用三合土、灰土夯实，再按台阶形状做 C15 素混凝土垫层或砖、石垫层。标准较高或地基土质较差的还可在垫层下加铺一层碎砖或碎石层。具体构造如图 6.41 所示。

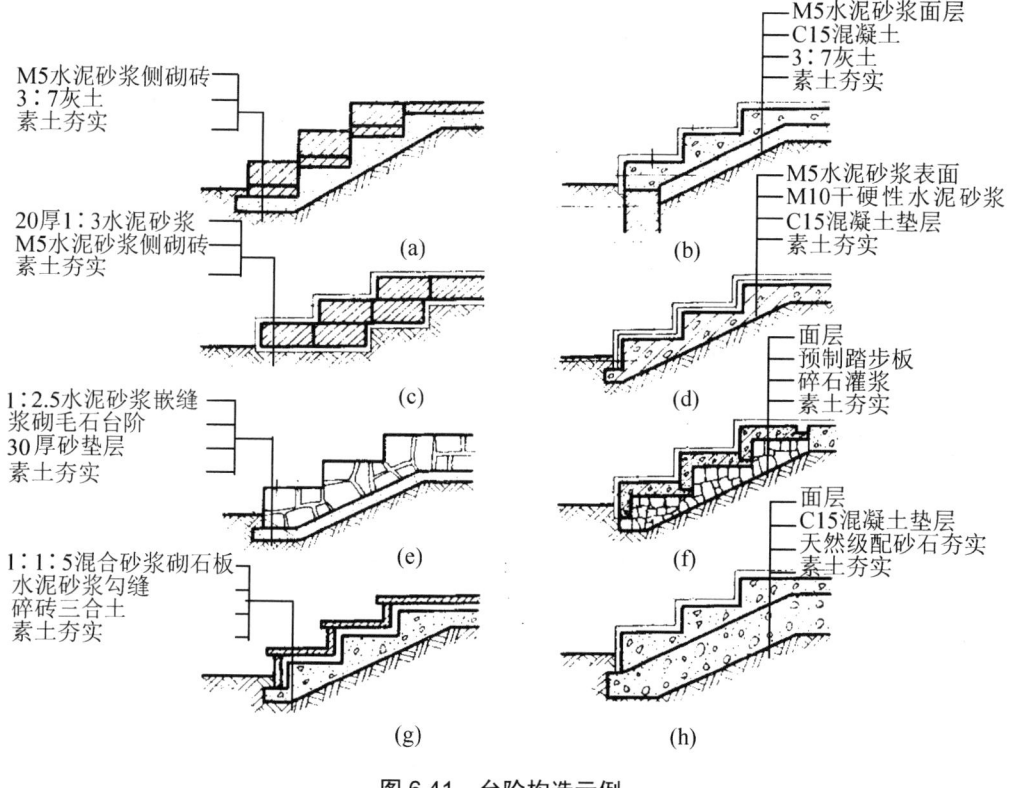

M5水泥砂浆侧砌砖
3：7灰土
素土夯实

(a)

20厚1：3水泥砂浆
M5水泥砂浆侧砌砖
素土夯实

(c)

1：2.5水泥砂浆嵌缝
浆砌毛石台阶
30厚砂垫层
素土夯实

(e)

1：1.5混合砂浆砌石板
水泥砂浆勾缝
碎砖三合土
素土夯实

(g)

M5水泥砂浆面层
C15混凝土
3：7灰土
素土夯实

(b)

M5水泥砂浆表面
M10干硬性水泥砂浆
C15混凝土垫层
素土夯实

(d)

面层
预制踏步板
碎石灌浆
素土夯实

(f)

面层
C15混凝土垫层
天然级配砂石夯实
素土夯实

(h)

图 6.41　台阶构造示例

2. 坡道

在人或车辆经常出入或不适宜做台阶的部位，可采用坡道来进行室内和室外的联系。坡道按用途可分为行车坡道和轮椅坡道，行车坡道又分为普通行车坡道和回车坡道两种，如图 6.42 所示。

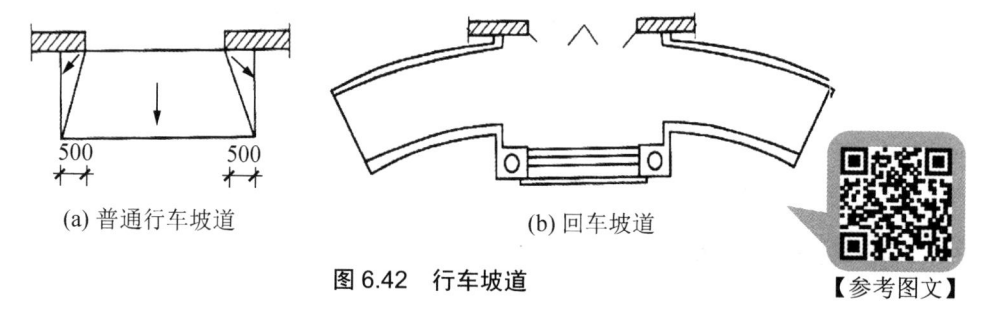

(a) 普通行车坡道　　　　　　　　　(b) 回车坡道

图 6.42　行车坡道

【参考图文】

普通行车坡道的宽度应比门洞宽度每边至少要大出 500mm。坡道的坡度与建筑的室内外高差及坡道的面层处理方法有关。根据现行的《民用建筑设计通则》，室内坡道坡度不宜大于 1：8，室外坡道坡度不宜大于 1：10；供轮椅使用的坡道不应大于 1：12，困难地段不应大于 1：8。考虑无障碍设计坡道时，出入口平台深度不应小于 1500mm。室内坡道水平投影长度超过 15m 时，宜设休息平台。

坡道两侧宜在 900mm 高度处设上、下层扶手，两段坡道之间的扶手应保持连贯；坡道起点和终点处的扶手应水平延伸 300mm 以上；坡道侧面凌空时，在栏杆下端宜设高度不小于 50mm 的安全挡台。如图 6.43 所示为坡道扶手构造。

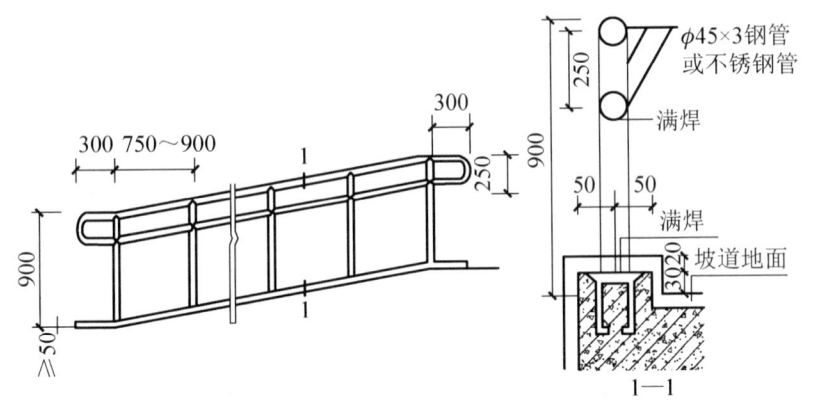

图 6.43　坡道扶手构造

坡道的构造与台阶基本相同，材料常见的有混凝土或石块等，面层也以水泥砂浆居多，对经常处于潮湿、坡度较陡或采用水磨石作面层的坡道，在其表面必须做防滑处理，如图 6.44 所示。

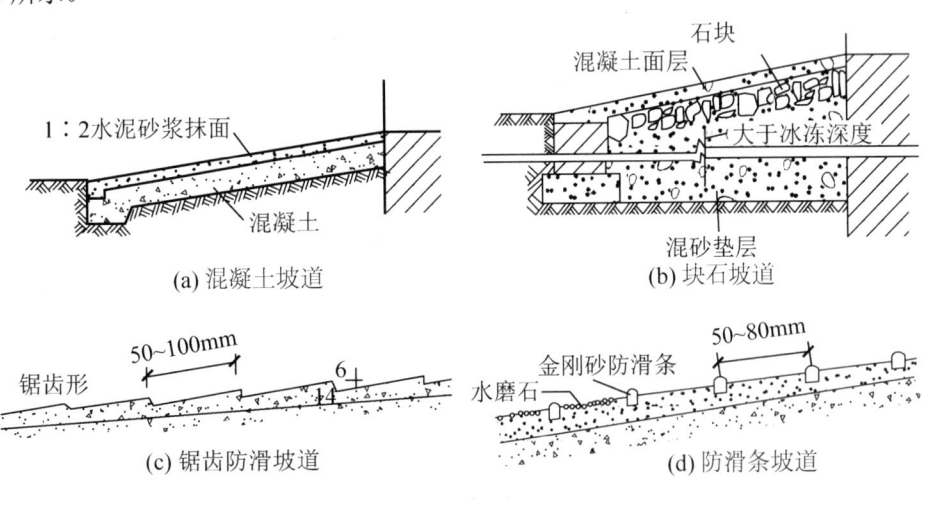

图 6.44　坡道构造

6.3.2　电梯与扶梯

1. 电梯

电梯是解决垂直交通的另一种措施，运行速度快，可以节省时间和人力。《住宅设计规范》(GB 50096—2011)规定：7 层及以上的住宅，或住户入口层楼面距室外设计地面的高度超过 16m 以上的住宅，必须设置电梯；12 层及以上的高层住宅，每栋楼设置电梯不应少于两台，其中宜配置一台可容纳担架的电梯。

1) 电梯的类型

按使用性质，电梯可分为乘客电梯、客货电梯、医用电梯、载货电梯、杂物电梯、消防电梯等，如图 6.45 所示。

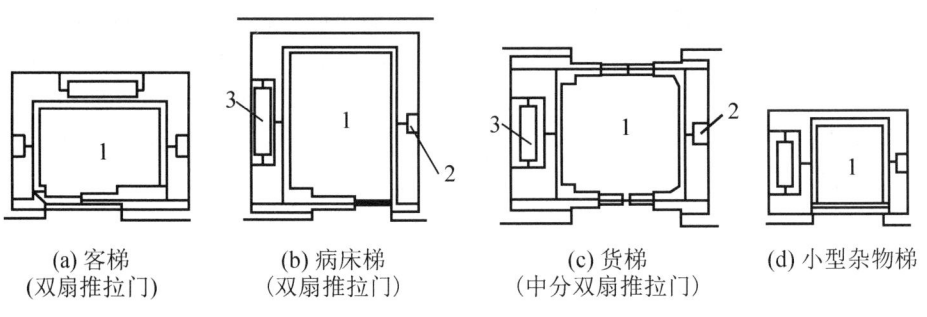

(a) 客梯	(b) 病床梯	(c) 货梯	(d) 小型杂物梯
（双扇推拉门）	（双扇推拉门）	（中分双扇推拉门）	

图 6.45 电梯类型与井道平面示意图

1—电梯厢；2—轨道及撑架；3—平衡重

电梯按行驶速度可分为：高速电梯，速度大于 2m/s；中速电梯，速度在 1.5～2m/s 之间；低速电梯，速度在 1.5m/s 以内。

2) 电梯的组成

电梯主要由井道、机房和地坑三大部分组成。

(1) 电梯井道：电梯井道是电梯运行的通道，井道内包括出入口、电梯轿厢、导轨、导轨撑架、对重及缓冲器等，如图 6.46 所示。

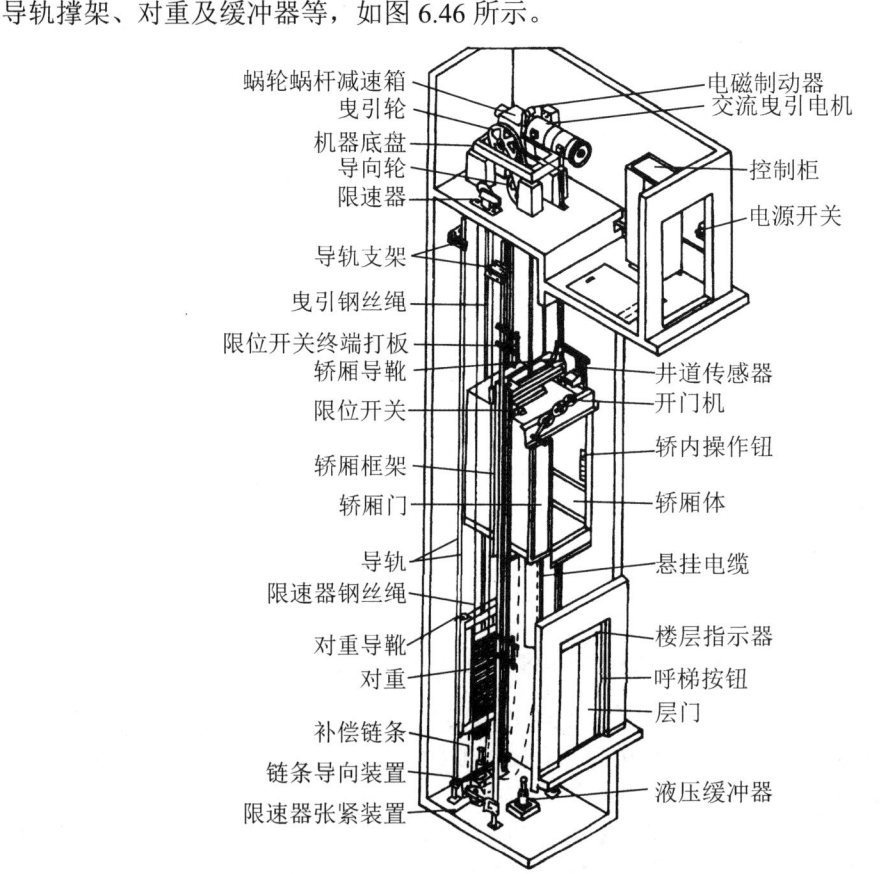

图 6.46 电梯井道内部构造示意图

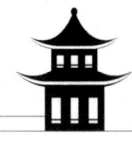

电梯井道是建筑中各层贯通的垂直通道，易引起火灾及烟雾蔓延，因此井道四周应为防火结构，井道壁多为钢筋混凝土井壁或框架填充墙井壁。为了降低电梯在运行时产生的振动和噪声，一般在机房机座下设弹性垫层隔振，在机房与井道间设高 1.5～1.8m 左右的隔声层，如图 6.47 所示。为了平时的井道内空气流通及火灾时能迅速排除烟和热空气，应在井道肩部、地坑及高层的中部等适当位置设置不小于 300mm×600mm 的通风口，上部可以和排烟口结合，排烟口面积应不小于井道面积的 3.5%，通风口总面积的 1/3 应经常开启。通风管道可在井道顶板上或井道壁上直接通往室外。

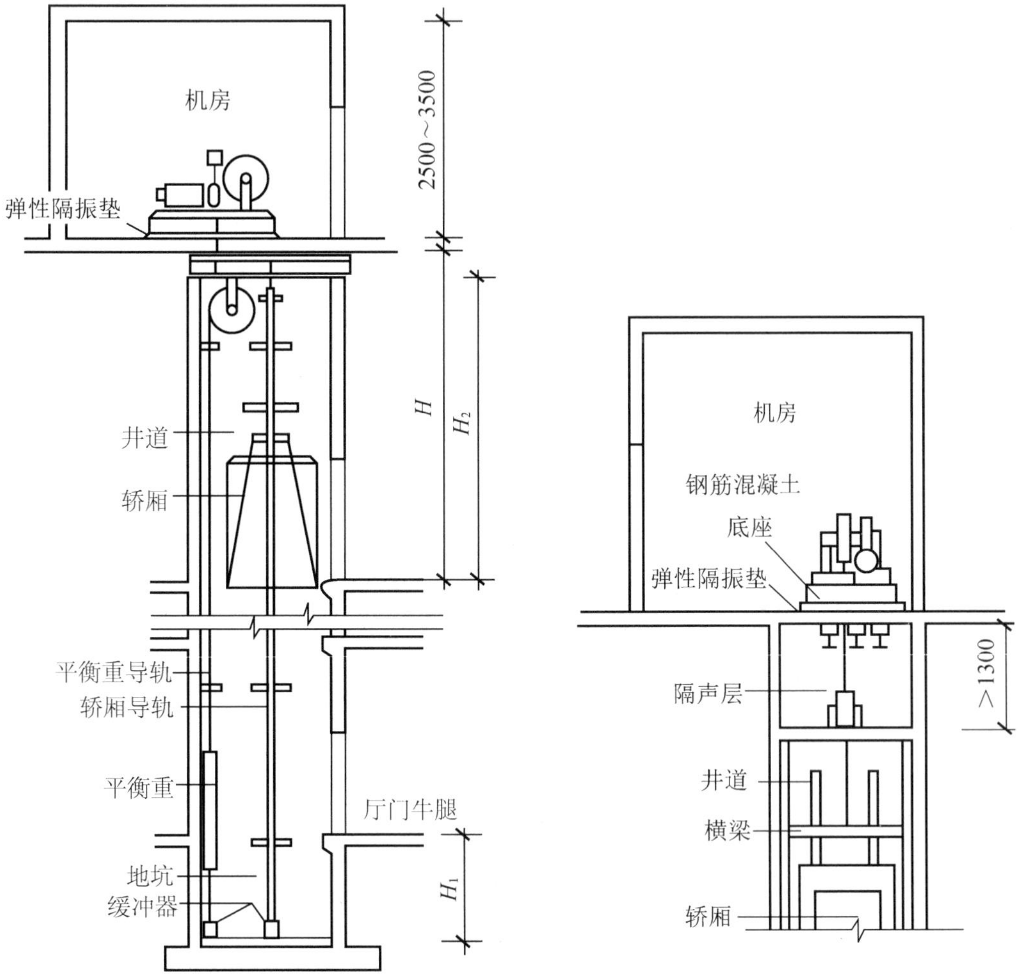

(a) 无隔声层(通过电梯门剖面)　　(b) 有隔声层(平行电梯门剖面)

图 6.47　电梯机房隔振、隔声处理示意图

(2) 电梯机房：电梯机房一般设置在电梯井道的顶部。机房的平面尺寸须根据机械设备的尺寸安排及管理、维修等需要来决定，高度一般为 2.5～3.5m。机房楼板应按机器设备要求的部位预留孔洞。

(3) 井道地坑：井道地坑在最底层平面标高下不小于 1.4m，主要是考虑电梯停靠时的冲力，作为轿厢下降时所需的缓冲器的安装空间。地坑应注意防水、防潮，坑壁应设置有爬梯及检修照明灯具。

2. 扶梯

自动扶梯(自动人行道)由电动机械牵引,梯级踏步(平踏步)连同扶手同步运行,如图 6.48 所示。机房搁置在地面以下。自动扶梯可正向也可逆向运行,既可上升又可下降,在机械停止运转时,可作为普通楼梯使用。

自动扶梯适用于车站、码头、空港、商场等人流量大的建筑层间,是连续运输效率高的载客设备。

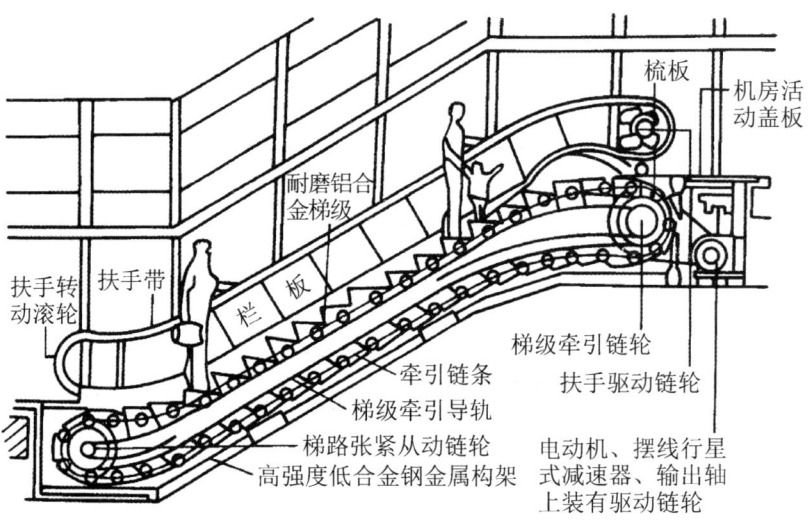

图 6.48　自动扶梯的组成

自动扶梯的角度有 27.3°、30°、35°,其中 30° 是优先选用的角度,速度一般为 0.45~0.75m/s,常用速度为 0.5m/s。扶手带顶面距自动扶梯前缘、自动人行道踏板面或胶带面的垂直高度不应小于 0.9m;扶手带外边至任何障碍物均不应小于 0.5m,否则应采取措施防止障碍物引起人员伤害。

自动扶梯可用于室内或室外,平面布置可单台设置或多台并列。双台并列式往往采取一上一下的方式,使得垂直交通有连续性,并列的两者之间应留有足够的结构间距,规定不小于 380mm,以保证装修的方便与使用者的安全。自动扶梯宜上下成对布置,即在各层换梯时不需沿梯绕行,使上行或下行者能连续到达各层。

根据自动扶梯在建筑中的位置及建筑平面布局,自动扶梯的布置方式主要有并联排列式、平行排列式、串联排列式及交叉排列式等,如图 6.49 所示。

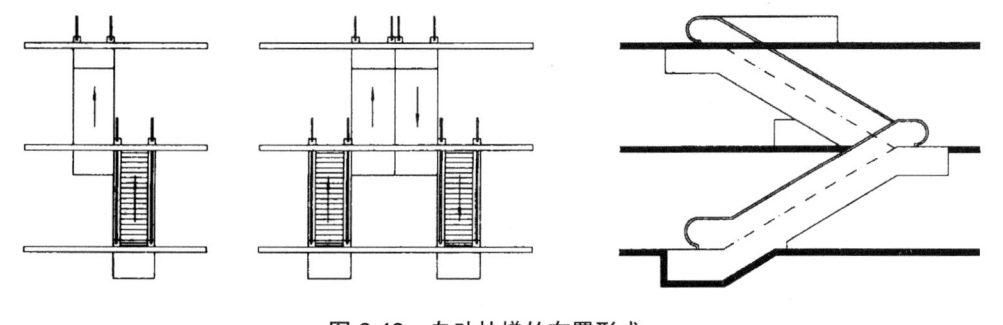

图 6.49　自动扶梯的布置形式

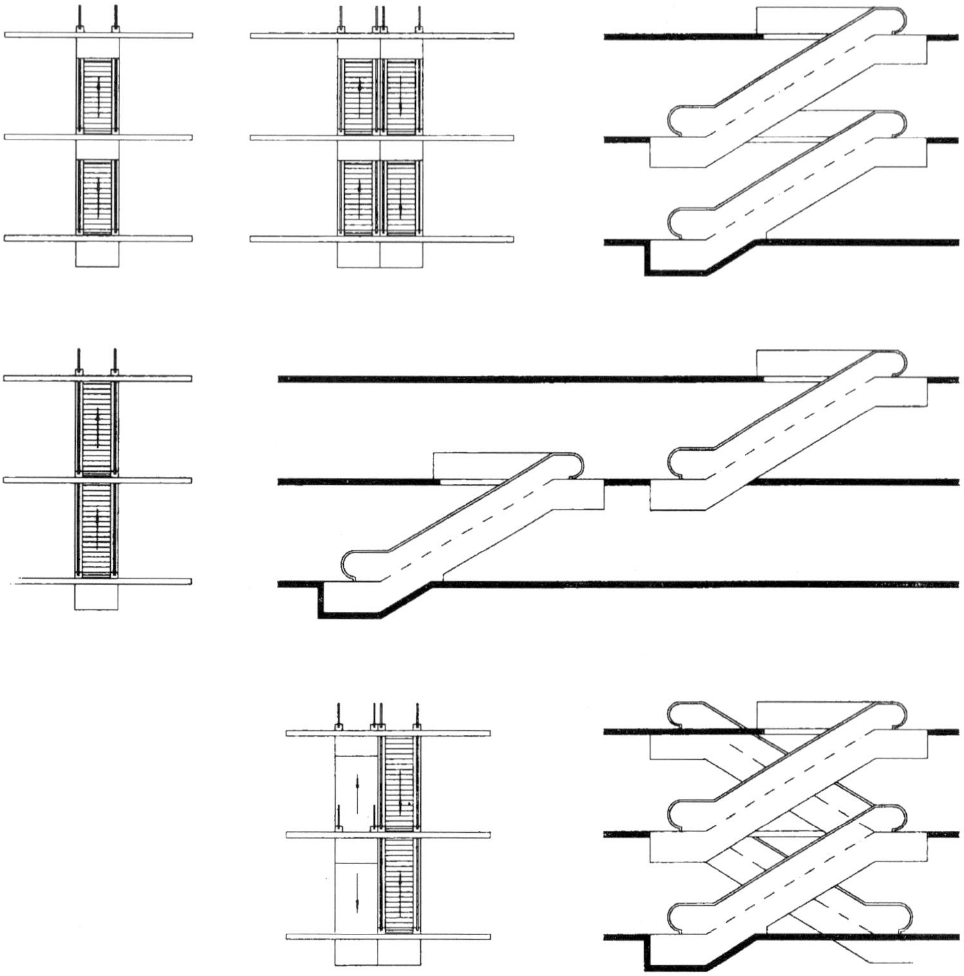

图 6.49 自动扶梯的布置形式(续)

实 训 项 目

1．楼梯详图的识读

为提高学生识读施工图纸能力，根据本书所提供的工程实例或按老师的指导安排，识读楼梯图纸。

2．楼梯间的设计

(1) 设计条件：单元式住宅楼五层，层高 2.8m，室内外高差为 0.6m。楼梯设计为平行双跑封闭式楼梯，楼梯间开间为 2700mm，进深为 6000mm，楼梯底层中间平台下为行人通道。楼梯间门洞尺寸为 1500mm×2000mm，墙体为砖墙，外墙厚 360mm，内墙厚 240mm。采用现浇钢筋混凝土楼梯，结构形式为板式。

(2) 设计要求：根据所给出的条件，参照本章案例绘制楼梯建筑图和详图。

(3) 绘图要求：教师指导学生按照教学内容绘制，尽量做到规范化、标准化。

① 采用 A2 图纸绘图；

② 图纸上画楼梯首层、标准层及顶层平面图，楼梯剖面图，栏杆、扶手及踏步详图；

③ 平面图和剖面图比例为 1∶50，详图为 1∶10；

④ 要求图面布置合理、恰当，图线粗细分明，尺寸标注正确。

本 章 小 结

楼梯、电梯和自动扶梯是建筑中通常采用的垂直交通设施，虽然现在高层建筑中以电梯为主，但楼梯仍是必不可少的，起到安全疏散的作用，是其他垂直交通设施不能替代的。

楼梯作为重要的建筑垂直交通设施，应满足交通和疏散的功能，其一般由楼梯段、平台及栏杆(或栏板)三部分组成。梯段、踏步、平台、净空高度等多个尺寸均应满足规范要求。楼梯面层采用的材料应经久耐磨，踏口要做防滑处理；栏杆、栏板及扶手种类繁多且可用不同材料制作，任何情况下，它们之间以及与梯段之间均要有可靠的连接。

钢筋混凝土楼梯包括现浇钢筋混凝土楼梯和预制钢筋混凝土楼梯，其中以现浇钢筋混凝土楼梯居多。现浇钢筋混凝土楼梯根据楼梯段的传力与结构形式不同，分为板式和梁板式两种；预制钢筋混凝土楼梯按组成楼梯的构件尺寸及装配的程度，大致可分为小型、中型及大型构件装配式。

台阶和坡道作为特殊的交通设施，在建筑中主要用于室内外有高差的地面的过渡。台阶坡度应较楼梯平缓，坡道坡度以有利通车为宜。住宅 7 层以上(含 7 层)、楼面高度 16m以上、标准较高的建筑和有特殊需要的建筑等，一般应设置电梯。电梯主要由井道、机房、轿厢三部分组成。自动扶梯主要用于商场等人流较多的大型公共建筑中。

习 题

1. 选择题

(1) 在众多楼梯形式中，不宜用作疏散楼梯的是(　　)。

　　A. 直跑楼梯　　　　　　　　　B. 双跑楼梯

　　C. 剪刀楼梯　　　　　　　　　D. 螺旋楼梯

(2) 为了安全，平行双跑楼梯的梯井宽度一般以(　　)为宜。

　　A. 20～100mm　　　　　　　　B. 0～60mm

　　C. 60～200mm　　　　　　　　D. 100～260mm

(3) 楼梯的舒适性较好的坡度是 (　　)。

　　A. 20°　　　　　　　　　　　B. 30°

　　C. 40°　　　　　　　　　　　D. 50°

(4) 通常确定楼梯段宽度的因素是通过该楼的(　　)。

　　A. 使用要求　　　　　　　　　B. 家具尺寸

  C．人流量   D．楼层高度

(5) 关于台阶的描述，不准确的是( )。

  A．室内外台阶踏步不宜小于 300mm

  B．踏步高度不宜大于 150mm

  C．室外台阶踏步数不应少于 3 级

  D．室内台阶踏步数不应少于 2 级

2．填空题

(1) 楼梯一般由＿＿＿＿＿、＿＿＿＿＿和＿＿＿＿＿三部分组成。

(2) 在一般情况下，特别是公共建筑的楼梯，一个梯段不应少于＿＿＿＿＿步，也不应大于＿＿＿＿＿步。

(3) 一般建筑中，最常见的楼梯形式是＿＿＿＿＿。

(4) 楼梯的净空高度在平台处不应小于＿＿＿＿＿m，在梯段处不应小于＿＿＿＿＿m。

(5) 现浇梁承式楼梯根据梯段结构形式的不同，可分为＿＿＿＿＿和＿＿＿＿＿两种。

(6) 踏步由＿＿＿＿＿和＿＿＿＿＿组成。

3．问答题

(1) 楼梯主要由哪几部分组成？

(2) 平行双跑楼梯底层中间平台下需设置通道时，为增加净高常采取哪些措施？

(3) 现浇钢筋混凝土楼梯常见的结构形式有哪几种？各有何特点？

(4) 栏杆与踏步和扶手的连接构造如何？栏杆扶手与墙和柱的连接构造如何？

(5) 台阶的形式有哪几种？台阶和坡道的构造如何？

(6) 电梯有哪些种类？电梯主要由哪几部分组成？

(7) 自动扶梯的布置形式有几种？

【参考答案】

第7章 屋　　顶

　　本章介绍屋顶的作用、类型及设计要求，平屋顶的排水设计和防水构造，以及坡屋顶的构造等内容。以平屋顶的排水设计要求和防水构造为主要学习对象。

教学目标

(1) 了解屋顶的作用和设计要求，熟悉屋顶的类型和坡度。
(2) 掌握平屋顶的排水设计和各类防水构造做法。
(3) 熟悉平屋顶保温和隔热的构造。
(4) 熟悉坡屋顶的构造做法。
(5) 了解坡屋顶的防水和保温隔热的构造。

教学要求

能 力 目 标	知 识 要 点	权重
了解屋顶的基本概念，熟悉屋顶的类型和坡度	屋顶类型、坡度	20%
掌握平屋顶的排水设计和各类防水构造做法；熟悉平屋顶保温和隔热的构造	平屋顶的排水设计和刚性防水、柔性防水的构造	50%
熟悉坡屋顶的构造要求及做法；了解坡屋顶的防水及保温隔热的构造	坡屋顶的构造要求及做法	30%

章节导读

屋顶是建筑物最上层起覆盖作用的承重和围护构件，主要作用是承受屋顶本身的自重、风荷载及雪荷载等各种荷载，同时抵御风霜雨雪等环境因素对屋顶覆盖下的空间的不利影响。因此屋顶结构类型的选择除应满足使用需求外，所采用的排水、防水构造措施也应满足要求。

此外，屋顶的结构类型在很大程度上还影响到建筑物的整体造型，因此屋顶设计不仅要考虑到其承重和围护，还要考虑其美观。

引例

【参考图文】

当我们行走在道路上，漫步在校园里，随处可见各类建筑，各式各样、形形色色，但是大家是否注意到所见到的建筑物的屋顶是什么样子的？请同学们观察所在校园建筑物的屋顶，察看所在的教学楼及所住的宿舍楼的屋顶是什么类型的？采用了什么样的装饰？是什么样的排水和防水？

7.1 屋顶概述

7.1.1 屋顶作用及设计要求

1. 屋顶作用

屋顶也称屋盖，是建筑物最上部的承重和围护构件，由面层和承重结构两部分组成。屋顶具有的主要作用如下。

(1) 承重作用。承受屋顶自重和作用于屋顶上的风荷载、雪荷载等各类荷载，并对建筑物上部结构起水平支撑作用。

(2) 围护作用。阻挡着风霜雨雪等环境变数对屋顶覆盖下的空间的不利影响，起到围护作用。

(3) 美化作用。屋顶处于建筑物顶端，对建筑物的风格和造型起到画龙点睛的作用，所以屋顶的类型对建筑物的美化也至关重要。

2. 屋顶设计要求

屋顶是建筑物的重要组成部分之一，既是结构构件，同时也影响建筑整体造型和风格，在其设计时，应满足结构承重、防水、保温隔热及美观等要求。

(1) 结构承重要求。屋顶是建筑物上部主要的承重结构，因此要求屋顶结构具有足够的强度和刚度,防止屋顶受力后产生过大的变形,以确保建筑物的安全耐久。

(2) 防水要求。屋顶应采用耐久性较好的防水材料以及合理的构造做法,以达到良好的防水效果。防水与建筑结构形式、防水材料、屋顶坡度、屋顶构造处理等有关,应将防水与排水相结合,综合加以考虑。屋顶应尽量利用屋面合适的坡度,使雨水迅速排除。

(3) 保温隔热要求。屋顶作为建筑物最上层的外围护结构,应具有良好的保温隔热性能。屋顶保温是在屋顶的构造层次中采用保温材料作保温层,并避免其产生结露或内部受潮;屋顶隔热是在屋顶的构造中采用相应的做法,在炎热的夏季避免强烈的太阳辐射引起室内温度过高。

(4) 美观要求。屋顶是建筑物的重要装修内容之一,变化多样的屋顶外形、装修精美的屋顶细部是中国传统建筑的重要特征。在现代建筑中,如何处理好屋顶的形式和细部,也是设计中不可忽视的重要方面。

7.1.2 屋顶类型

屋顶的类型很多,主要由屋顶的结构类型和布置形式、屋面所采用的材料、建筑使用要求等因素决定。

(1) 按屋顶的坡度和外形分,屋顶可分为平屋顶、坡屋顶和其他形式的屋顶,如图 7.1 所示。

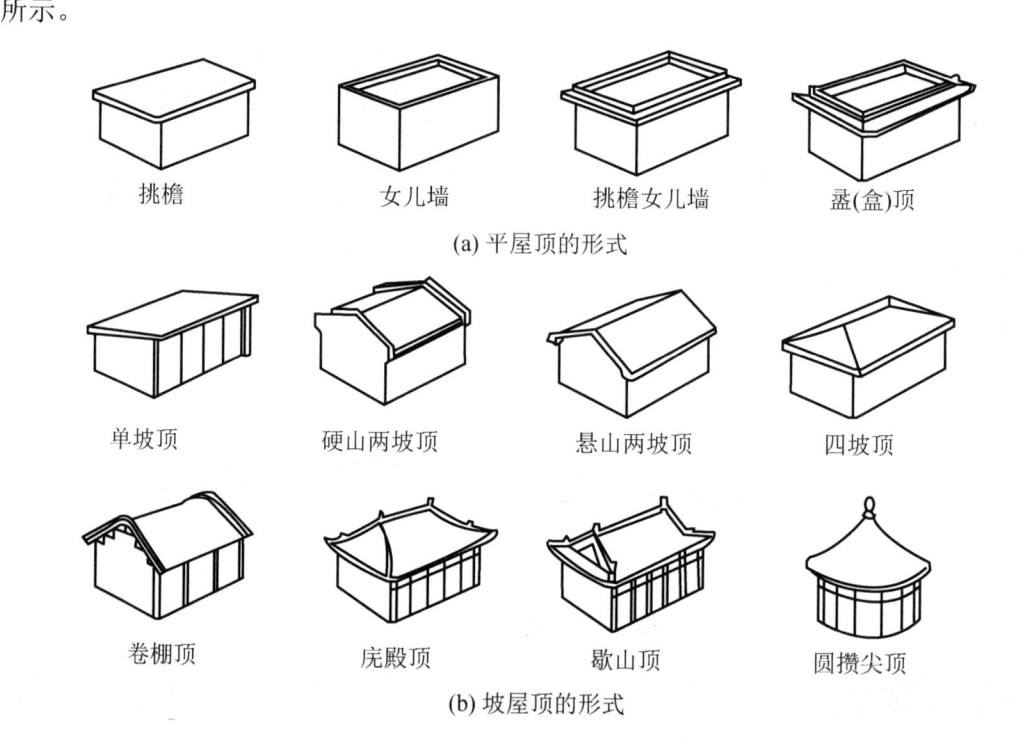

挑檐　　　　女儿墙　　　　挑檐女儿墙　　　　盝(盒)顶

(a) 平屋顶的形式

单坡顶　　　　硬山两坡顶　　　　悬山两坡顶　　　　四坡顶

卷棚顶　　　　庑殿顶　　　　歇山顶　　　　圆攒尖顶

(b) 坡屋顶的形式

图 7.1　屋顶的外观类型

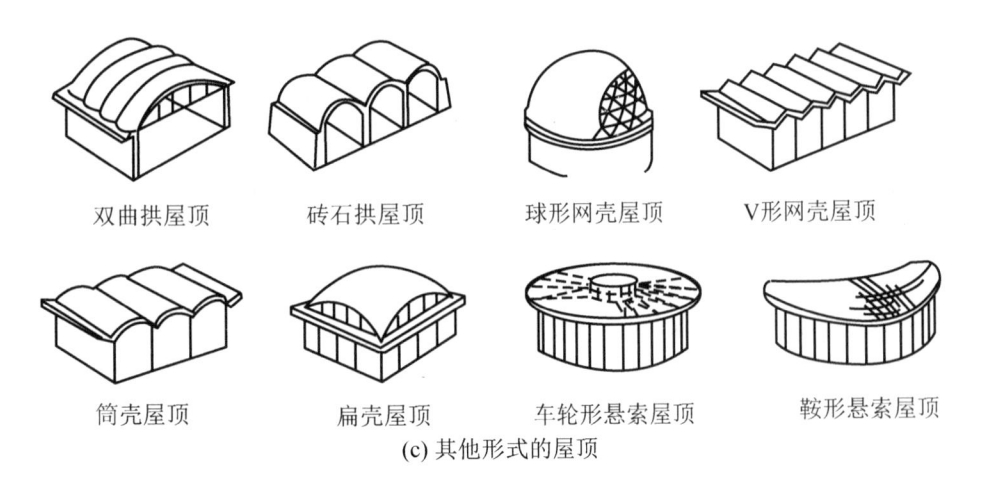

双曲拱屋顶　　　　砖石拱屋顶　　　　球形网壳屋顶　　　　V形网壳屋顶

筒壳屋顶　　　　扁壳屋顶　　　　车轮形悬索屋顶　　　　鞍形悬索屋顶

(c) 其他形式的屋顶

图 7.1　屋顶的外观类型(续)

(2) 按屋顶所采用的结构类型和材料分,屋顶可分为钢筋混凝土结构屋顶、轻钢结构屋顶、复合结构屋顶,如图 7.2 所示。

(3) 按屋面使用的防水材料与构造分,屋顶可分为卷材(柔性)防水屋面、涂膜防水屋面及复合防水屋面等。

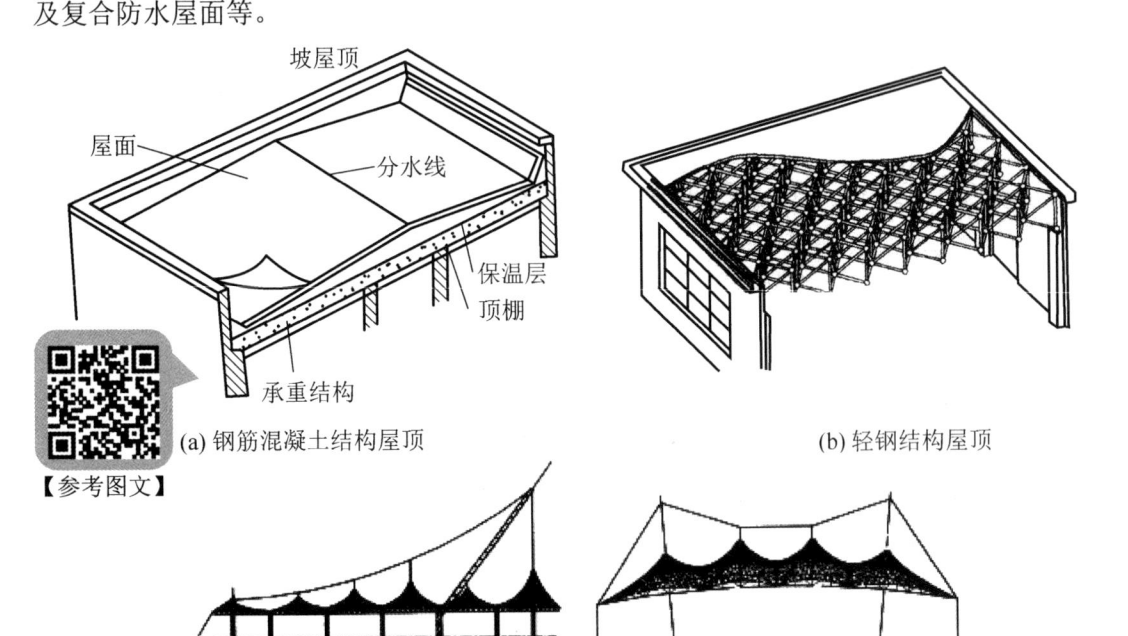

(a) 钢筋混凝土结构屋顶　　　　　　　　　　　　(b) 轻钢结构屋顶

【参考图文】

(c) 膜结构屋顶

图 7.2　屋顶的结构类型

7.1.3 屋顶坡度

1. 屋顶坡度的表示方法

为了能快速排除屋顶的雨水,屋顶应有合适的坡度。屋顶坡度与屋面材料、屋顶形式、地理气候条件、结构选型、构造方法、经济条件等多种因素有关。

常见的屋顶坡度表示方法,有斜率法、坡度法和角度法,如图 7.3 所示。斜率法是以屋顶高度与坡面的水平投影之比 $h:l$ 表示,如 $1:2$、$1:5$ 等;坡度法是以屋顶高度与坡面的水平投影长度的百分比 i 表示,如 2%、5%等;角度法是以坡面与水平面所构成的夹角 α 或 θ 表示,如 20°、30°等。斜率法多用于坡屋顶,坡度法较多用于平屋顶,角度法在实际工程中使用不多。

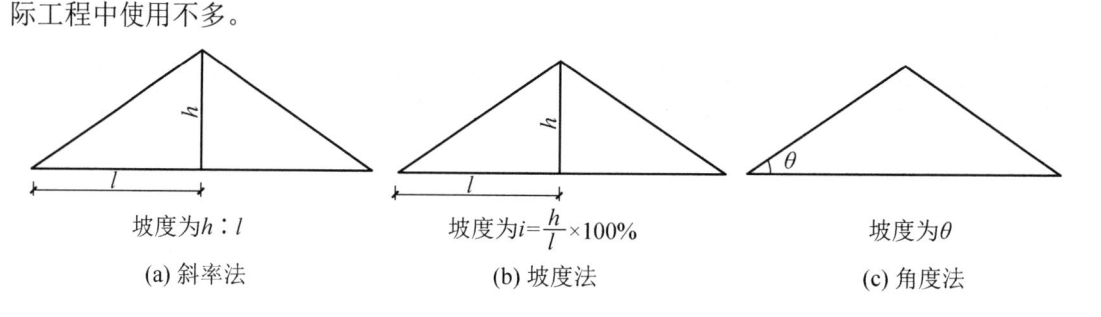

坡度为 $h:l$

(a) 斜率法

坡度为 $i=\dfrac{h}{l}\times 100\%$

(b) 坡度法

坡度为 θ

(c) 角度法

图 7.3 屋顶坡度的表示方法

2. 坡度形成方式

形成屋顶坡度的方式,主要有材料找坡和结构找坡。

(1) 材料找坡:屋顶结构层楼板是水平搁置的,利用轻质材料垫置形成坡度,因此又称垫置坡度。常用找坡材料有水泥炉渣、石灰炉渣及膨胀珍珠岩等,找坡材料最薄处不宜小于 20mm。在必须设置保温层的区域,可用保温材料来进行找坡。材料找坡使得室内顶棚平整,施工方便,但增加了屋面自重,所以垫置坡度不宜过大,常利用屋面保温隔热层兼作找坡层,如图 7.4(a)所示。材料找坡适用于跨度不大的平屋顶。

(2) 结构找坡:是将屋顶楼板按所需的屋面排水坡度倾斜搁置在下部的墙体或屋顶梁及屋架上,因此又称搁置坡度。结构找坡不需在屋顶上再加上找坡层,如图 7.4(b)所示,所以构造简单、施工方便、造价低、减轻了屋顶自重。但室内顶棚面是倾斜的,因此结构找坡常用于设有吊顶棚的建筑或屋面进深较大的工业建筑。

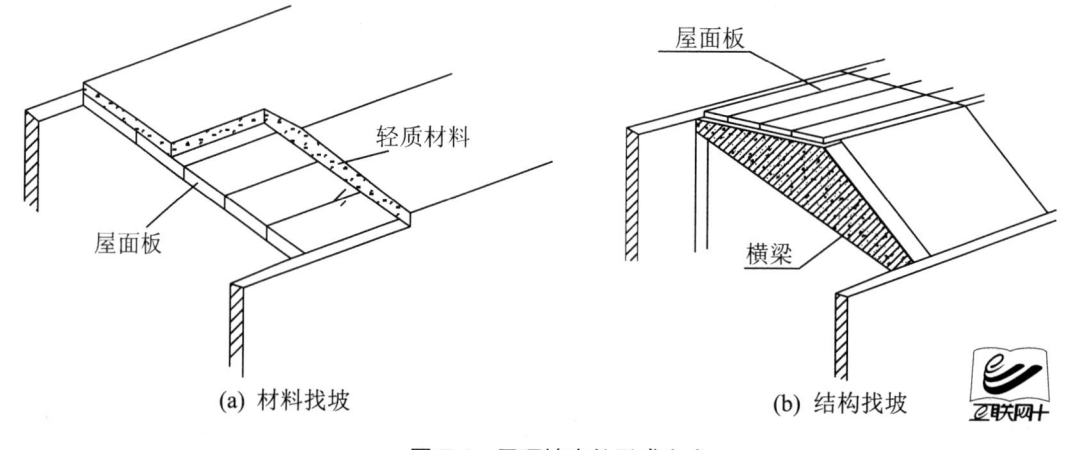

轻质材料

屋面板

(a) 材料找坡

屋面板

横梁

(b) 结构找坡

图 7.4 屋顶坡度的形成方式

7.1.4 屋面防水等级

国家规范根据建筑物的使用性质、功能、重要程度、防水材料合理使用年限及设防要求等因素，将屋面的防水划分为两个等级，见表 7-1。

表 7-1　屋面防水等级和设防要求

防 水 等 级	建 筑 类 别	设 防 要 求
Ⅰ级	重要建筑和高层建筑	两道防水设防
Ⅱ级	一般建筑	一道防水设防

7.2 平屋顶构造

7.2.1 平屋顶的组成

平屋顶通常由面层(防水层)、保温隔热层、承重结构层及顶棚所组成。根据建筑物所在的区域和使用功能不同，可增设保护层、找平层、找坡层、隔汽层等。

1. 面层

屋顶面层通常是指防水层，因其长期裸露在外，易受到侵蚀，所以屋顶面层必须具有良好的防水性能和耐久性能。根据防水层做法及材料不同，屋顶分为柔性防水屋面和刚性防水屋面。

2. 保温隔热层

保温隔热层设置的目的，是防止冬季顶层室内温度过低及夏季过热。保温层多采用松散的粒状材料，如膨胀蛭石、矿渣、加气混凝土、聚苯乙烯泡沫塑料等；隔热层常采用板块类和整体类材料。保温隔热层设置在结构层与面层之间。

3. 承重结构层

平屋顶的承重结构层主要是承受屋顶的自重及活荷载，常采用预制钢筋混凝土板或现浇钢筋混凝土板。

4. 顶棚

顶棚设置在承重结构层下面，常采用直接式顶棚和悬吊式顶棚，构造同楼板顶棚做法。有时在吊顶里面敷设一些设备管道等。

7.2.2 平屋顶排水

1．屋顶排水方式

屋顶排水方式分为无组织排水和有组织排水两大类。

1) 无组织排水

无组织排水是指屋面雨水从檐口直接落至地面，也称自由落水。这种排水方式不用设置天沟、雨水管导流雨水，构造简单，造价低廉。但屋面雨水直接落下会溅湿墙面，外墙墙脚也会被飞溅的雨水侵蚀。无组织排水方式主要适用于少雨地区或一般低层建筑，不宜用于临街建筑和高度较高的建筑，且要求屋檐应挑出外墙面，以防雨水顺外墙面漫流而浇湿和污染墙体，如图 7.5 所示。

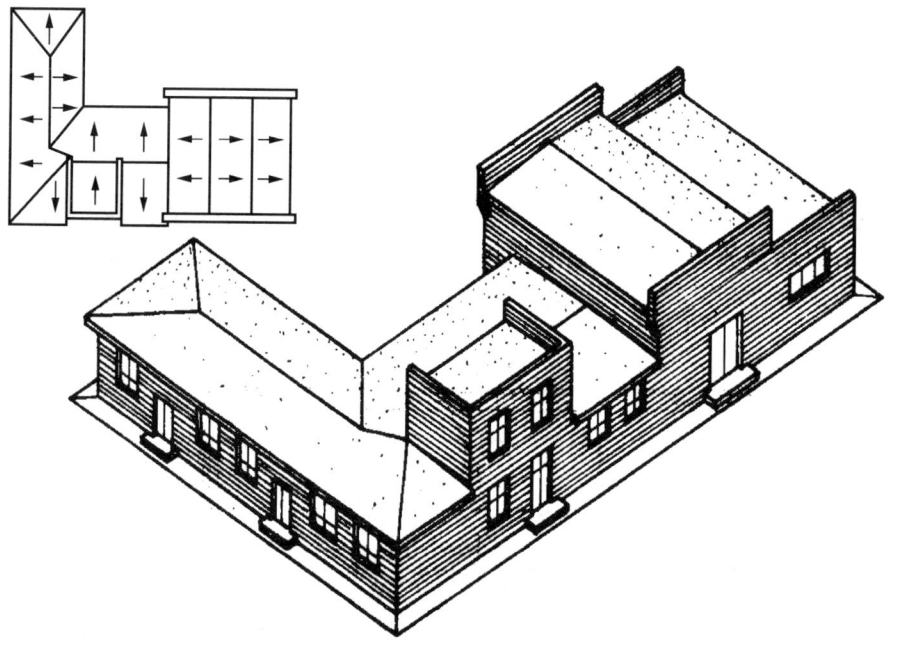

图 7.5　屋顶无组织排水

2) 有组织排水

有组织排水是指屋顶雨水通过雨水排水系统，有组织地排至地面或地下管沟。雨水排水系统把屋面划分成若干排水区，使雨水有组织地流向天沟，通过雨水口排至雨水斗，再经雨水管排到室外。其构造较复杂，造价相对较高，但减少了雨水对建筑物墙体的冲刷，所以在建筑物中应用广泛。

有组织排水可分为外排水和内排水两种类型。内排水的雨水管设置于建筑物内部，构造复杂，易造成渗漏，通常用在多跨建筑的中间跨、高层建筑和寒冷地区，如图 7.6 所示；外排水的雨水管是安装在建筑外墙外侧，雨水管不进入室内，有利于较少室内噪声和减少渗漏，南方地区多优先采用，又分檐沟外排水[图 7.7(a)]、女儿墙外排水[图 7.7(b)]及女儿墙檐沟外排水[图 7.7(c)]等类型。

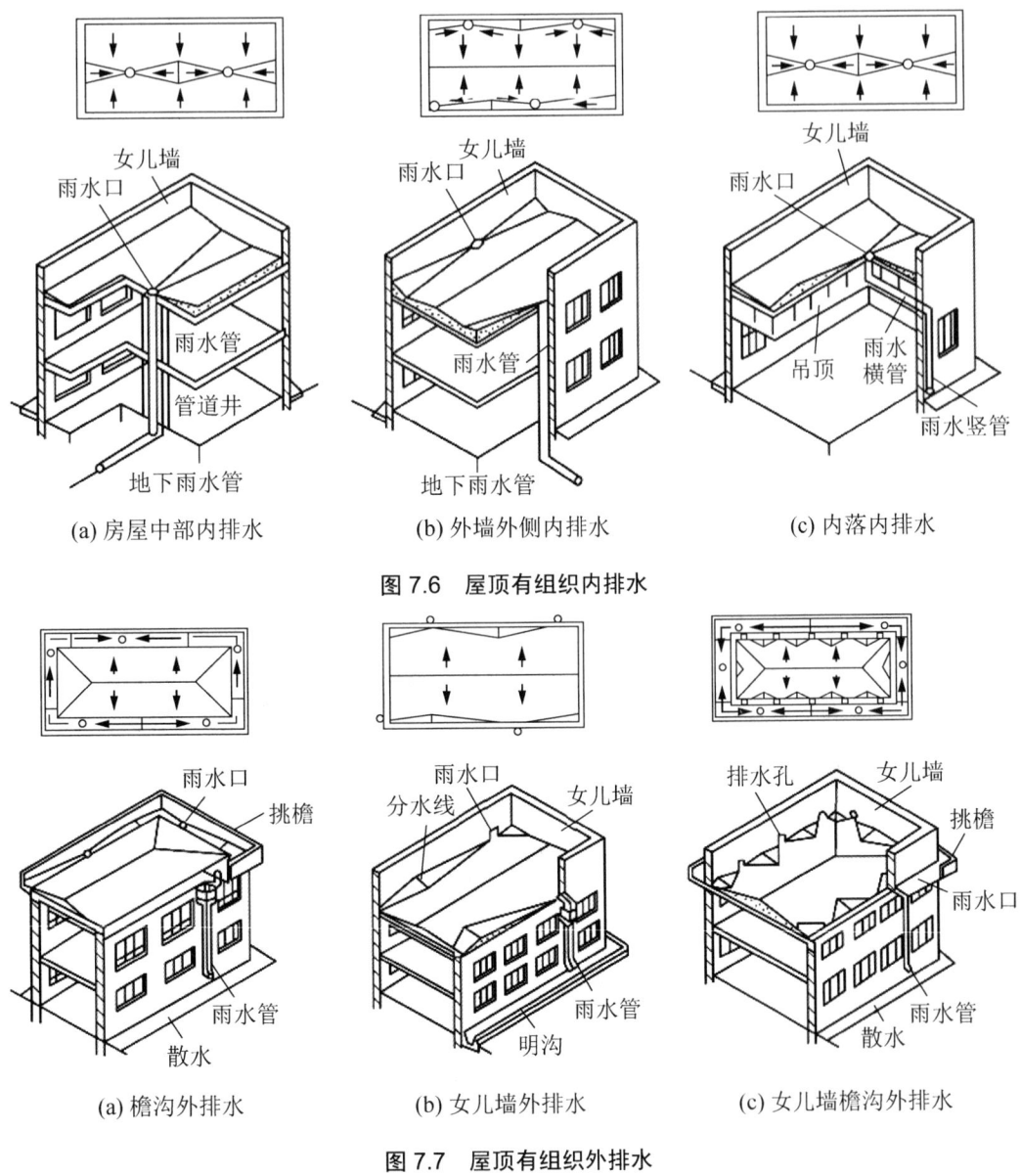

图 7.6 屋顶有组织内排水

(a) 房屋中部内排水　　　　(b) 外墙外侧内排水　　　　(c) 内落内排水

(a) 檐沟外排水　　　　(b) 女儿墙外排水　　　　(c) 女儿墙檐沟外排水

图 7.7 屋顶有组织外排水

2. 屋顶排水设计

屋顶排水设计的目的是将屋顶划分为若干个排水区，将雨水通过合适的坡度及排水沟流向雨水口，再通过雨水管排至地面。设计的原则为排水通畅，雨水口负荷均匀。设计的具体步骤如下。

(1) 划分排水区域。将整个屋顶划分为若干个排水区域，目的是使雨水管的排水量均匀。排水区域的大小，一般按一个雨水口负担 $200m^2$ 屋顶面积的雨水考虑，屋顶面积按水平投影面积计算。

(2) 确定排水坡面数目及坡度值。一般在建筑物宽度小于 12m 时，可设置为单坡排水，临街建筑常采用单坡排水；当宽度较大时，为了不使水流的路线过长，宜采用双坡排水。

坡屋顶应结合造型要求选择单坡、双坡或四坡排水。平屋顶的常用排水坡度为 2%~3%，材料找坡宜为 2%，结构找坡宜为 3%。

(3) 确定天沟构造。天沟即屋面上的排水沟，位于外檐边的称为檐沟。设置天沟的目的是汇集和迅速排除屋顶雨水。天沟沟底沿长度方向应设纵向排水坡，简称天沟纵坡，坡度通常为 0.5%~1%。天沟的净断面尺寸应根据降雨量和汇水面积的大小来确定，一般建筑的天沟净宽不应小于 200mm，天沟上口至分水线的距离不应小于 120mm，如图 7.8 所示。当采用女儿墙外排水时，可利用屋顶的坡度与垂直的墙面构成三角形天沟，如图 7.9 所示。

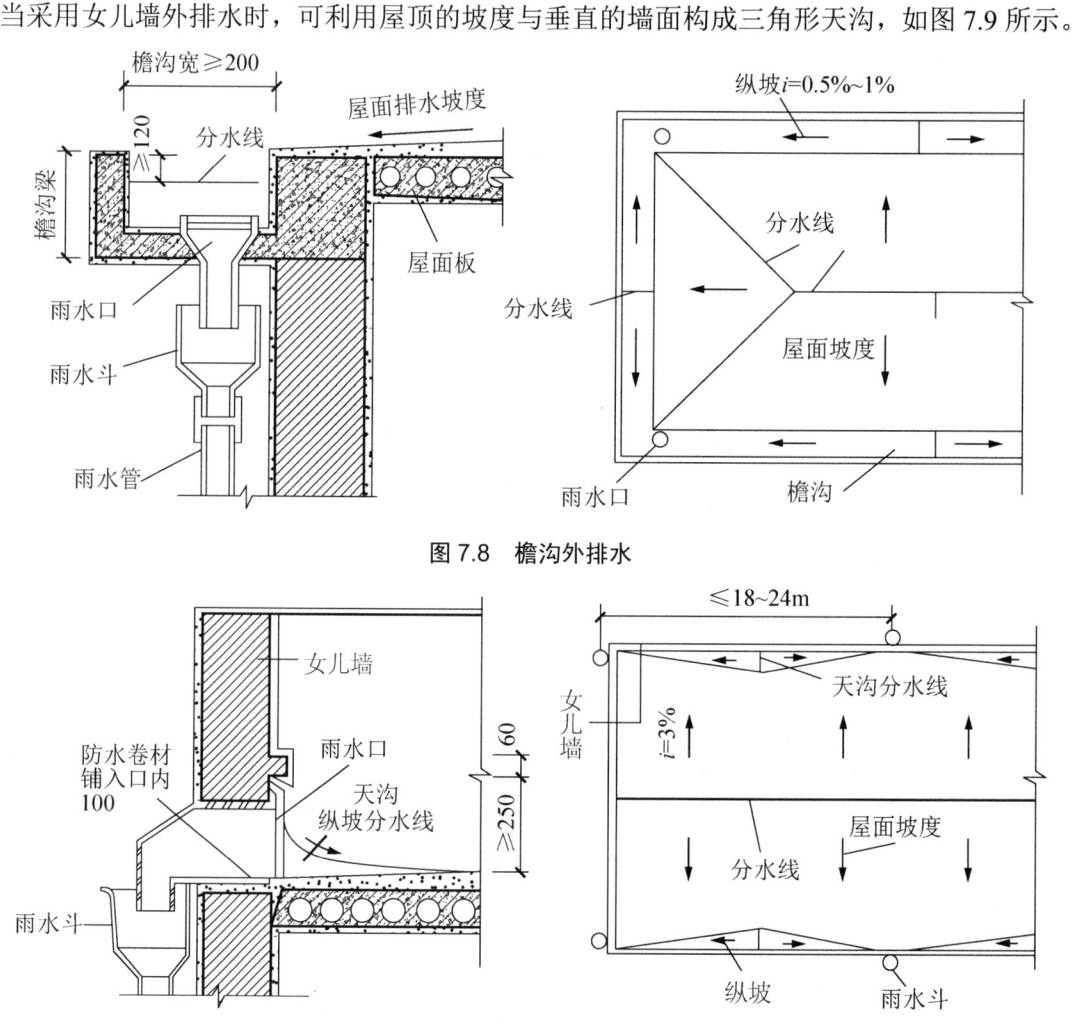

图 7.8 檐沟外排水

图 7.9 女儿墙外排水

(4) 确定雨水管的规格及间距。雨水管根据材料，可分为铸铁、镀锌铁皮、PVC 塑料等多种。最常采用的是 PVC 塑料雨水管，管径有 50~200mm 等多种规格，一般民用建筑用不小于 100mm 的雨水管，阳台可选用直径 75mm 的雨水管。雨水管的数量与雨水口相等，雨水管的最大间距应同时予以控制，一般情况下雨水口间距为 18m，最大间距不宜超过 24m。雨水管距墙面不应小于 20mm，雨水管应用管箍与墙面固定，管口距散水面的高度不应大于 200mm，如图 7.9 所示。

7.2.3 平屋顶防水

平屋顶防水主要是采用防水材料进行防水，通常是在屋面找坡后，在上面铺设一道或多道防水材料形成防水层。平屋顶防水构造层次中，除了有防水层外，还有基层(找坡层、找平层)、隔离层、保护层及细部构造等，如图7.10所示。

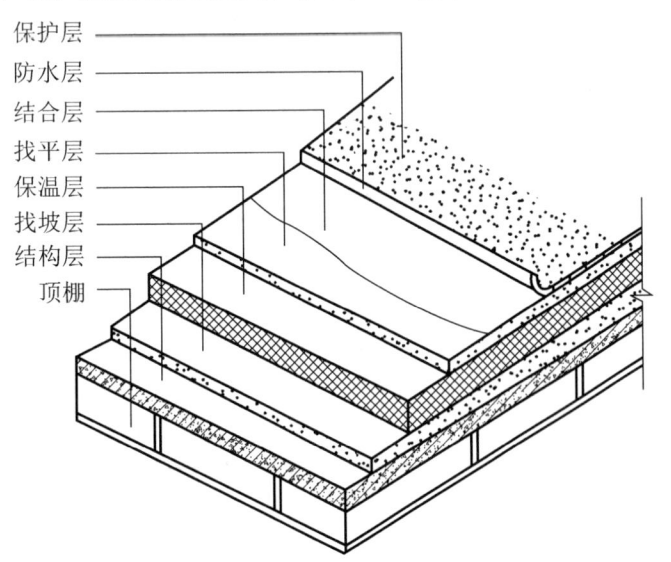

图 7.10　平屋顶防水构造组成(卷材防水)

1．找坡层与找平层

1) 找坡层

平屋面找坡层是指沿排水方向放出一定的缓坡来，以将平屋面雨水有组织地疏导到建筑物周边雨水排放系统中去，找坡层宜采用轻骨料混凝土，如图7.10所示。当屋面保温材料为散状颗粒时，可用保温材料直接找坡；当保温材料为块状时，应设置找坡层，通常做法是在结构层干铺炉渣或是采用泡沫混凝土来进行找坡。

混凝土结构层宜采用结构找坡，坡度不应小于3%，当采用材料找坡时，宜采用质量轻、吸水率低和有一定强度的材料，坡度宜为2%。找坡层最薄处厚度不宜小于20mm。

2) 找平层

卷材、涂膜防水基层宜设置找平层，防止因结构面存在高低不平或坡度而造成卷材断裂或凹陷。找平层应在结构层或找坡层上设置，也可设置在保温层上面，如图7.10所示。找平层宜采用水泥砂浆或细石混凝土，找平层厚度和技术要求应符合表7-2的要求。

表 7-2　找平层厚度和技术要求

找平层分类	适用的基层	厚度(mm)	技 术 要 求
水泥砂浆	整体现浇混凝土板	15～20	1 : 2.5 水泥砂浆
	整体材料保温层	20～25	

续表

找平层分类	适用的基层	厚度(mm)	技 术 要 求
细石混凝土	装配式混凝土板	30～35	C20 混凝土，宜加钢筋网片
	板状材料保温层		C20 混凝土

为了防止找平层变形开裂而破坏防水层，在找平层中应留设分格缝，分格缝的宽度一般为 5~20mm，屋面纵横间距不超过 6m×6m。屋面板为预制装配式时，分格缝应设在预制板的端缝处，分格缝中间应用柔性材料及油膏嵌缝。分格缝上面应铺设一层 300mm 宽的附加卷材，用油膏单边点贴(图 7.11)，使分格缝处的卷材有较大的自由伸缩余地，避免开裂。

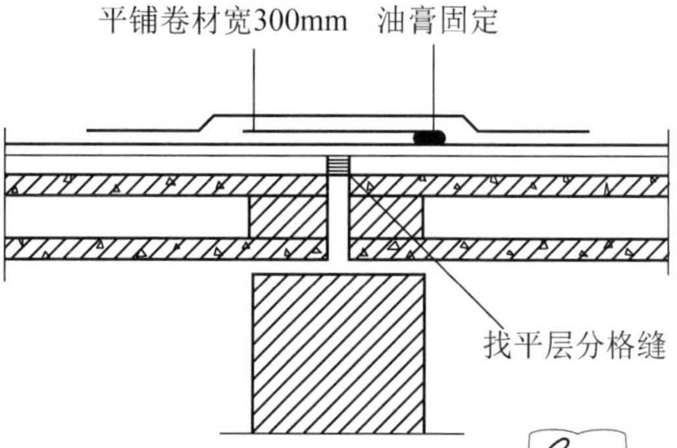
平铺卷材宽300mm
油膏固定
找平层分格缝

图 7.11　分格缝构造示意

在找平层与防水层之间，可设置结合层，其作用是使防水卷材与基层胶结牢固。沥青类卷材通常用冷底子油作结合层，高分子卷材则多用配套基层处理剂作结合层。

2. 保护层与隔离层

1) 保护层

设置保护层的目的是保护防水层或保温层，其构造做法应根据屋顶的使用情况而定。不上人屋面的构造做法如图 7.12(a)所示，上人屋面的构造做法如图 7.12(b)所示。

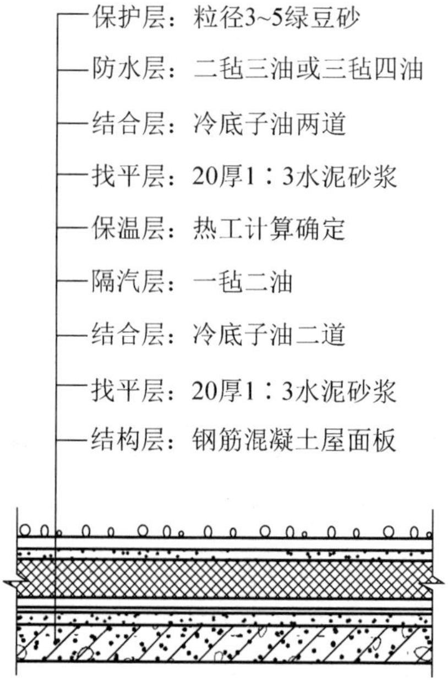
保护层：粒径3~5绿豆砂
防水层：二毡三油或三毡四油
结合层：冷底子油两道
找平层：20厚1∶3水泥砂浆
保温层：热工计算确定
隔汽层：一毡二油
结合层：冷底子油二道
找平层：20厚1∶3水泥砂浆
结构层：钢筋混凝土屋面板

(a) 不上人卷材防水屋面

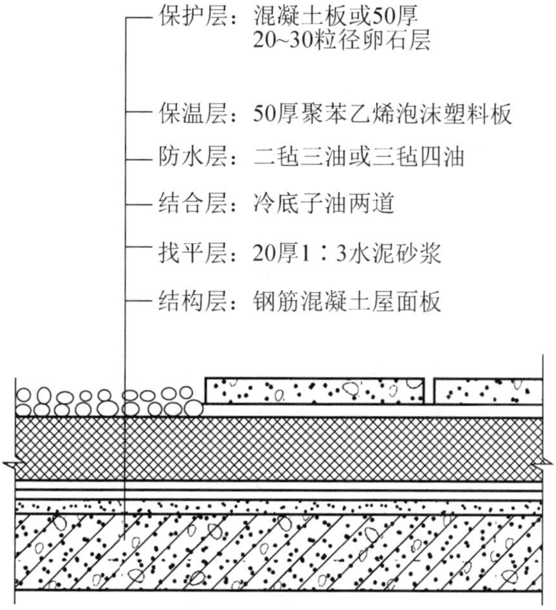
保护层：混凝土板或50厚
20~30粒径卵石层
保温层：50厚聚苯乙烯泡沫塑料板
防水层：二毡三油或三毡四油
结合层：冷底子油两道
找平层：20厚1∶3水泥砂浆
结构层：钢筋混凝土屋面板

(b) 上人卷材防水屋面

图 7.12　屋面保护层构造(单位：mm)

上人屋面保护层可采用块体材料、细石混凝土等材料，不上人屋面保护层可采用浅色涂料、铝箔、矿物粒料、水泥砂浆等材料。保护层材料的适用范围和技术要求应符合表 7-3 的规定。

表 7-3　保护层材料的适用范围和技术要求

保护层材料	适用范围	技术要求
浅色涂料	不上人屋面	丙烯酸系反射涂料
铝箔	不上人屋面	0.05mm 厚铝箔反射膜
矿物粒料	不上人屋面	不透明的矿物粒料
水泥砂浆	不上人屋面	20mm 厚 1：2.5 或 M15 水泥砂浆
块体材料	上人屋面	地砖或 30mm 厚 C20 细石混凝土预制块
细石混凝土	上人屋面	40mm 厚 C20 细石混凝土或 50mm 厚 C20 细石混凝土内配 $\phi4@100$ 双向钢筋网片

采用块体材料做保护层时，宜设分格缝，其纵横间距不宜大于 10m，分格缝宽度宜为 20mm，并应用密封材料嵌填。

采用水泥砂浆做保护层时，表面应抹平压光，并应设表面分格缝，分格面积宜为 1m²。

采用细石混凝土做保护层时，表面应抹平压光，并应设分格缝，其纵横间距不应大于 6m，分格缝宽度宜为 10～20mm，并应用密封材料嵌填。

采用淡色涂料做保护层时，应与防水层黏结牢固，厚薄应均匀，不得漏涂。

块体材料、水泥砂浆、细石混凝土保护层与女儿墙或山墙之间，应预留宽度为 30mm 的缝隙，缝内宜填塞聚苯乙烯泡沫塑料，并应用密封材料嵌填。

需经常维护的设施周围和屋面出入口至设施之间的人行道，应铺设块体材料或细石混凝土保护层。

2) 隔离层

块体材料、水泥砂浆、细石混凝土保护层与卷材、涂膜防水层之间，应设置隔离层，其作用是减少结构变形对防水层的不利影响。结构层与防水层在外荷载及温度荷载作用下，所产生的变形量是不一致的，结构层易对防水层造成拉裂，因此在结构层与防水层间应设一道隔离层使两者脱离。隔离层材料的适用范围和技术要求宜符合表 7-4 的规定。

表 7-4　隔离层材料的适用范围和技术要求

隔离层材料	适用范围	技术要求
塑料膜	块体材料、水泥砂浆保护层	0.4mm 厚聚乙烯膜或 3mm 厚发泡聚乙烯膜
土工布	块体材料、水泥砂浆保护层	200g/m² 聚酯无纺布
卷材	块体材料、水泥砂浆保护层	石油沥青卷材一层
低强度等级砂浆	细石混凝土保护层	10mm 厚黏土砂浆，石灰膏：砂：黏土＝1：2.4：3.6
		10mm 厚石灰砂浆，石灰膏：砂＝1：4
		5mm 厚掺有纤维的石灰砂浆

隔离层铺设不得有破损和漏铺现象。干铺塑料膜、土工布、卷材时，其搭接宽度不应

小于 50mm，铺设应平整，不得有皱折。低强度等级砂浆铺设时，其表面应平整、压实，不得有起壳和起砂等现象。

3．屋面防水层

防水层是指能够隔绝水而不使水向建筑物内部渗透的构造层。卷材、涂膜屋面防水等级和防水做法应符合表 7-5 的规定。

表 7-5　卷材、涂膜屋面防水等级和防水做法

防 水 等 级	防 水 做 法
Ⅰ级	卷材防水层和卷材防水层、卷材防水层和涂膜防水层、复合防水层
Ⅱ级	卷材防水层、涂膜防水层、复合防水层

注：在Ⅰ级屋面防水做法中，防水层仅作单层卷材时，应符合有关单层防水卷材屋面技术的规定。

1) 卷材防水

卷材防水是指使用胶结材料将柔性防水卷材粘贴在屋顶，形成一个大面积致密的防水覆盖层。

卷材防水的卷材可选用合成高分子防水卷材和高聚物改性沥青防水卷材，种植隔热屋面的防水层应选择耐根穿刺防水卷材。对于卷材的选取，应选择耐热度、拉伸性能及低温柔性相适应的卷材，选择耐紫外线、耐老化、耐霉烂相适应的卷材。每道卷材防水层最小厚度应符合表 7-6 的规定。

【参考视频】

表 7-6　每道卷材防水层最小厚度　　　　　　　　　　　单位：mm

防 水 等 级	合成高分子防水卷材	高聚物改性沥青防水卷材		
		聚酯胎、玻纤胎、聚乙烯胎	自粘聚酯胎	自粘无胎
Ⅰ级	1.2	3.0	2.0	1.5
Ⅱ级	1.5	4.0	3.0	2.0

防水卷材铺贴方法按其施工工艺不同可分为：冷粘法铺贴、热粘法铺贴、热熔法铺贴、自粘法铺贴、焊接法铺贴及机械固定法铺贴等。

防水卷材铺贴方向：卷材宜平行屋脊铺贴；上下层卷材不得相互垂直铺贴。平行屋脊的卷材搭接缝应顺流水方向，防水卷材接缝应采用搭接缝，卷材搭接宽度应符合表 7-7 的规定。相邻两幅卷材短边搭接缝应错开，且不得小于 500mm，上下层卷材长边搭接缝应错开，且不得小于幅宽的 1/3。叠层铺贴的各层卷材，在天沟与屋面的交接处，应采用叉接法搭接，搭接缝应错开，搭接缝宜留在屋面与天沟侧面，不宜留在沟底，图 7.13 所示为防水卷材铺设示意图。

表 7-7　卷材搭接宽度　　　　　　　　　　　单位：mm

卷 材 类 别		搭 接 宽 度
合成高分子防水卷材	胶粘剂	80
	胶粘带	50
	单缝焊	60，有效焊接宽度不小于 25
	双缝焊	80，有效焊接宽度 10×2＋空腔宽

续表

卷 材 类 别		搭 接 宽 度
高聚物改性沥青防水卷材	胶粘剂	100
	自粘	80

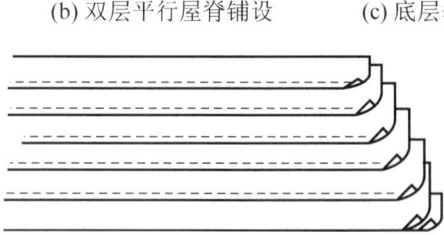

(a) 平行屋脊铺设　　　　(b) 双层平行屋脊铺设　　　　(c) 底层垂直、面层平行屋脊铺设

(d) 层叠搭接半张平行屋脊铺设

图 7.13　屋面保护层构造

卷材铺贴顺序：卷材防水层铺贴时，应先进行细部构造处理，然后由屋面最低标高向上铺贴，檐沟、天沟卷材施工时，宜顺檐沟、天沟方向铺贴，搭接缝应顺流水方向，立面或大坡面铺贴卷材时，应采用满粘法，并宜减少卷材短边搭接。

为了防止因防水卷材起鼓而造成防水层的破坏，除了待基层的干燥后铺贴或增设隔汽层之外，还应采取相应的构造措施将防水层下面的水汽排出，如将卷材采用点铺、条铺或设置排气孔等。

2) 涂膜防水

涂膜防水屋面是在屋面基层上采用可塑性和黏结力较强的高分子防水涂料进行直接涂刷，经固化后形成一层满铺的不透水薄膜层，以达到防水的目的。

涂膜防水的防水涂料可选用合成高分子防水涂料、聚合物水泥防水涂料和高聚物改性沥青防水涂料，对于防水涂料的选取，也应选择耐热度、拉伸性能及低温柔性相适应的涂料，同时也需具有耐紫外线、耐老化、耐霉烂性能。每道涂膜防水层最小厚度应符合表 7-8 的规定。

【参考图文】

表 7-8　每道涂膜防水层最小厚度　　　　单位：mm

防水等级	合成高分子防水涂膜	聚合物水泥防水涂膜	高聚物改性沥青防水涂膜
Ⅰ 级	1.5	1.5	2.0
Ⅱ 级	2.0	2.0	3.0

防水涂料应多遍涂布，并应待前一遍涂布的涂料干燥成膜后，再涂布后一遍涂料，且前后两遍涂料的涂布方向应相互垂直。

对于涂膜防水铺设的胎体增强材料宜采用聚酯无纺布或化纤无纺布，胎体增强材料长边搭接宽度不应小于 50mm，短边搭接宽度不应小于 70mm，上下层胎体增强材料的长边搭接缝应错开，且不得小于幅宽的 1/3，上下层胎体增强材料不得相互垂直铺设。

3) 复合防水

当采用防水卷材与防水涂料所构成的复合防水时，涂膜防水层宜设置在卷材防水层的下面。复合防水层最小厚度应符合表 7-9 的规定。

表 7-9　复合防水层最小厚度　　　　　　　　单位：mm

防水等级	合成高分子防水卷材＋合成高分子防水涂膜	自粘聚合物改性沥青防水卷材(无胎)＋合成高分子防水涂膜	高聚物改性沥青防水卷材＋高聚物改性沥青防水涂膜	聚乙烯丙纶卷材＋聚合物水泥防水胶结材料
Ⅰ级	1.2＋1.5	1.5＋1.5	3.0＋2.0	(0.7＋1.3)×2
Ⅱ级	1.0＋1.0	1.2＋1.0	3.0＋1.2	0.7＋1.3

4) 防水附加层

附加层是指在易渗漏及易破损部位设置的卷材或涂膜加强层。檐沟、天沟与屋面交接处、屋面平面与立面交接处，以及水落口、伸出屋面管道根部等部位，应设置卷材或涂膜附加层，屋面找平层分格缝等部位，宜设置卷材空铺附加层，其空铺宽度不宜小于 100mm。附加层最小厚度应符合表 7-10 的规定。

表 7-10　附加层最小厚度　　　　　　　　单位：mm

附加层材料	最小厚度
合成高分子防水卷材	1.2
高聚物改性沥青防水卷材(聚酯胎)	3.0
合成高分子防水涂料、聚合物水泥防水涂料	1.5
高聚物改性沥青防水涂料	2.0

4. 接缝密封防水

屋面接缝按密封材料的使用方式可分为：位移接缝和非位移接缝。屋面接缝密封防水技术要求应符合表 7-11 的要求。

表 7-11　屋面接缝密封防水技术要求

接缝种类	密封部位	密封材料
位移接缝	混凝土面层分格接缝	改性石油沥青密封材料、合成高分子密封材料
	块体面层分格缝	改性石油沥青密封材料、合成高分子密封材料
	采光顶玻璃接缝	硅酮耐候密封胶

续表

接缝种类	密封部位	密封材料
位移接缝	采光顶周边接缝	合成高分子密封材料
	采光顶隐框玻璃与金属框接缝	硅酮结构密封胶
	采光顶明框单元板块间接缝	硅酮耐候密封胶
非位移接缝	高聚物改性沥青卷材收头	改性石油沥青密封材料
	合成高分子卷材收头及接缝封边	合成高分子密封材料
	混凝土基层固定件周边接缝	改性石油沥青密封材料、合成高分子密封材料
	混凝土构件间接缝	改性石油沥青密封材料、合成高分子密封材料

【参考图文】

5. 细部构造

屋面细部构造应包括檐口、檐沟和天沟、女儿墙和山墙、水落口、变形缝、伸出屋面管道、屋面出入口等部位。为保证屋面的整体防水性能，像屋面上的檐口、变形缝等防水薄弱部位应采取加强防水细部措施。

1) 檐口

屋面檐口指结构外墙体和屋面结构层交界处的屋面结构屋顶，檐高就是设计室外地坪至檐口的高度，如图7.14所示。檐口宜采用与圈梁整浇的混凝土挑板，不宜直接采用屋顶楼板外悬挑。

卷材防水屋面檐口800mm范围内的卷材应满粘，卷材收头应采用金属压条钉压，并应用密封材料封严，檐口下端应做鹰嘴和滴水槽，如图7.14所示。

涂膜防水屋面檐口的涂膜收头，应用防水涂料多遍涂刷。檐口下端也应做鹰嘴和滴水槽，滴水槽宽度和深度不宜小于10mm，如图7.15所示。

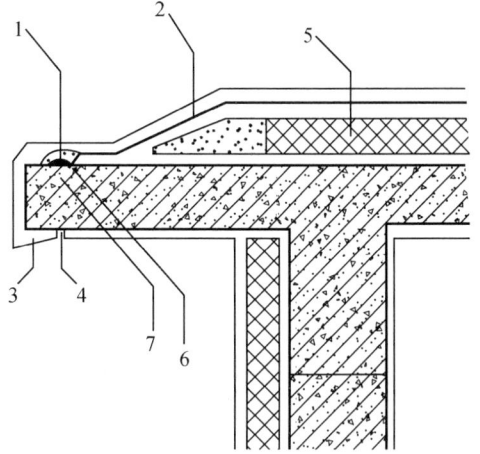

图7.14 卷材防水屋面檐口

1—密封材料；2—卷材防水层；3—鹰嘴；4—滴水槽；5—保温层；6—金属压条；7—水泥钉

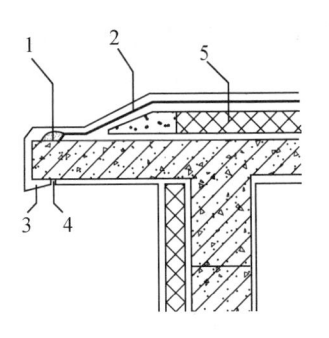

图 7.15 涂膜防水屋面檐口

1—涂料多遍涂刷；2—涂膜防水层；3—鹰嘴；4—滴水槽；5—保温层

2) 檐沟和天沟

檐沟和天沟属于有组织排水檐口。卷材或涂膜防水屋面檐沟如图 7.16 所示。

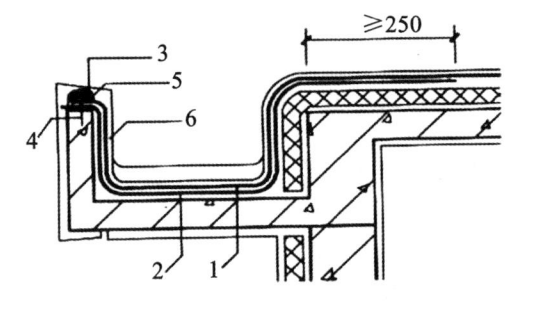

图 7.16 卷材、涂膜防水屋面檐沟

1—防水层；2—附加层；3—密封材料；4—水泥钉；5—金属压条；6—保护层

卷材或涂膜防水屋面檐沟和天沟的防水层下应增设附加层，附加层伸入屋面的宽度不应小于 250mm，檐沟内转角部位的找平层应做成圆弧形或 45°斜面。

檐沟防水层和附加层应由沟底翻上至外侧顶部，卷材收头应用金属压条钉压，并应用密封材料封严，涂膜收头应用防水涂料多遍涂刷，檐沟外侧下端应做鹰嘴或滴水槽，檐沟外侧高于屋面结构板时，应设置溢水口。

3) 女儿墙和山墙

(1) 女儿墙。

女儿墙是指建筑物屋顶四周的矮墙，主要作用除维护安全外，同时也避免防水层渗水及屋顶雨水漫流。女儿墙的防水构造应符合下列规定。

女儿墙压顶可采用混凝土或金属制品，压顶向内排水坡度不应小于 5%，压顶内侧下端应做滴水处理，在屋面与女儿墙的交接缝处的泛水(泛水即屋面防水层与突出结构之间的防水构造)，应用砂浆找平层应抹成直径不小于 150mm 的圆弧或 45°斜面，避免卷材架空或折断，泛水处的防水层下应增设附加层，附加层在平面和立面的宽度均不应小于 250mm。女儿墙泛水处的防水层表面，宜采用涂刷浅色涂料或浇筑细石混凝土保护。

低女儿墙泛水处的防水层可直接铺贴或涂刷至压顶下，卷材收头应用金属压条钉压固定，并应用密封材料封严，涂膜收头应用防水涂料多遍涂刷，如图 7.17 所示；高女儿墙泛水处的防水层泛水高度不应小于 250mm，防水层收头应同低女儿墙构造，泛水上部的墙体应做防水处理，如图 7.18 所示。

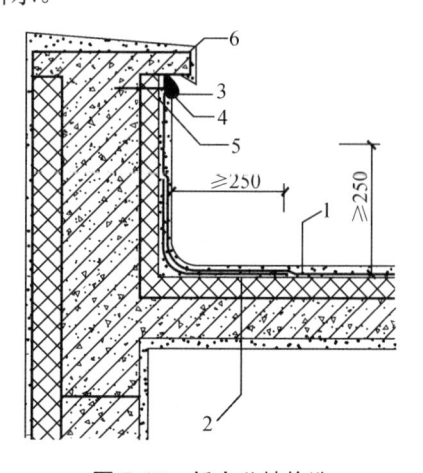

图 7.17　低女儿墙构造

1—防水层；2—附加层；3—密封材料；4—水泥钉；5—金属压条；6—保护层

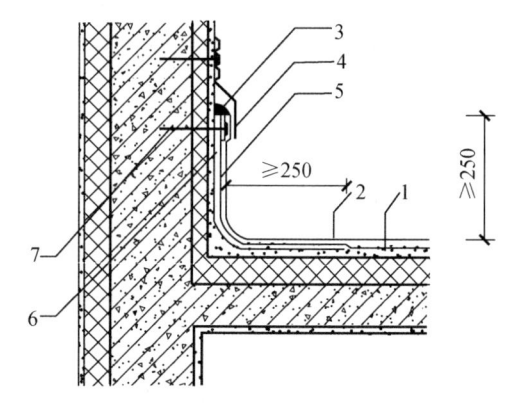

图 7.18　高女儿墙构造

1—防水层；2—附加层；3—密封材料；4—金属盖板；5—保护层；6—金属压条；7—水泥钉

(2) 山墙。

建筑的外横墙通常称为山墙，沿建筑物短轴方向布置的墙叫横墙，建筑物两端的横向外墙称为山墙。山墙的防水构造应符合下列规定。

山墙压顶可采用混凝土或金属制品。压顶应向内排水，坡度不应小于 5%，压顶内侧下端应做滴水处理，山墙泛水处的防水层下应增设附加层，附加层在平面和立面的宽度均不应小于 250mm。山墙构造随着屋面材料的不同会有所差异，如图 7.19 所示为沥青瓦屋面山墙的构造，沥青瓦屋面山墙泛水应采用沥青基胶粘材料满粘一层沥青瓦片，防水层和沥青瓦收头应用金属压条钉压固定，并应用密封材料封严。

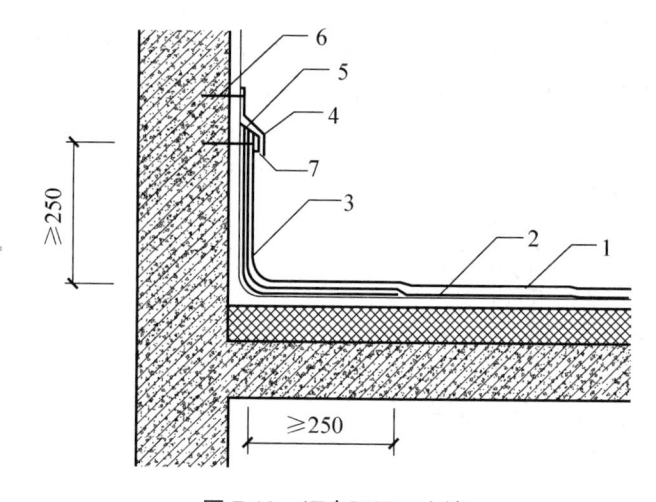

图 7.19 沥青瓦屋面山墙

1—沥青瓦；2—防水层或防水垫层；3—附加层；4—金属盖板；5—密封材料；6—水泥钉；7—金属压条

4）水落口

水落口是用来将屋面雨水排至雨水管而在檐口处或檐沟内开设的洞口。水落口按排水原理可分为重力式排水的水落口和虹吸式排水的水落口。图 7.20、图 7.21 所示分别为直式和横式重力式排水的水落口构造，直式适用于内排水中间天沟、外排水挑檐沟等，横式适用于女儿墙外排水天沟。

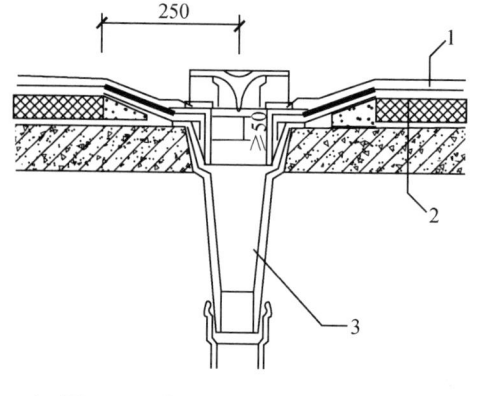

图 7.20 直式重力式排水的水落口

1—防水层；2—附加层；3—水落斗

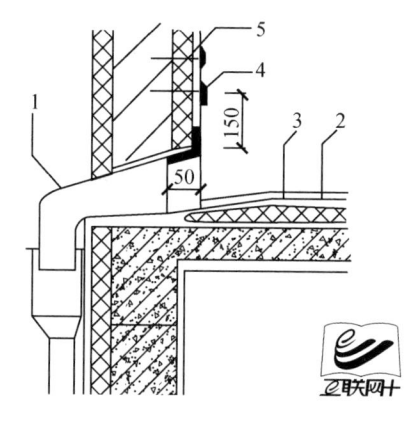

图 7.21 横式重力式排水的水落口

1—水落斗；2—防水层；3—附加层；
4—密封材料；5—水泥钉

重力式排水的水落口可采用塑料或金属制品，水落口的金属配件均应做防锈处理，水落口杯应牢固地固定在承重结构上，水落口周围直径 500mm 范围内坡度不应小于 5%，防水层下应增设涂膜附加层，防水层和附加层伸入水落口杯内不应小于 50mm，并应黏结牢固。

5）变形缝

屋面变形缝的作用是保证屋盖有自由变形的空间，但屋面变形缝在构造上要满足防止雨水渗入室内的要求。根据变形缝的构造情况分为等高屋面变形缝和高低跨变形缝两种。

等高变形缝顶部宜加扣混凝土或金属盖板[图 7.22(a)]；高低跨变形缝在立墙泛水处，应采用有足够变形力的材料和构造做密封处理[图 7.22(b)]。

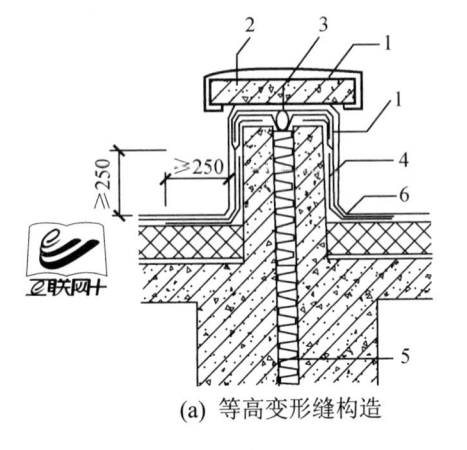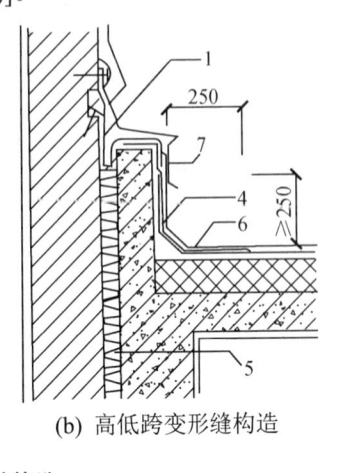

(a) 等高变形缝构造   (b) 高低跨变形缝构造

图 7.22　屋面变形缝构造

1—卷材封盖；2—混凝土盖板；3—衬垫材料；4—附加层；5—不燃保温材料；6—防水层；7—金属盖板

变形缝泛水处的防水层下应增设附加层，附加层在平面和立面的宽度不应小于 250mm，防水层应铺贴或涂刷至泛水墙的顶部，变形缝内应预填不燃保温材料，上部应采用防水卷材封盖，并放置衬垫材料，再在其上干铺一层卷材。

6) 伸出屋面管道

伸出屋面管道构造如图 7.23 所示，主要是处理好管道与屋面接触处的防水措施。

伸出屋面管道周围的找平层应抹出高度不小于 30mm 的排水坡，管道泛水处的防水层下应增设附加层，附加层在平面和立面的宽度均不应小于 250mm，管道泛水处的防水层泛水高度不应小于 250mm，卷材收头应用金属箍紧固，并用密封材料封严，涂膜收头应用防水涂料多遍涂刷。

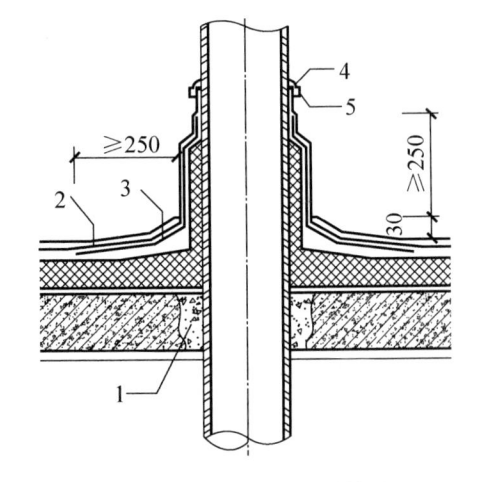

图 7.23　伸出屋面管道构造

1—细石混凝土；2—卷材防水层；3—附加层；4—密封材料；5—金属箍

7) 屋面出入口

不上人屋面应设置屋面垂直出入口(屋面检修孔)，检修孔周壁可用砖立砌，若是现浇屋面板可将混凝土板上翻形成孔壁，如图 7.24 所示。屋面垂直出入口泛水处应增设附加层，附加层在平面和立面的宽度均不应小于 250mm，防水层收头应在混凝土压顶圈下。

出屋面的楼梯间一般需设屋面水平出入口，入口处室内的标高应高于屋面，以防雨水倒灌，若不满足时应设门槛，如图 7.25 所示。屋面与门槛交接处的构造可按泛水构造处理，泛水处应增设附加层和护墙，附加层在平面上的宽度不应小于 250mm，防水层收头应压在混凝土踏步下。

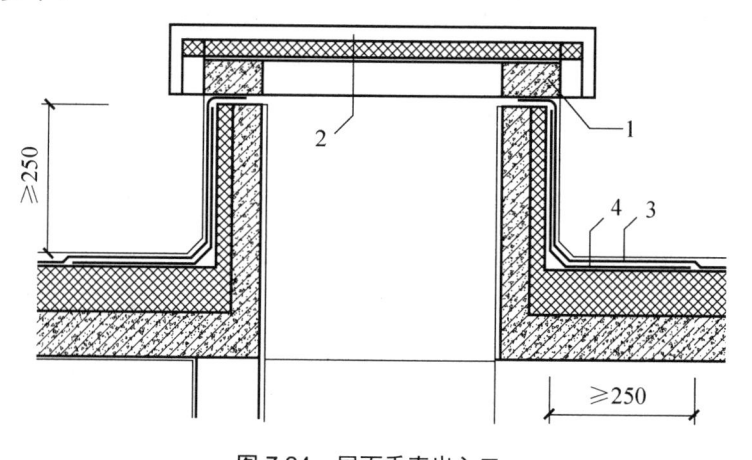

图 7.24　屋面垂直出入口

1—混凝土压顶圈；2—上人孔盖；3—防水层；4—附加层

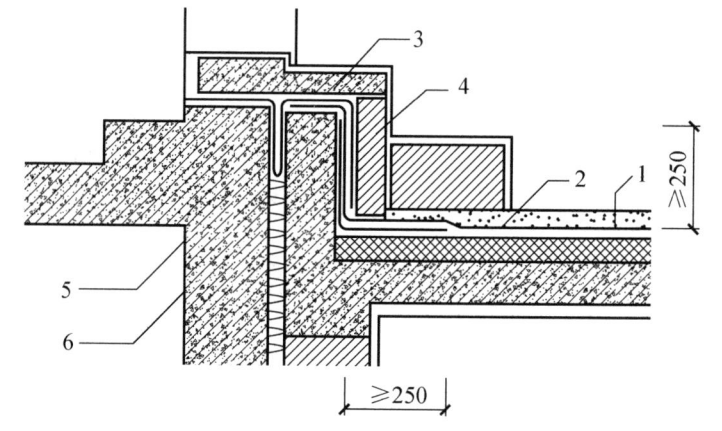

图 7.25　屋面水平出入口

1—防水层；2—附加层；3—踏步；4—护墙；5—防水卷材封盖；6—不燃保温材料

7.2.4 平屋顶保温和隔热

1．平屋顶保温

在北方寒冷地区或装有空调设备的建筑于冬季室内采暖时，室内外温差较大，为了防止室内热量通过屋顶向外散失，屋顶应设置保温层。

1) 保温材料

保温材料应具有吸水率低、导热系数较小并具有一定强度的性能，应根据建筑物的使用性质、工程造价、铺设的具体位置及构造来综合考虑选择。屋顶保温材料通常为多孔质轻的材料，分为松散料、整体料和板块料三大类。

(1) 松散料：有膨胀蛭石、膨胀珍珠岩、粉煤灰、矿棉、炉渣和矿渣之类的工业废料等。松散料保温层可与找坡层结合处理。

(2) 整体料：是以松散保温材料为集料，用水泥或沥青等胶结材料与其整体浇筑而成。如沥青膨胀珍珠岩、水泥膨胀珍珠岩、水泥蛭石、水泥炉渣等。

(3) 板块料：通常由建材工厂利用集料和胶结材料制作而成，如加气混凝土板、泡沫混凝土板、矿棉板、泡沫塑料板、岩棉板等。

2) 保温层构造

根据保温层在屋顶构造层中的相对位置，保温层的设置有正铺法和倒铺法两种，如图 7.26 所示。

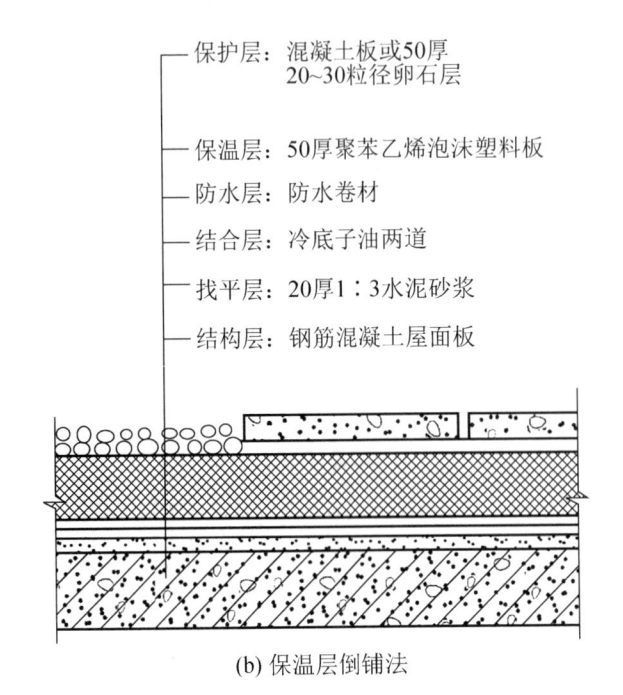

(a) 保温层正铺法　　　　　　　　　(b) 保温层倒铺法

图 7.26　保温层设置

正铺法保温是将保温材料层设置在结构层之上、防水层之下。正铺法保温层要求防水层有较好的防水性能，以确保保温材料不受潮。

为了防止室内水蒸气通过屋面板渗透进入保温层，产生凝结水使得保温层受潮而降低保温性能，在保温层下增设隔汽层，常采用的做法为涂刷热沥青 1～2 道或铺油毡(一毡二油)。

由于保温层设置在隔汽层与防水层之间，处于封闭状态，保温材料中所含的水分及保温层、找平层施工中所造成的水分无法排出，遇热会转化为蒸汽，体积大为膨胀，会造成卷材防水层起鼓甚至开裂，需在保温层上铺设透气通道，透气通道应与排气孔相连，如图 7.27 所示。

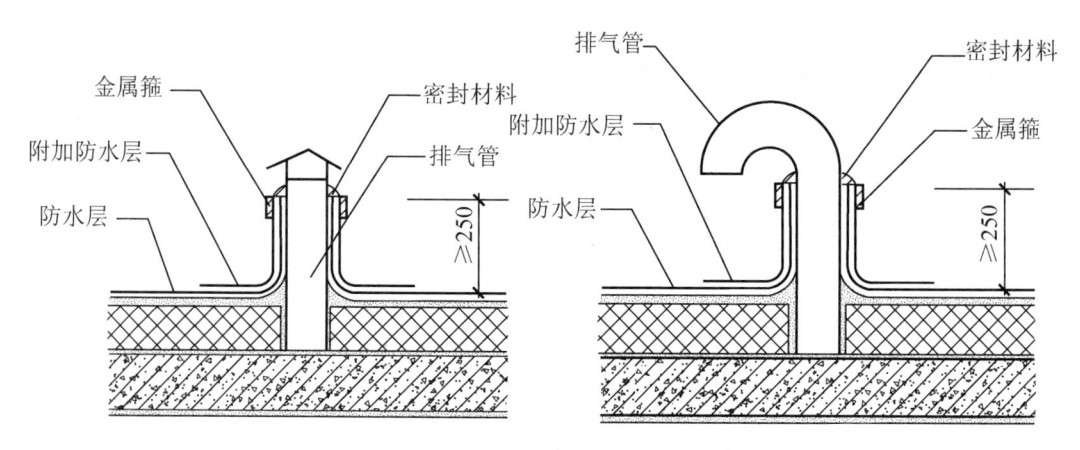

图 7.27 排气孔构造

2．平屋顶隔热

夏季南方地区室外温度会较高，为了减少热量对屋顶表面的直接作用，屋顶应采取适当的构造措施来隔热降温。所采用的隔热降温方法，包括间层通风、反射、蓄水及种植等。

1) 间层通风隔热降温

间层通风隔热降温是指在屋顶处设置通风间层，使其上层表面遮挡阳光辐射，同时利用风压和热压作用把间层中的热空气不断带走，使得通过屋面板传入室内的热量大为减少，从而达到隔热降温的目的。通风间层的设置通常有两种方式：一种是在屋顶上做架空通风隔热间层，如图 7.28(a)、(b)所示；另一种是利用吊顶棚内的空间做通风间层，如图 7.28(c)、(d)所示。

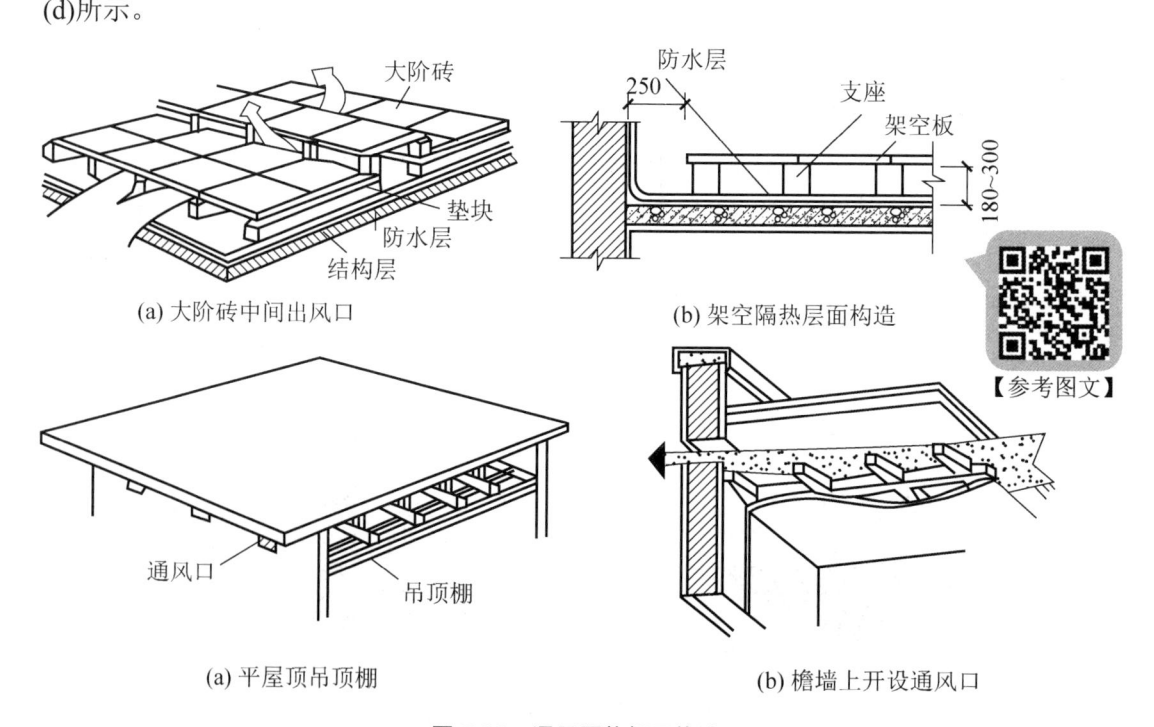

(a) 大阶砖中间出风口　　　　(b) 架空隔热层面构造

【参考图文】

(a) 平屋顶吊顶棚　　　　(b) 檐墙上开设通风口

图 7.28 通风隔热间层构造

2) 反射隔热降温

利用表面材料的颜色和光洁度对热辐射的反射作用，可将一部分热量反射回去，从而达到降温的目的。如采用浅色的砾石、混凝土作面层，或在屋面上涂刷白色涂料，对隔热降温都有一定的效果。如果在通风屋顶中的基层加一层铝箔，则可利用其第二次反射作用，对屋顶的隔热效果将有进一步的改善，如图 7.29 所示。

图 7.29　铝箔的反射作用示意图

3) 蓄水隔热降温

在屋顶蓄水，蓄水层的水面能反射阳光，减少阳光辐射对屋顶的热作用；同时水蒸发过程需要吸收大量的热，将热量散发到空气中，减少屋顶吸收的热能，从而达到降温隔热的目的。蓄水层在冬季还有一定的保温作用。蓄水屋面构造与刚性防水屋面基本相同，如图 7.30 所示。

【参考图文】

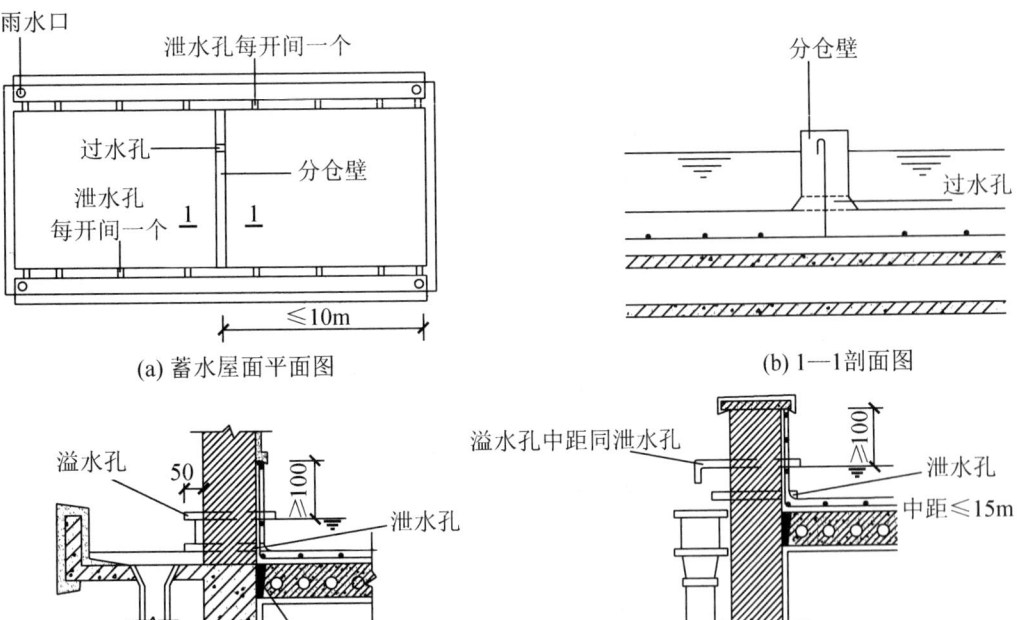

(a) 蓄水屋面平面图　　　　(b) 1—1剖面图

(c) 构造详图

图 7.30　蓄水隔热降温屋顶

4）植被隔热降温

在屋顶上种植植物，利用种植介质隔热及植物进行光合作用和遮挡阳光的双重功效来达到降温隔热的效果。这种屋顶同时有着美化环境、提高城市绿化面积、净化空气等作用，尤其在当今城市公共绿化稀少、雾霾天气时有发生的情况下，建筑物屋顶有片绿化植被是非常赏心悦目的。植被隔热构造如图 7.31 所示。

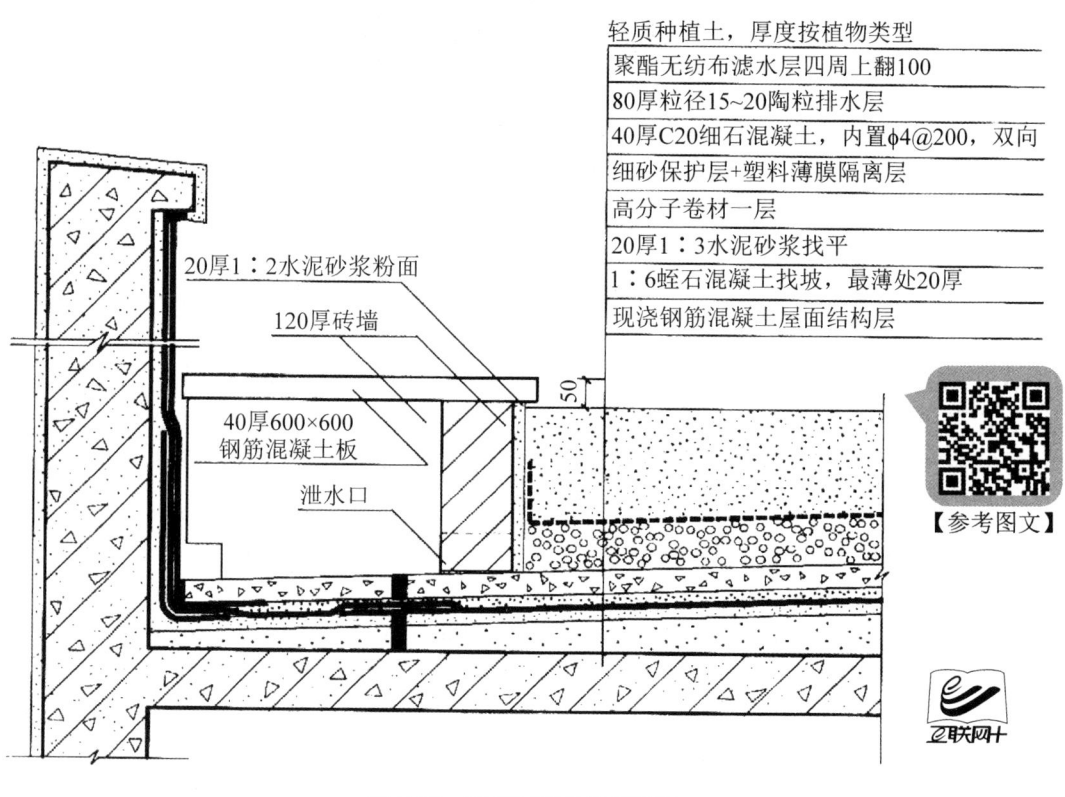

图 7.31　种植屋面构造示意图

7.3　坡屋顶构造

我国传统建筑采用坡屋顶的较多，坡屋顶具有样式多样、屋面坡度大、易及时排除雨水等特点。坡屋顶的屋面坡度大于 3%，常见的坡屋顶样式如图 7.1 所示。

7.3.1　坡屋顶承重结构

1．坡屋顶组成

坡屋顶主要由承重结构、屋面及顶棚等组成。根据需要，还可以设置保温层、隔热层。

坡屋顶的组成如图 7.32 所示。

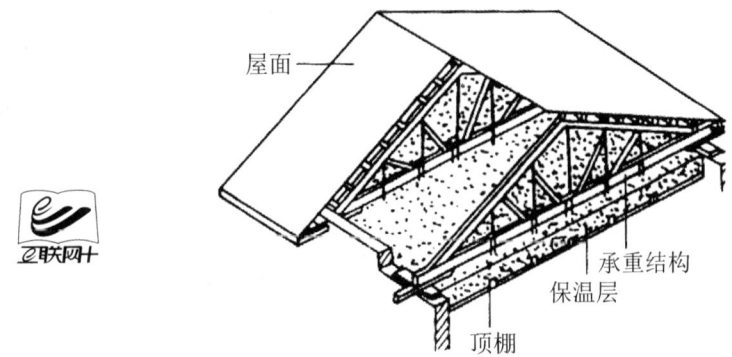

图 7.32　坡屋顶的组成

(1) 承重结构：指屋架、檩条、椽子、屋面大梁等。其承受屋面荷载并将荷载传递给墙或柱。

(2) 顶棚：是坡屋顶下面的遮盖部分，可使室内上部平整，起着保温、隔热及装饰美化的作用。

(3) 屋面：是屋顶最外层的覆盖层，直接承受风雨及太阳辐射等外部环境的影响。屋面包括屋面盖料(如瓦)和基层(如屋面板)两部分。

2．承重结构类型

坡屋顶中常用的承重结构，有横墙承重、屋架承重和梁架承重，如图 7.33 所示。

(1) 横墙承重：也称山墙承重、硬山搁檩，是指横墙上部根据屋顶所要求的坡度，砌成三角形，再将承重构件(如檩条)直接搁置在墙上，荷载由承重构件直接传至山墙，如图 7.33(a)所示。横墙承重构造简单、施工方便，但限于檩条及挂瓦板的跨度，仅适用于开间较小的建筑，如住宅、宿舍、旅馆客房等。

(2) 屋架承重：当房屋的内横墙较少时，常将檩条搁在由一组杆件在同一平面内互相结合成整体构件的屋架上，构成屋架承重结构，如图 7.33(b)所示。这种承重方式可以形成较大的内部空间，多用于要求有较大空间的建筑，如食堂、教学楼等。

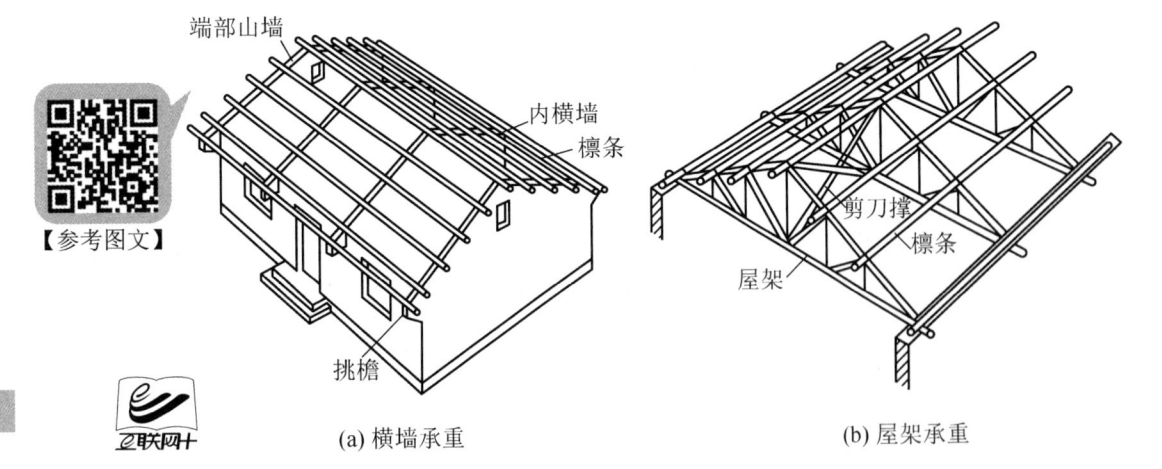

(a) 横墙承重　　　　　　　　　　　　　　(b) 屋架承重

图 7.33　坡屋顶承重结构类型

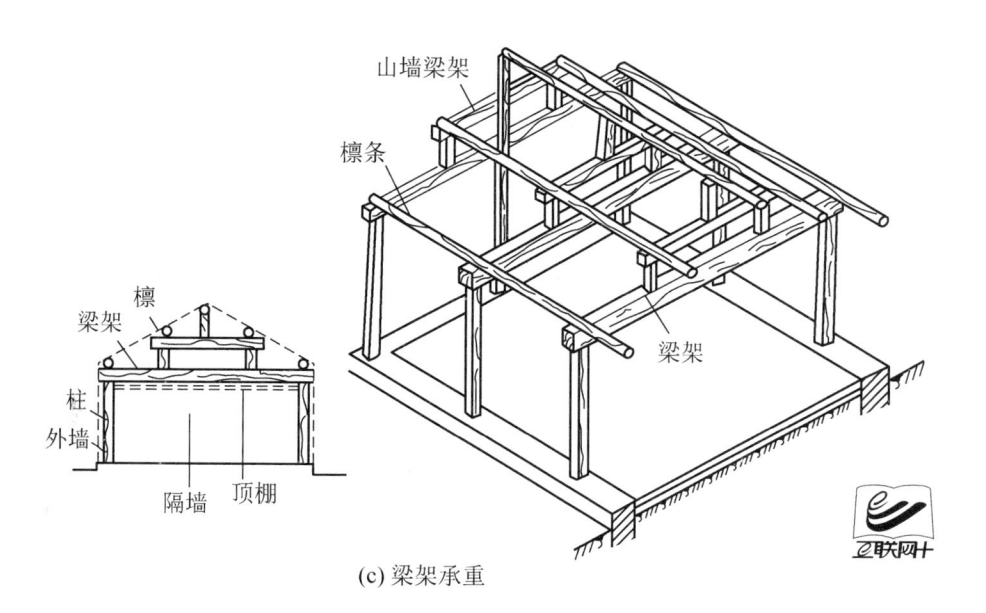

(c) 梁架承重

图 7.33 坡屋顶承重结构类型(续)

(3) 梁架承重：是用木材做主要材料，由柱与梁形成的承重体系，是一个整体承重骨架，墙体只起围护和分隔的作用，多用于民间传统建筑中，如图 7.33(c)所示。这种结构又被称为穿斗结构或立贴式结构。

3．承重结构件

坡屋顶的承重结构件，主要有屋架和檩条。

1) 屋架

为防止屋架倾斜和加强稳定性，屋架形式通常采用三角形桁架，由上弦、下弦及垂直腹杆和斜腹杆组成。根据材料不同，屋架可分为木屋架、钢木屋架及钢筋混凝土屋架等，如图 7.34 所示。木屋架适应跨度范围小，一般不超过 12m，大跨度的建筑应采用钢筋混凝土屋架、预应力钢筋混凝土屋架或钢屋架。

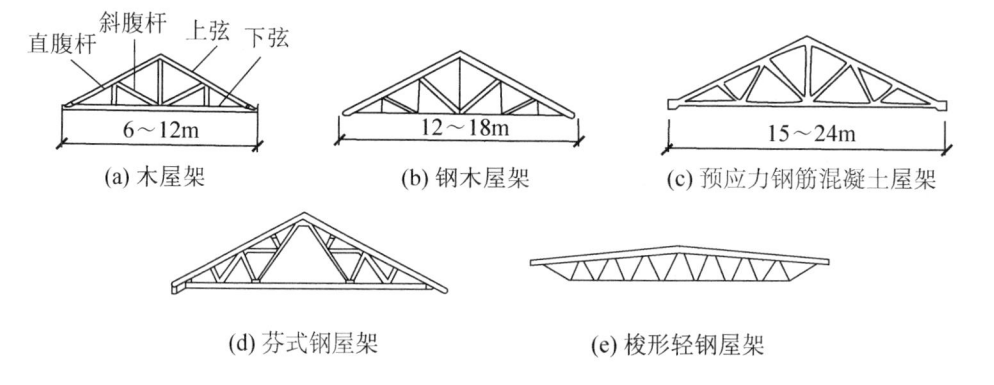

图 7.34 屋架形式

2) 檩条

檩条根据材料不同，可为木檩条、钢檩条及钢筋混凝土檩条，一般与屋架所使用的材料相同，其形式如图 7.35 所示。木檩条有矩形和圆形(即原木)，钢筋混凝土檩条有矩形、L 形和 T 形等，钢檩条有型钢或轻型钢檩条。

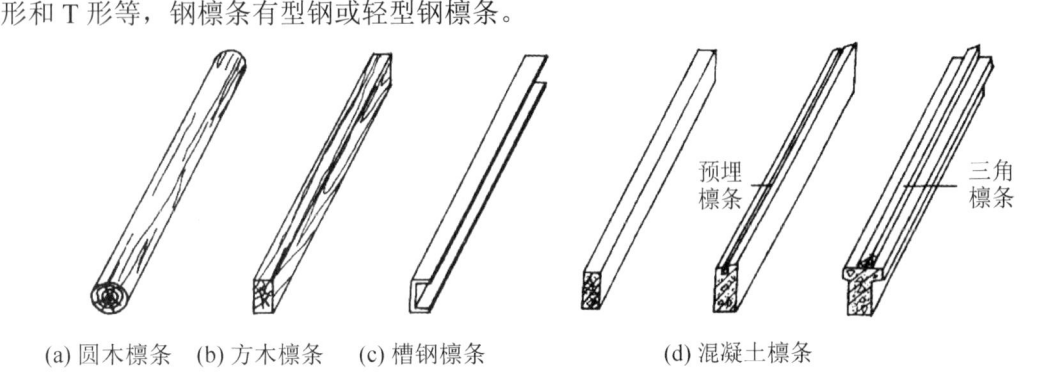

(a) 圆木檩条　(b) 方木檩条　(c) 槽钢檩条　　(d) 混凝土檩条

图 7.35　檩条形式

7.3.2 坡屋顶的构造形态

坡屋顶工程根据建筑物的性质、重要程度、地域环境、使用功能要求以及依据屋面防水层设计使用年限，分为一级防水和二级防水，并应符合表 7-12 的规定。

表 7-12　坡屋面防水等级

项　目	坡屋面防水等级	
	一级	二级
防水层设计使用年限	≥20 年	≥10 年

注：1. 大型公共建筑、医院、学校等重要建筑屋面的防水等级为一级，其他为二级。
　　2. 工业建筑屋面的防水等级按使用要求确定。

1. 坡屋顶的分类及其构造

根据所使用材料种类的不同，坡屋顶可分为沥青瓦屋面、块瓦屋面、波形瓦屋面、金属板屋面等。

1) 沥青瓦屋面

沥青瓦又称玻纤胎沥青瓦，是一种应用于建筑屋面防水的新型屋面材料，如图 7.36 所示。沥青瓦分为平面沥青瓦(平瓦)和叠合沥青瓦(叠瓦)。平面沥青瓦适用于防水等级为二级的坡屋面；叠合沥青瓦适用于防水等级为一级和二级的坡屋面。沥青瓦屋面坡度不应小于 20%。

沥青瓦屋面的屋面板宜为钢筋混凝土屋面板或木屋面板，板面应坚实、平整、干燥、牢固。铺设沥青瓦应采用固定钉固定，在屋面周边及泛水部位应满粘。沥青瓦的固定方式以钉为主、粘贴为辅。

木屋面板上铺设沥青瓦，每张瓦片不应少于 4 个固定钉；细石混凝土基层上铺设沥青瓦，每张瓦片不应少于 6 个固定钉。

屋面坡度大于 100%或处于大风区，沥青瓦固定应采取加强措施：每张瓦片应增加固定钉数量；上下沥青瓦之间应采用全自粘黏结或沥青基胶粘材料加强。

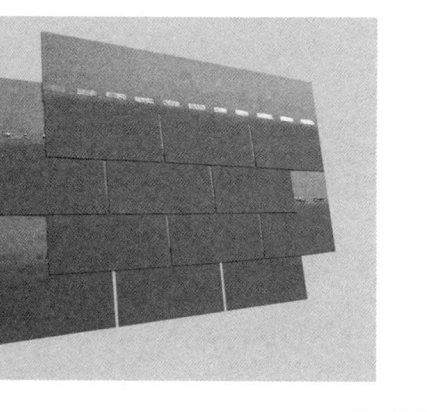

图 7.36 沥青瓦

【参考图文】

2) 块瓦屋面

块瓦由黏土、混凝土和树脂等材料制成的块状硬质屋面瓦材，包括烧结瓦、混凝土瓦等，适用于防水等级为一级和二级的坡屋面，如图 7.37 所示。块瓦屋面坡度不应小于 30%。块瓦屋面的屋面板宜为钢筋混凝土屋面板、木板或增强纤维板。块瓦屋面应采用干法挂瓦，固定牢固。

块瓦屋面挂瓦条、顺水条安装应符合规定：木挂瓦条应钉在顺水条上，顺水条用固定钉钉入持钉层内；钢挂瓦条与钢顺水条应焊接，钢顺水条用固定钉钉入持钉层内。

【参考图文】

屋面坡度大于 100%或处于大风区时，块瓦固定应采取相应的加强措施：檐口部位应有防风揭和防落瓦的安全措施；每片瓦应采用螺钉和金属搭扣固定。

图 7.37 块瓦

3) 波形瓦屋面

波形瓦包括沥青波形瓦、树脂波形瓦等(图 7.38)，沥青波形瓦是指由植物纤维浸渍沥青成型的波形瓦材，树脂波形瓦以合成树脂和纤维增强材料为主要原料制成的波形瓦材。波形瓦屋面适用于防水等级为二级的坡屋面。波形瓦屋面坡度不应小于 20%。波形瓦可固定在檩条和屋面板上。

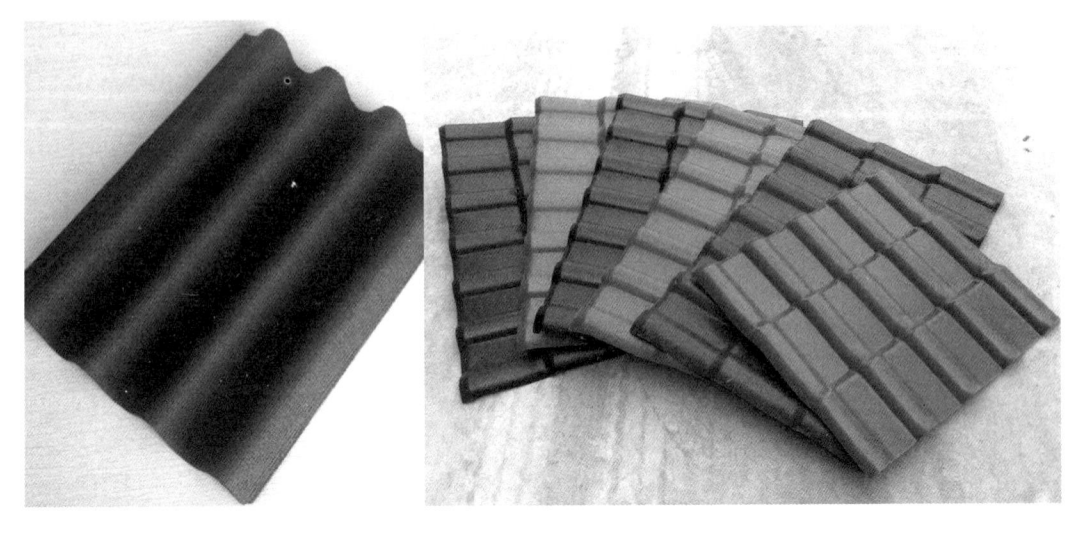

图 7.38　波形瓦

4) 金属板屋面

金属板屋面是指采用压型金属板或金属面绝热夹芯板的建筑屋面。金属板屋面的板材主要包括压型金属板和金属面绝热夹芯板，如图 7.39 所示。金属板屋面坡度不宜小于 5%。压型金属板屋面适用于防水等级为一级和二级的坡屋面，金属面绝热夹芯板屋面适用于防水等级为二级的坡屋面。

防水等级为一级的压型金属板屋面不应采用明钉固定方式，而应采用大于 180° 咬边连接的固定方式；防水等级为二级的压型金属板屋面采用明钉或金属螺钉固定方式时，钉帽应有防水密封措施。

图 7.39　金属板

金属天沟、檐沟应设置伸缩缝，伸缩缝间隔不宜大于 30m。压型金属板屋面的支架宜为钢、铝合金或不锈钢材质，支架与金属屋面板连接处应密封。

金属面绝热夹芯板的四周接缝均应采用耐候丁基橡胶防水密封胶带密封。同时金属面绝热夹芯板屋面应符合规定：夹芯板顺坡长向搭接，坡度小于 10% 时，搭接长度不应小于 300mm；坡度大于或等于 10% 时，搭接长度不应小于 250mm；包边钢板、泛水板搭接长度不应小于 60mm，铆钉中距不应大于 300mm；夹芯板横向相连应为拼接式或搭接式，连接处应密封；夹芯板纵横向的接缝、外露铆钉钉头，以及细部构造应采用密封材料封严。

2. 坡屋顶的细部构造

1) 防水垫层

防水垫层是指坡屋面中通常铺设在瓦材或金属板下面的防水材料。防水垫层可空铺、满粘或机械固定。屋面坡度大于 50% 时，防水垫层宜采用机械固定或满粘法施工；防水垫层的搭接宽度不得小于 100mm。屋面防水等级为一级时，固定钉穿透非自粘防水垫层，钉孔部位应采取密封措施。防水垫层在屋面部位构造层次中的位置如图 7.40 所示。

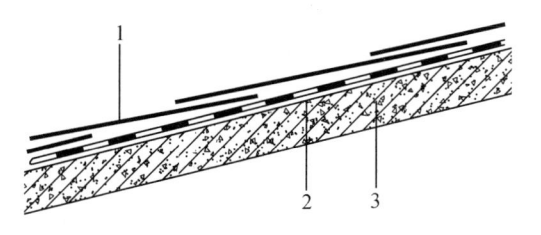

图 7.40 瓦屋面防水垫层构造

1—瓦材；2—防水垫层；3—屋面板

2) 屋脊

屋脊又分为正脊和斜脊，正脊是指坡屋面屋顶的水平交线形成的屋脊；斜脊是指坡屋面斜面相交凸角的斜交线形成的屋脊。

屋脊部位应增设防水垫层附加层，宽度不应小于 500mm；防水垫层应顺流水方向铺设和搭接，如图 7.41 所示。对于沥青瓦坡屋面，屋脊瓦可采用与主瓦相配套的专用脊瓦或采用平面沥青瓦裁制而成，正脊脊瓦外露搭接边宜顺常年风向一侧。对于块瓦坡屋面，屋脊瓦应采用与主瓦相配套的配件脊瓦，托木支架和支撑木应固定在屋面板上，脊瓦应固定在支撑木上，如图 7.42 所示。

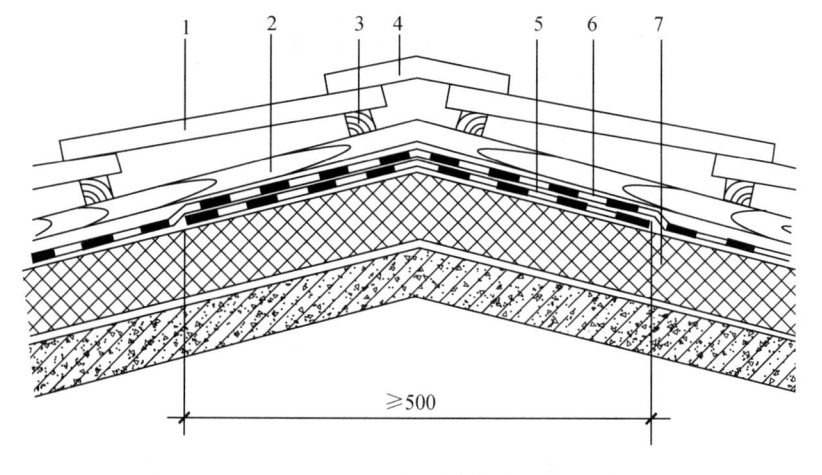

图 7.41 屋脊部位防水垫层构造

1—块瓦；2—顺水条；3—挂瓦条；4—脊瓦；5—防水垫层附加层；
6—防水垫层；7—保温隔热层

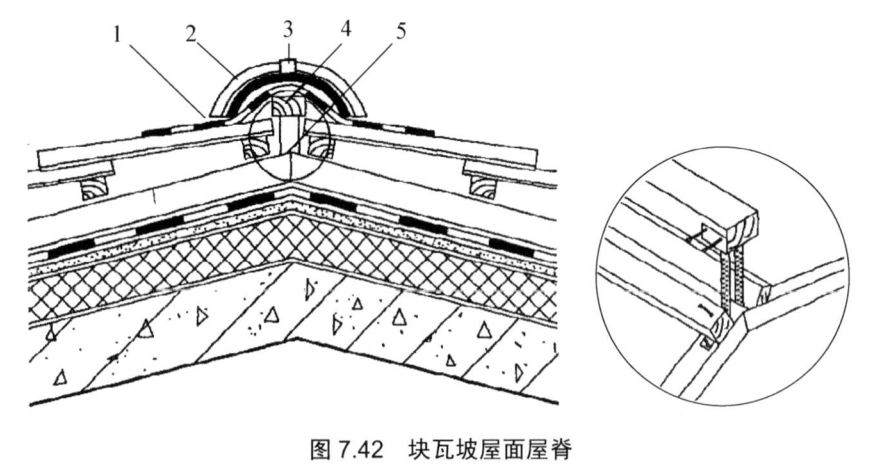

图 7.42　块瓦坡屋面屋脊

1—通风防水自粘胶带；2—脊瓦；3—脊瓦搭扣；4—支撑木；5—托木支架

3）檐口

檐口为房屋屋顶与外墙的顶部交接处。檐口部位应增设防水垫层附加层。严寒地区或大风区域，应采用自粘聚合物沥青防水垫层加强，下翻宽度不应小于100mm，屋面铺设宽度不应小于900mm，金属泛水板应铺设在防水垫层的附加层上，并伸入檐口内，在金属泛水板上应铺设防水垫层，如图7.43所示。

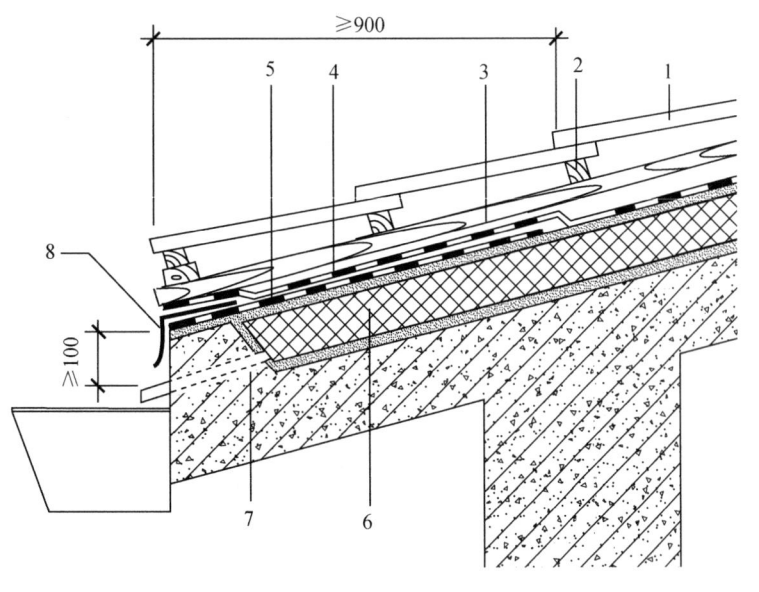

图 7.43　檐口构造

1—块瓦；2—挂瓦条；3—顺水条；4—防水垫层；5—防水垫层附加层；
6—保温隔热层；7—排水管；8—金属泛水板

对于钢筋混凝土檐沟，檐沟部位应增设防水垫层附加层，檐口部位防水垫层的附加层应延展铺设到混凝土檐沟内，如图7.44所示。

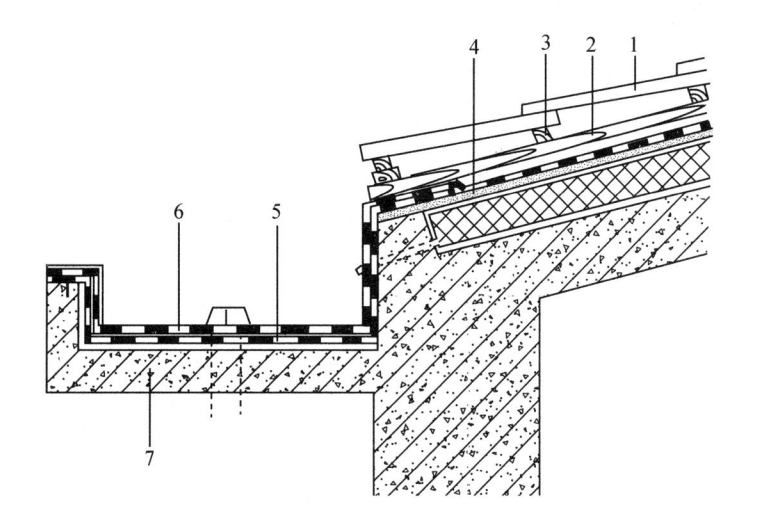

图 7.44 钢筋混凝土檐沟

1—瓦；2—顺水条；3—挂瓦条；4—保护层(持钉层)；
5—防水垫层附加层；6—防水垫层；7—钢筋混凝土檐沟

4) 天沟

坡屋面中两个斜面相交的阴角处会形成天沟或斜天沟。天沟部位应沿天沟中心线增设防水垫层附加层，宽度不应小于 1000mm，铺设防水垫层和瓦材应顺流水方向进行，如图 7.45 所示。

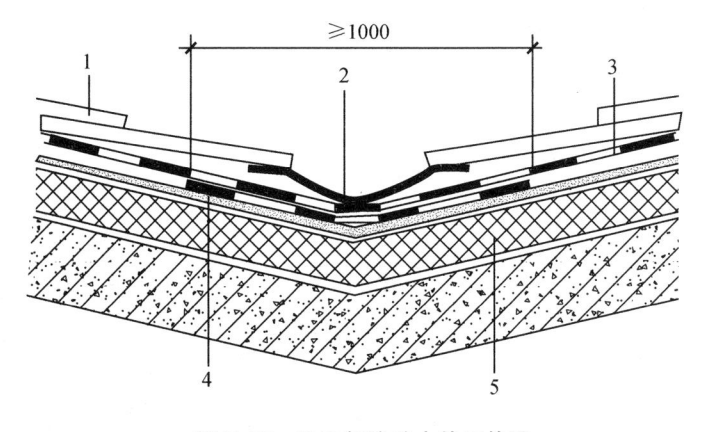

图 7.45 天沟部位防水垫层构造

1—瓦；2—成品天沟；3—防水垫层；4—防水垫层附加层；5—保温隔热层

5) 山墙

坡屋面山墙的阴角部位应增设防水垫层附加层，防水垫层应满粘铺设，沿立墙向上延伸不少于 250mm，金属泛水板或耐候型泛水带覆盖在瓦上，用密封材料封边，泛水带与瓦搭接应大于 150mm，如图 7.46 所示。

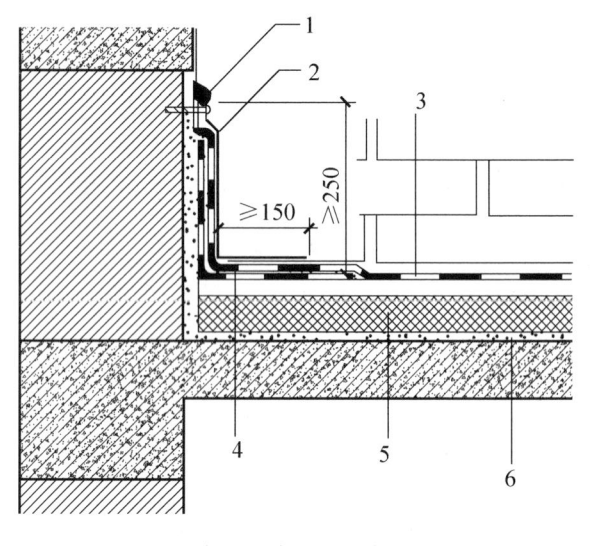

图 7.46　坡屋面山墙构造

1—密封材料；2—泛水；3—防水垫层；4—防水垫层附加层；5—保温隔热层；6—找平层

6) 女儿墙

坡屋面女儿墙阴角部位应增设防水垫层附加层，防水垫层应满粘铺设，沿立墙向上延伸不应少于 250mm，金属泛水板或耐候型自粘柔性泛水带覆盖在防水垫层或瓦上，泛水带与防水垫层或瓦搭接应大于 300mm，并应压入上一排瓦的底部，宜采用金属压条固定并密封处理，如图 7.47 所示。

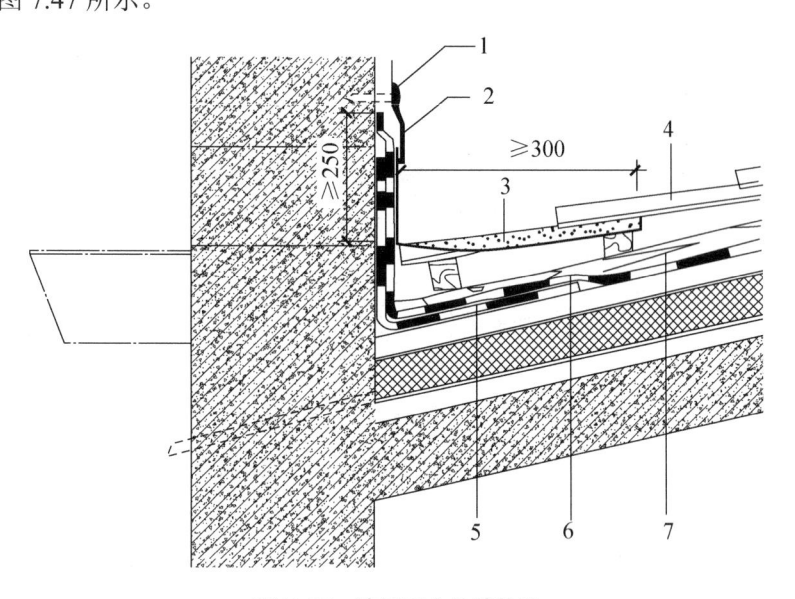

图 7.47　坡屋面女儿墙构造

1—耐候密封胶；2—金属压条；3—耐候型自粘柔性泛水带；
4—瓦；5—防水垫层附加层；6—防水垫层；7—顺水条

7) 穿出屋面管道

坡屋面穿出屋面管道的阴角处应满粘铺设防水垫层附加层，附加层沿立墙和屋面铺设，宽度均不应少于 250mm，防水垫层应满粘铺设，沿立墙向上延伸不应少于 250mm，金属泛水板、耐候型自粘柔性泛水带覆盖在防水垫层上，上部迎水面泛水带与瓦搭接应大于 300mm，并应压入上一排瓦的底部；下部背水面泛水带与瓦搭接应大于 150mm，应用密封材料封边，如图 7.48 所示。

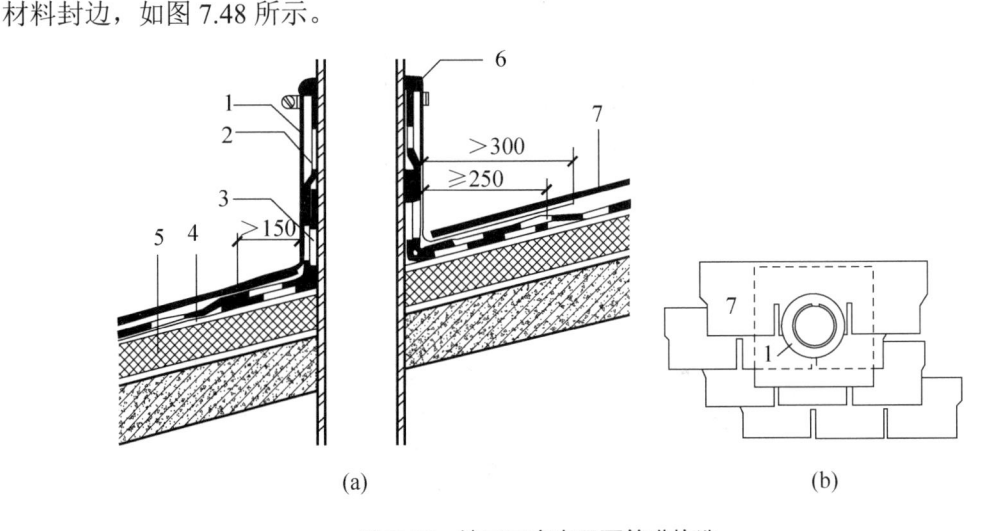

(a)   (b)

图 7.48 坡屋面穿出屋面管道构造

1—成品泛水件；2—防水垫层；3—防水垫层附加层；4—保护层(持钉层)；

5—保温隔热层；6—密封材料；7—瓦

7.3.3 坡屋顶保温与隔热

1. 坡屋顶的保温

坡屋顶的保温有屋面层保温和顶棚层保温两种做法。当采用屋面层保温时，其保温层可设置在瓦材下面或檩条之间，如图 7.49 所示。屋面保温也可在屋面压型钢板下设置聚苯乙烯泡沫塑料保温板，或直接采用带有保温层的夹芯板。当屋顶为顶棚层保温时，通常需在吊顶龙骨上铺板，板上设保温层，可以收到保温和隔热的双重效果，如图 7.50 所示。

2. 坡屋顶的隔热

坡屋顶通常利用屋顶通风来隔热，即在坡屋顶中设进气口和排气口，利用屋顶内外的热压差和迎风面的压力差组织空气对流，形成屋顶内的自然通风，以减少由屋顶传入室内的辐射热，达到隔热降温的目的。进气口一般设在檐墙上、屋檐部位或室内顶棚上，出气口最好设在屋脊处，如图 7.51 所示。

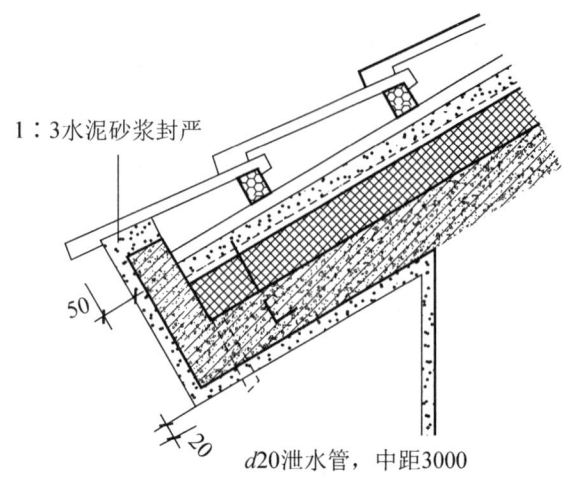

图 7.49　坡屋顶屋面保温

1：3水泥砂浆封严

50

20

d20泄水管，中距3000

【参考图文】

保温层
油毡
衬板
主龙骨
次龙骨
小方木下钉顶棚面板

层架下弦
吊杆

钉子　　　钉子

图 7.50　坡屋顶顶棚保温

≥100

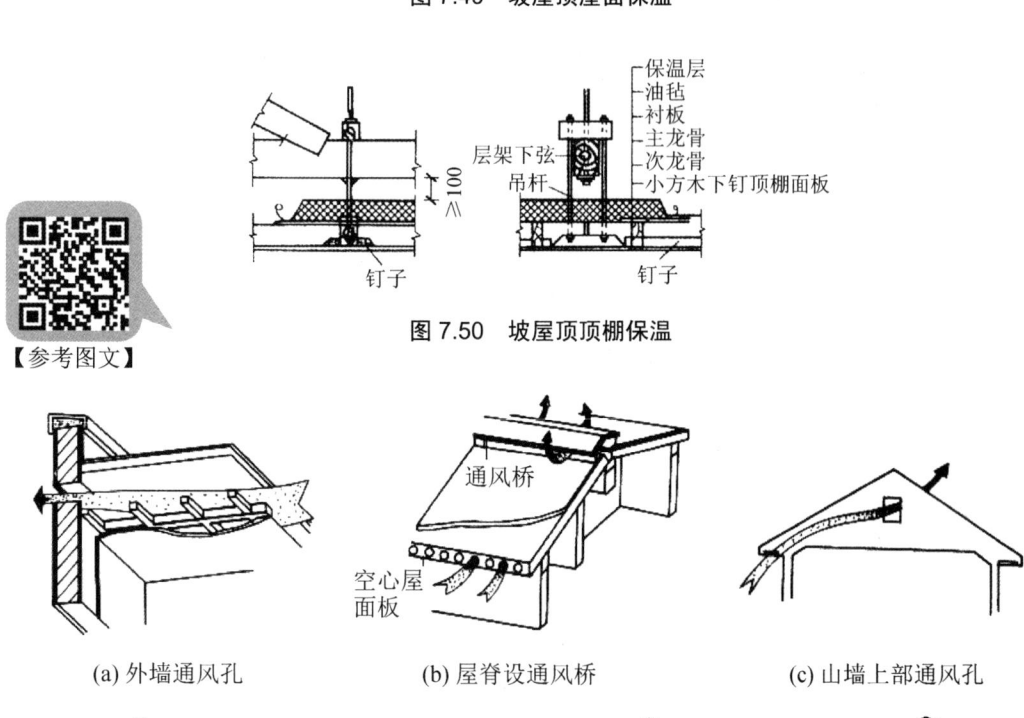

通风桥

空心屋
面板

(a) 外墙通风孔　　　　(b) 屋脊设通风桥　　　　(c) 山墙上部通风孔

(d) 设双层顶板　　(e) 进气孔　　(f) 檐口外墙通风孔　　(g) 挑檐顶棚处通风孔

图 7.51　坡屋顶通风隔热屋面

《实训项目》

1．屋顶构造详图的识读

为提高学生实践能力，根据本书的工程实例或老师的指导，识读屋面构造图。

2．绘制屋顶构造详图

根据本章内容，或参考本书提供的其他工程实例绘制屋顶构造详图。

(1) 绘图内容：教师根据教学实际需要提出要求，指导学生绘制屋面的建筑构造。

(2) 绘图要求：尽量做到规范化、标准化。

① 采用 A3 图纸绘图；

② 用 1：10 或 1：20 的比例绘制卷材防水屋面或刚性防水屋面的构造详图；

③ 要求把泛水、屋面的构造层次表达清楚；

④ 图面准确，图线粗细分明，尺寸标注正确。

《本 章 小 结》

屋顶的主要类型为平屋顶、坡屋顶，平屋顶坡度一般为 1%～3%；坡屋顶坡度大于 3%。屋顶的设计要求主要是排水、防水及保温隔热。

屋顶排水坡度的形成，有结构找坡和材料找坡两种形式。屋顶坡度主要与防水材料、降雨量和结构形式有关。屋面排水方式，分为有组织排水和无组织排水两种。无组织排水主要适用于少雨地区或高度不太高的建筑；有组织排水可分为外排水和内排水两种基本形式。

平屋顶防水主要是通过防水材料防水。构造层次有结构层、找坡层、找平层、结合层、防水层、保护层等。卷材防水是指使用胶结材料将柔性防水卷材粘贴在屋顶形成防水层，卷材可选用合成高分子防水卷材和高聚物改性沥青防水卷材。涂膜防水屋面是用防水材料涂刷在屋面基层上，利用涂料干燥或固化后的不透水性来达到防水的目的，如氯丁胶乳沥青防水涂料屋面。

坡屋顶主要由承重结构和屋面组成，目前主要将屋架或钢筋混凝土现浇板作为坡屋顶的承重构件。屋面的种类根据瓦的种类而定，如沥青瓦屋面、块瓦屋面、波形瓦屋面、金属板屋面等。坡屋顶细部构造，包括防水垫层、屋脊、檐口、天沟、山墙、女儿墙及穿出屋面管道等部位的细部处理。

在寒冷地区或有空调要求的建筑中，屋顶应做保温处理。保温材料多为轻质多孔材料，一般有松散料、整体料和板块料三种类型。平屋顶根据保温层在屋顶中的具体位置，有正铺法和倒铺法两种处理方式。在气候炎热地区，屋顶应采取隔热降温措施。平屋顶隔热措施，通常有间层通风、反射、蓄水、种植等隔热降温方式；坡屋顶的隔热主要采用通风屋顶。

习 题

1. 选择题

(1) 平屋顶是指屋面排水坡度小于或等于( )的屋顶。

A．3% B．10% C．15% D．20%

(2) ( )不属于柔性防水屋面的基本构造层次之一。

A．防水层 B．隔离层 C．结构层 D．找平层

(3) 卷材防水屋面也称( )。

A．自防水屋面 B．柔性防水屋面 C．刚性防水屋面 D．涂膜防水屋面

(4) 在坡屋顶的构造层次中，下列( )构件属于承重结构层。

A．三角形钢屋架 B．钢板彩瓦 C．油毡 D．吊顶龙骨

(5) 平屋顶的坡度小于3%时，卷材宜沿着( )屋脊方向铺设。

A．平行于 B．垂直于 C．30° D．45°

2. 填空题

(1) 平屋顶的排水方式分为_____和_____两种。

(2) 屋顶排水坡度的形成方式有_____和_____。

(3) 平屋顶常用的外排水方式有_____、_____和_____。

(4) 平屋顶的保温材料有_____、_____和_____。

(5) 坡屋顶的承重结构类型有_____、_____和_____。

3. 问答题

(1) 屋顶有哪些类型？其作用是什么？

(2) 平屋顶有哪些特点？其主要构造组成有哪些？

(3) 平屋顶的排水坡度如何形成？简述各种方法的优缺点。

(4) 屋顶的排水方式有几类？简述各自的优缺点和适用范围。

(5) 何谓柔性防水屋面？其基本构造层次有哪些？各层次的作用是什么？分别可采用哪些材料做法？

(6) 平屋顶的保温材料有哪几类？其保温隔热措施有哪些？

(7) 坡屋顶的承重结构主要做法有哪几种？各自的适用范围如何？

(8) 坡屋顶在檐口、山墙等处有哪些构造形式？如何进行防水及泛水处理？

【参考答案】

参 考 文 献

[1] 郑贵超，赵庆双. 建筑构造与识图[M]. 北京：北京大学出版社，2009.

[2] 聂洪达，郄恩田. 房屋建筑学[M]. 北京：北京大学出版社，2007.

[3] 杨金铎. 房屋建筑构造[M]. 北京：中国建材工业出版社，2003.

[4] 徐春波. 房屋建筑学[M]. 2版. 北京：机械工业出版社，2013.

[5] 李春亭. 房屋建筑构造[M]. 武汉：华中科技大学出版社，2010.

[6] 王万江，等. 房屋建筑学[M]. 重庆：重庆大学出版社，2004.

[7] 董黎. 房屋建筑学[M]. 北京：高等教育出版社，2006.

[8] 张根凤，于立宝. 建筑学[M]. 武汉：华中科技大学出版社，2012.

[9] 刘尊明. 建筑构造与识图[M]. 哈尔滨：哈尔滨工业大学出版社，2012.

[10] 袁金艳. 房屋建筑学[M]. 北京：北京邮电大学出版社，2013.

[11] 尚久明. 建筑识图与房屋构造[M]. 北京：电子工业出版社，2011.

[12] 魏秀瑛，李龙. 建筑构造与建筑施工图[M]. 长沙：中南大学出版社，2013.

[13] 盛培基，黄伟. 建筑工程制图与识图[M]. 武汉：武汉大学出版社，2014.

[14] 中华人民共和国国家标准. 民用建筑设计通则(GB 50352—2005)[S]. 北京：中国建筑工业出版社，2005.

[15] 中华人民共和国国家标准. 住宅设计规范(GB 50096—2011) [S]. 北京：中国建筑工业出版社，2011.

[16] 中华人民共和国国家标准. 建筑设计防火规范(GB 50016—2014) [S]. 北京：中国计划出版社，2014.

[17] 中华人民共和国国家标准. 屋面工程技术规范(GB 50345—2012) [S]. 北京：中国建筑工业出版社，2012.

[18] 中华人民共和国国家标准. 坡屋面工程技术规范(GB 50693—2011) [S]. 北京：中国建筑工业出版社，2011.

北京大学出版社高职高专土建系列教材书目

序号	书　名	书　号	编著者	定价	出版时间	配套情况
	"互联网+"创新规划教材					
1	建筑构造(第二版)	978-7-301-26480-5	肖　芳	42.00	2016.1	ppt/APP/二维码
2	建筑装饰构造(第二版)	978-7-301-26572-7	赵志文等	39.50	2016.1	ppt/二维码
3	建筑工程概论	978-7-301-25934-4	申淑荣等	40.00	2015.8	ppt/二维码
4	市政管道工程施工	978-7-301-26629-8	雷彩虹	46.00	2016.5	ppt/二维码
5	市政道路工程施工	978-7-301-26632-8	张雪丽	49.00	2016.5	ppt/二维码
6	建筑三维平法结构图集	978-7-301-27168-1	傅华夏	65.00	2016.8	APP
7	建筑三维平法结构识图教程	978-7-301-27177-3	傅华夏	65.00	2016.8	APP
8	建筑工程制图与识图(第2版)	978-7-301-24408-1	白丽红	34.00	2016.8	APP/二维码
9	建筑设备基础知识与识图(第2版)	978-7-301-24586-6	靳慧征等	47.00	2016.8	二维码
10	建筑结构基础与识图	978-7-301-27215-2	周　晖	58.00	2016.9	APP/二维码
11	建筑构造与识图	978-7-301-27838-3	孙　伟	40.00	2017.1	APP/二维码
12	建筑工程施工技术(第三版)	978-7-301-27675-4	钟汉华等	66.00	2016.11	APP/二维码
13	工程建设监理案例分析教程(第二版)	978-7-301-27864-2	刘志麟等	50.00	2017.1	ppt
14	建筑工程质量与安全管理(第二版)	978-7-301-27219-0	郑　伟	55.00	2016.8	ppt/二维码
15	建筑工程计量与计价——透过案例学造价(第2版)	978-7-301-23852-3	张　强	59.00	2014.4	ppt
16	城乡规划原理与设计(原城市规划原理与设计)	978-7-301-27771-3	谭婧婧等	43.00	2017.1	ppt/素材
17	建筑工程计量与计价	978-7-301-27866-6	吴育萍等	49.00	2017.1	ppt/二维码
18	建筑工程计量与计价(第3版)	978-7-301-25344-1	肖明和等	65.00	2017.1	APP/二维码
19	市政工程计量与计价(第三版)	978-7-301-27983-0	郭良娟等	59.00	2017.2	ppt/二维码
20	高层建筑施工	978-7-301-28232-8	吴俊臣	65.00	2017.4	ppt/答案
21	建筑施工机械(第二版)	978-7-301-28247-2	吴志强等	35.00	2017.5	ppt/答案
22	市政工程概论	978-7-301-28260-1	郭　福	46.00	2017.5	ppt/二维码
23	建筑工程测量(第二版)	978-7-301-28296-0	石　东等	51.00	2017.5	ppt/二维码
24	工程项目招投标与合同管理(第三版)	978-7-301-28439-1	周艳冬	44.00	2017.7	ppt/二维码
25	建筑制图(第三版)	978-7-301-28411-7	高丽荣	38.00	2017.7	ppt/APP/二维码
26	建筑制图习题集(第三版)	978-7-301-27897-0	高丽荣	35.00	2017.7	APP
27	建筑力学(第三版)	978-7-301-28600-5	刘明晖	55.00	2017.8	二维码
28	中外建筑史(第三版)	978-7-301-28689-0	袁新华等	42.00	2017.9	ppt/二维码
29	建筑施工技术(第三版)	978-7-301-28575-6	陈雄辉	54.00	2017.9	ppt/二维码
30	建筑工程经济(第三版)	978-7-301-28723-1	张宁宁等	36.00	2017.9	ppt/答案/二维码
31	建筑材料与检测	978-7-301-28809-2	陈玉萍	44.00	2017.10	ppt/二维码
32	建筑识图与构造	978-7-301-28876-4	林秋怡等	46.00	2017.11	ppt/二维码
	"十二五"职业教育国家规划教材					
1	★建筑工程应用文写作(第2版)	978-7-301-24480-7	赵立等	50.00	2014.8	ppt
2	★土木工程实用力学(第2版)	978-7-301-24681-8	马景善	47.00	2015.7	ppt
3	★建设工程监理(第2版)	978-7-301-24490-6	斯　庆	35.00	2015.1	ppt/答案
4	★建筑节能工程与施工	978-7-301-24274-2	吴明军等	35.00	2015.5	ppt
5	★建筑工程经济(第2版)	978-7-301-24492-0	胡六星等	41.00	2014.9	ppt/答案
6	★建设工程招投标与合同管理(第3版)	978-7-301-24483-8	宋春岩	40.00	2014.9	ppt/答案/试题/教案
7	★工程造价概论	978-7-301-24696-2	周艳冬	31.00	2015.1	ppt/答案
8	★建筑工程计量与计价(第3版)	978-7-301-25344-1	肖明和等	65.00	2017.1	APP/二维码
9	★建筑工程计量与计价实训(第3版)	978-7-301-25345-8	肖明和等	29.00	2015.7	
10	★建筑装饰施工技术(第2版)	978-7-301-24482-1	王　军	37.00	2014.7	ppt
11	★工程地质与土力学(第2版)	978-7-301-24479-1	杨仲元	41.00	2014.7	ppt
	基础课程					
1	建设法规及相关知识	978-7-301-22748-0	唐茂华等	34.00	2013.9	ppt
2	建设工程法规(第2版)	978-7-301-24493-7	皇甫婧琪	40.50	2014.8	ppt/答案/素材
3	建筑工程法规实务(第2版)	978-7-301-26188-0	杨陈慧等	49.50	2017.6	ppt
4	建筑法规	978-7-301-19371-6	董伟等	39.00	2011.9	ppt
5	建设工程法规	978-7-301-20912-7	王先恕	32.00	2012.7	ppt
6	AutoCAD 建筑制图教程(第2版)	978-7-301-21095-6	郭　慧	38.00	2013.3	ppt/素材
7	AutoCAD 建筑绘图教程(第2版)	978-7-301-24540-8	唐英敏等	44.00	2014.7	ppt
8	建筑CAD项目教程(2010版)	978-7-301-20979-0	郭　慧	38.00	2012.9	素材
9	建筑工程专业英语(第二版)	978-7-301-26597-0	吴承霞	24.00	2016.2	ppt

序号	书 名	书 号	编著者	定价	出版时间	配套情况
10	建筑工程专业英语	978-7-301-20003-2	韩薇等	24.00	2012.2	ppt
11	建筑识图与构造(第2版)	978-7-301-23774-8	郑贵超	40.00	2014.2	ppt/答案
12	房屋建筑构造	978-7-301-19883-4	李少红	26.00	2012.1	ppt
13	建筑识图	978-7-301-21893-8	邓志勇等	35.00	2013.1	ppt
14	建筑识图与房屋构造	978-7-301-22860-9	贠禄等	54.00	2013.9	ppt/答案
15	建筑构造与设计	978-7-301-23506-5	陈玉萍	38.00	2014.1	ppt/答案
16	房屋建筑构造	978-7-301-23588-1	李元玲等	45.00	2014.1	ppt
17	房屋建筑构造习题集	978-7-301-26005-0	李元玲	26.00	2015.8	ppt/答案
18	建筑构造与施工图识读	978-7-301-24470-8	南学平	52.00	2014.8	ppt
19	建筑工程识图实训教程	978-7-301-26057-9	孙 伟	32.00	2015.12	ppt
20	◎建筑工程制图与识图(第2版)	978-7-301-24408-1	白丽红	34.00	2016.8	APP/二维码
21	建筑制图习题集(第2版)	978-7-301-24571-2	白丽红	25.00	2014.8	
22	◎建筑工程制图(第2版)(附习题册)	978-7-301-21120-5	肖明和	48.00	2012.8	ppt
23	建筑制图与识图(第2版)	978-7-301-24386-2	曹雪梅	38.00	2015.8	ppt
24	建筑制图与识图习题册	978-7-301-18652-7	曹雪梅等	30.00	2011.4	
25	建筑制图与识图(第二版)	978-7-301-25834-7	李元玲	32.00	2016.9	ppt
26	建筑制图与识图习题集	978-7-301-20425-2	李元玲	24.00	2012.3	ppt
27	新编建筑工程制图	978-7-301-21140-3	方筱松	30.00	2012.8	ppt
28	新编建筑工程制图习题集	978-7-301-16834-9	方筱松	22.00	2012.8	
	建 筑 施 工 类					
1	建筑工程测量	978-7-301-16727-4	赵景利	30.00	2010.2	ppt/答案
2	建筑工程测量(第2版)	978-7-301-22002-3	张敬伟	37.00	2013.2	ppt/答案
3	建筑工程测量实验与实训指导(第2版)	978-7-301-23166-1	张敬伟	27.00	2013.9	答案
4	建筑工程测量	978-7-301-19992-3	潘益民	38.00	2012.2	ppt
5	建筑工程测量	978-7-301-13578-5	王金玲等	26.00	2008.5	
6	建筑工程测量实训(第2版)	978-7-301-24833-1	杨凤华	34.00	2015.3	答案
7	建筑工程测量	978-7-301-22485-4	景 铎等	34.00	2013.6	ppt
8	建筑施工技术	978-7-301-12336-2	朱永祥等	38.00	2008.8	ppt
9	建筑施工技术	978-7-301-16726-7	叶 雯等	44.00	2010.8	ppt/素材
10	建筑施工技术	978-7-301-19499-7	董 伟等	42.00	2011.9	ppt
11	建筑施工技术	978-7-301-19997-8	苏小梅	38.00	2012.1	ppt
12	建筑施工机械	978-7-301-19365-5	吴志强	30.00	2011.10	ppt
13	基础工程施工	978-7-301-20917-2	董 伟等	35.00	2012.7	ppt
14	建筑施工技术实训(第2版)	978-7-301-24368-8	周晓龙	30.00	2014.7	
15	土木工程力学	978-7-301-16864-6	吴明军	38.00	2010.4	ppt
16	PKPM软件的应用(第2版)	978-7-301-22625-4	王 娜等	34.00	2013.6	
17	◎建筑结构(第2版)(上册)	978-7-301-21106-9	徐锡权	41.00	2013.4	ppt/答案
18	◎建筑结构(第2版)(下册)	978-7-301-22584-4	徐锡权	42.00	2013.6	ppt/答案
19	建筑结构学习指导与技能训练(上册)	978-7-301-25929-0	徐锡权	28.00	2015.8	ppt
20	建筑结构学习指导与技能训练(下册)	978-7-301-25933-7	徐锡权	28.00	2015.8	ppt
21	建筑结构	978-7-301-19171-2	唐春平等	41.00	2011.8	ppt
22	建筑结构基础	978-7-301-21125-0	王中发	36.00	2012.8	ppt
23	建筑结构原理及应用	978-7-301-18732-6	史东东	45.00	2012.8	ppt
24	建筑结构与识图	978-7-301-26935-0	相秉志	37.00	2016.2	
25	建筑力学与结构(第2版)	978-7-301-22148-8	吴承霞等	49.00	2013.4	ppt/答案
26	建筑力学与结构(少学时版)	978-7-301-21730-6	吴承霞	34.00	2013.2	ppt/答案
27	建筑力学与结构	978-7-301-20988-2	陈水广	32.00	2012.8	ppt
28	建筑力学与结构	978-7-301-23348-1	杨丽君等	44.00	2014.1	ppt
29	建筑结构与施工图	978-7-301-22188-4	朱希文等	35.00	2013.3	ppt
30	生态建筑材料	978-7-301-19588-2	陈剑峰等	38.00	2011.10	ppt
31	建筑材料(第2版)	978-7-301-24633-7	林祖宏	35.00	2014.8	ppt
32	建筑材料与检测(第2版)	978-7-301-25347-2	梅 杨等	35.00	2015.2	ppt/答案
33	建筑材料检测试验指导	978-7-301-16729-8	王美芬等	18.00	2010.10	
34	建筑材料与检测(第二版)	978-7-301-26550-5	王 辉	40.00	2016.1	
35	建筑材料与检测试验指导(第二版)	978-7-301-28471-1	王 辉	23.00	2017.7	ppt
36	建筑材料选择与应用	978-7-301-21948-5	申淑荣等	39.00	2013.3	ppt
37	建筑材料检测实训	978-7-301-22317-8	申淑荣等	24.00	2013.4	
38	建筑材料	978-7-301-24208-7	任晓菲	40.00	2014.7	ppt/答案
39	建筑材料检测试验指导	978-7-301-24782-2	陈东佐等	20.00	2014.9	ppt
40	◎建设工程监理概论(第2版)	978-7-301-20854-0	徐锡权等	43.00	2012.8	ppt/答案
41	建设工程监理概论	978-7-301-15518-9	曾庆军等	24.00	2009.9	ppt
42	◎地基与基础(第2版)	978-7-301-23304-7	肖明和等	42.00	2013.11	ppt/答案
43	地基与基础	978-7-301-16130-2	孙平平等	26.00	2010.10	ppt
44	地基与基础实训	978-7-301-23174-6	肖明和等	25.00	2013.10	ppt

序号	书　名	书　号	编著者	定价	出版时间	配套情况
45	土力学与地基基础	978-7-301-23675-8	叶火炎等	35.00	2014.1	ppt
46	土力学与基础工程	978-7-301-23590-4	宁培淋等	32.00	2014.1	ppt
47	土力学与地基基础	978-7-301-25525-4	陈东佐	45.00	2015.2	ppt/答案
48	建筑工程质量事故分析(第2版)	978-7-301-22467-0	郑文新	32.00	2013.9	ppt
49	建筑工程施工组织设计	978-7-301-18512-4	李源清	26.00	2011.2	ppt
50	建筑工程施工组织实训	978-7-301-18961-0	李源清	40.00	2011.6	ppt
51	建筑施工组织与进度控制	978-7-301-21223-3	张廷瑞	36.00	2012.9	ppt
52	建筑施工组织项目式教程	978-7-301-19901-5	杨红玉	44.00	2012.1	ppt/答案
53	钢筋混凝土工程施工与组织	978-7-301-19587-1	高 雁	32.00	2012.5	ppt
54	钢筋混凝土工程施工与组织实训指导(学生工作页)	978-7-301-21208-0	高 雁	20.00	2012.9	ppt
55	建筑施工工艺	978-7-301-24687-0	李源清等	49.50	2015.1	ppt/答案
		工 程 管 理 类				
1	建筑工程经济	978-7-301-24346-6	刘晓丽等	38.00	2014.7	ppt/答案
2	施工企业会计(第2版)	978-7-301-24434-0	辛艳红等	36.00	2014.7	ppt/答案
3	建筑工程项目管理(第2版)	978-7-301-26944-2	范红岩等	42.00	2016.3	ppt
4	建设工程项目管理(第二版)	978-7-301-24683-2	王 辉	36.00	2014.9	ppt/答案
5	建设工程项目管理(第2版)	978-7-301-28235-9	冯松山等	45.00	2017.6	ppt
6	建筑施工组织与管理(第2版)	978-7-301-22149-5	翟丽旻等	43.00	2013.4	ppt/答案
7	建设工程合同管理	978-7-301-22612-4	刘庭江	46.00	2013.6	ppt/答案
8	建筑工程资料管理	978-7-301-17456-2	孙 刚等	36.00	2012.9	ppt
9	建筑工程招投标与合同管理	978-7-301-16802-8	程超胜	30.00	2012.9	ppt
10	工程招投标与合同管理实务	978-7-301-19035-7	杨甲奇等	48.00	2011.8	ppt
11	工程招投标与合同管理实务	978-7-301-19290-0	郑文新等	43.00	2011.8	ppt
12	建设工程招投标与合同管理实务	978-7-301-20404-7	杨云会等	42.00	2012.4	ppt/答案/习题
13	工程招投标与合同管理	978-7-301-17455-5	文新平	37.00	2012.9	ppt
14	工程项目招投标与合同管理(第2版)	978-7-301-24554-5	李洪军等	42.00	2014.8	ppt/答案
15	建筑工程商务标编制实训	978-7-301-20804-5	钟振宇	35.00	2012.7	ppt
17	建筑工程安全管理(第2版)	978-7-301-25480-6	宋 健等	42.00	2015.8	ppt/答案
18	施工项目质量与安全管理	978-7-301-21275-2	钟汉华	45.00	2012.10	ppt/答案
19	工程造价控制(第2版)	978-7-301-24594-1	斯 庆	32.00	2014.8	ppt/答案
20	工程造价管理(第二版)	978-7-301-27050-9	徐锡权等	44.00	2016.5	ppt
21	工程造价控制与管理	978-7-301-19366-2	胡新萍等	30.00	2011.11	ppt
22	建筑工程造价管理	978-7-301-20360-6	柴 琦等	27.00	2012.3	ppt
23	建筑工程造价管理	978-7-301-15517-2	李茂英等	24.00	2009.9	
24	工程造价案例分析	978-7-301-22985-9	甄 凤	30.00	2013.8	
25	建设工程造价控制与管理	978-7-301-24273-5	胡芳珍等	38.00	2014.6	ppt/答案
26	◎建筑工程造价	978-7-301-21892-1	孙咏梅	40.00	2013.2	ppt
27	建筑工程计量与计价	978-7-301-26570-3	杨建林	46.00	2016.1	ppt
28	建筑工程计量与计价综合实训	978-7-301-23568-3	龚小兰	28.00	2014.1	
29	建筑工程估价	978-7-301-22802-9	张 英	43.00	2013.8	ppt
30	安装工程计量与计价(第3版)	978-7-301-24539-2	冯 钢等	54.00	2014.8	ppt
31	安装工程计量与计价综合实训	978-7-301-23294-1	成春燕	49.00	2013.10	素材
32	建筑安装工程计量与计价	978-7-301-26004-3	景巧玲等	56.00	2016.1	ppt
33	建筑安装工程计量与计价实训(第2版)	978-7-301-25683-1	景巧玲等	36.00	2015.7	
34	建筑水电安装工程计量与计价(第二版)	978-7-301-26329-7	陈连姝	51.00	2016.1	ppt
35	建筑与装饰装修工程工程量清单(第2版)	978-7-301-25753-1	翟丽旻等	36.00	2015.5	ppt
36	建筑工程清单编制	978-7-301-19387-7	叶晓容	24.00	2011.8	ppt
37	建设项目评估(第二版)	978-7-301-28708-8	高志云等	38.00	2017.9	ppt
38	钢筋工程清单编制	978-7-301-20114-5	贾莲英	36.00	2012.2	ppt
39	混凝土工程清单编制	978-7-301-20384-2	顾 娟	28.00	2012.5	ppt
40	建筑装饰工程预算(第2版)	978-7-301-25801-9	范菊雨	44.00	2015.7	ppt
41	建筑装饰工程计量与计价	978-7-301-20055-1	李茂英	42.00	2012.2	ppt
42	建设工程安全监理	978-7-301-20802-1	沈万岳	28.00	2012.7	ppt
43	建筑工程安全技术与管理实务	978-7-301-21187-8	沈万岳	48.00	2012.9	ppt
44	工程造价管理(第2版)	978-7-301-28269-4	曾 浩等	38.00	2017.5	ppt/答案
		建 筑 设 计 类				
1	◎建筑室内空间历程	978-7-301-19338-9	张伟孝	53.00	2011.8	
2	建筑装饰CAD项目教程	978-7-301-20950-9	郭 慧	35.00	2013.1	ppt/素材
3	建筑设计基础	978-7-301-25961-0	周圆圆	42.00	2015.7	
4	室内设计基础	978-7-301-15613-1	李书青	32.00	2009.8	ppt
5	建筑装饰材料(第2版)	978-7-301-22356-7	焦 涛等	34.00	2013.5	ppt

序号	书 名	书 号	编著者	定价	出版时间	配套情况
6	设计构成	978-7-301-15504-2	戴碧锋	30.00	2009.8	ppt
7	基础色彩	978-7-301-16072-5	张 军	42.00	2010.4	
8	设计色彩	978-7-301-21211-0	龙黎黎	46.00	2012.9	ppt
9	设计素描	978-7-301-22391-8	司马金桃	29.00	2013.4	ppt
10	建筑素描表现与创意	978-7-301-15541-7	于修国	25.00	2009.8	
11	3ds Max 效果图制作	978-7-301-22870-8	刘 晗等	45.00	2013.7	ppt
12	3ds max 室内设计表现方法	978-7-301-17762-4	徐海军	32.00	2010.9	
13	Photoshop 效果图后期制作	978-7-301-16073-2	脱忠伟等	52.00	2011.1	素材
14	3ds Max & V-Ray 建筑设计表现案例教程	978-7-301-25093-8	郑恩峰	40.00	2014.12	ppt
15	建筑表现技法	978-7-301-19216-0	张 峰	32.00	2011.8	ppt
16	建筑速写	978-7-301-20441-2	张 峰	30.00	2012.4	
17	建筑装饰设计	978-7-301-20022-3	杨丽君	36.00	2012.2	ppt/素材
18	装饰施工读图与识图	978-7-301-19991-6	杨丽君	33.00	2012.5	ppt
	规 划 园 林 类					
1	居住区景观设计	978-7-301-20587-7	张群成	47.00	2012.5	ppt
2	居住区规划设计	978-7-301-21031-4	张 燕	48.00	2012.8	ppt
3	园林植物识别与应用	978-7-301-17485-2	潘利等	34.00	2012.9	ppt
4	园林工程施工组织管理	978-7-301-22364-2	潘利等	35.00	2013.4	ppt
5	园林景观计算机辅助设计	978-7-301-24500-2	于化强等	48.00	2014.8	ppt
6	建筑·园林·装饰设计初步	978-7-301-24575-0	王金贵	38.00	2014.10	ppt
	房 地 产 类					
1	房地产开发与经营(第 2 版)	978-7-301-23084-8	张建中等	33.00	2013.9	ppt/答案
2	房地产估价(第 2 版)	978-7-301-22945-3	张 勇等	35.00	2013.9	ppt/答案
3	房地产估价理论与实务	978-7-301-19327-3	褚菁晶	35.00	2011.8	ppt/答案
4	物业管理理论与实务	978-7-301-19354-9	裴艳慧	52.00	2011.9	ppt
5	房地产测绘	978-7-301-22747-3	唐春平	29.00	2013.7	ppt
6	房地产营销与策划	978-7-301-18731-9	应佐萍	42.00	2012.8	ppt
7	房地产投资分析与实务	978-7-301-24832-4	高志云	35.00	2014.9	ppt
8	物业管理实务	978-7-301-27163-6	胡大见	44.00	2016.6	
9	房地产投资分析	978-7-301-27529-0	刘永胜	47.00	2016.9	ppt
	市 政 与 路 桥					
1	市政工程施工图案例图集	978-7-301-24824-9	陈亿琳	43.00	2015.3	pdf
2	市政工程计价	978-7-301-22117-4	彭以舟等	39.00	2013.3	ppt
3	市政桥梁工程	978-7-301-16688-8	刘 江等	42.00	2010.8	ppt/素材
4	市政工程材料	978-7-301-22452-6	郑晓国	37.00	2013.5	ppt
5	道桥工程材料	978-7-301-21170-0	刘水林等	43.00	2012.9	ppt
6	路基路面工程	978-7-301-19299-3	偶昌宝等	34.00	2011.8	ppt/素材
7	道路工程技术	978-7-301-19363-1	刘 雨等	33.00	2011.12	ppt
8	城市道路设计与施工	978-7-301-21947-8	吴颖峰	39.00	2013.1	ppt
9	建筑给排水工程技术	978-7-301-25224-6	刘 芳等	46.00	2014.12	ppt
10	建筑给水排水工程	978-7-301-20047-6	叶巧云	38.00	2012.2	ppt
11	市政工程测量(含技能训练手册)	978-7-301-20474-0	刘宗波等	41.00	2012.5	ppt
12	公路工程任务承揽与合同管理	978-7-301-21133-5	邱 兰等	30.00	2012.9	ppt/答案
13	数字测图技术应用教程	978-7-301-20334-7	刘宗波	36.00	2012.8	ppt
14	数字测图技术	978-7-301-22656-8	赵 红	36.00	2013.6	ppt
15	数字测图技术实训指导	978-7-301-22679-7	赵 红	27.00	2013.6	ppt
16	水泵与水泵站技术	978-7-301-22510-3	刘振华	40.00	2013.5	ppt
17	道路工程测量(含技能训练手册)	978-7-301-21967-6	田树涛等	45.00	2013.2	ppt
18	道路工程识图与 AutoCAD	978-7-301-26210-8	王容玲等	35.00	2016.1	ppt
	交 通 运 输 类					
1	桥梁施工与维护	978-7-301-23834-9	梁 斌	50.00	2014.2	ppt
2	铁路轨道施工与维护	978-7-301-23524-9	梁 斌	36.00	2014.1	ppt
3	铁路轨道构造	978-7-301-23153-1	梁 斌	32.00	2013.10	ppt
4	城市公共交通运营管理	978-7-301-24108-0	张洪满	40.00	2014.5	ppt
5	城市轨道交通车站行车工作	978-7-301-24210-0	操 杰	31.00	2014.7	ppt
	建 筑 设 备 类					
1	建筑设备识图与施工工艺(第 2 版)(新规范)	978-7-301-25254-3	周业梅	44.00	2015.12	ppt
2	建筑施工机械	978-7-301-19365-5	吴志强	30.00	2011.10	ppt
3	智能建筑环境设备自动化	978-7-301-21090-1	余志强	40.00	2012.8	ppt
4	流体力学及泵与风机	978-7-301-25279-6	王 宁等	35.00	2015.1	ppt/答案

注：📖为"互联网+"创新规划教材；★为"十二五"职业教育国家规划教材；◎为国家级、省级精品课程配套教材，省重点教材。相关教学资源如电子课件、习题答案、样书等可通过以下方式联系我们。

联系方式：010-62756290，010-62750667，85107933@qq.com，pup_6@163.com，欢迎来电咨询。